画像処理と画像認識

― AI 時代の画像処理入門 ―

工学博士　山田　宏尚

工学博士　末松　良一

共　著

コ ロ ナ 社

□□□ ま え が き □□□

前著『画像処理工学』（メカトロニクス教科書シリーズ）は，画像処理を初歩から学習しようとするさまざまな分野の方を対象として，2000年に出版されました。そして2014年には，その後のディジタル化の流れに対応した改訂を行いました。幸いなことに，前著は多くの大学・高専で教科書として採用され，講義等で使用されてきました。

周知のように，この20年で特に深層学習（ディープラーニング）をはじめとするAI（人工知能）関連の技術が大きく発展し，スマートフォンや自動車の安全運転支援をはじめ，多くの分野で画像処理・認識技術が活用されるようになりました。そして，この分野への期待は以前にも増して高まっているといえます。このような背景を踏まえて，本書ではおもに画像認識に関する内容を大幅に拡充し，新たに『画像処理と画像認識―AI時代の画像処理入門―』として出版することになりました。

画像処理で扱われる領域はたいへん広く，信号処理技術，画像処理手法，画像計測やグラフィックスなどさまざまな分野に及びます。それに加えて画像認識の領域も機械学習や深層学習を中心とした広範な分野があり，学ぶべき項目も膨大になります。このため，既存の教科書では，おかれている重点分野もさまざまに異なっています。そこで本書では，前著と同様に幅広いトピックを入門的に扱いながら，これらの分野をバランス良く配分させ，基礎事項を体系的に学べるように構成しました。

本書を画像処理の教科書として用いる場合は，8章以降は発展的内容あるいは自習用の参考という扱いにされてもよいと思います。また，画像認識やコンピュータビジョンの教科書として用いる場合は，2～7章の基礎的内容を必要に応じてスキップし，8～14章を中心に講義で使うことができるものと思います。

近年，インターネットよりOpenCVなどのフリーのライブラリが簡単に手に入り，初学者でも画像処理や認識のプログラムを実行できるようになりました。また，深層学習を含む最先端の研究ソースも大学や研究機関などにより公開されており，誰もが容易に利用できるようになっています。それらを導入する際に必要な理論的な基礎知識を，本書により得ることができるものと思います。一方で，各項目の本質をわかりやすく説明するために，詳細なアルゴリズムや数学的手法の多くは，あえて省略せざるを得ませんでした。そこで，本書によって基礎的知識を習得後，読者の皆さんがさらに高度な知識を得たい場合には，巻末の引用・参考文献やインターネット上の文献等を参照いただければ幸いです。

本書の執筆にあたっては，多くの文献を参考にさせていただきました。これら著者の方々には心から感謝申し上げます。

最後に，本書を出版するに当たってたいへんお世話になったコロナ社の関係各位に深くお礼を申し上げます。

2022 年 8 月

著　者

注）本文中に記載している会社名，製品名は，それぞれ各社の商標または登録商標です。本書では ® や TM は省略しています。

□□□ 目　　　次 □□□

1. 序　　　論

2. 画 像 の 表 現

3. 画像処理システム

4. 画像情報処理

5. 濃淡画像処理

6. 2値画像処理

7. コンピュータグラフィックス

8. 領域分割

9. 特徴・パターンの検出

10. 画　像　認　識

11. ニューラルネットワークと深層学習

12. 3 次元画像処理

13. 動 画 像 処 理

14. 画像処理の応用

1. 序　　論

画像に含まれる情報量はきわめて大きく，人間は視覚を通して多くの情報を得ている。現在，多くの分野で，人間の脳が行っている画像情報の処理をコンピュータにより代行させ，画像から得られる情報を有効に活用しようとする試みがなされている。また，X線CTによる断層撮影など，人間には見ることができない不可視情報を可視化するための画像処理も重要な技術となっている。このように画像処理技術は，各種産業，医療，航空宇宙をはじめとする多くの分野で利用されており，コンピュータの急速な高速化・低価格化により，高度な画像処理技術が身近なものになっている。本章では，人間の視覚機能と画像処理工学の関係について述べ，画像処理技術がわれわれの生活にどのように役立っているかについて述べる。

1.1 人間の視覚機能

人間の目の構造は**図1.1**に示すように，基本的に角膜と水晶体の2枚の凸レンズより構成されている。これは，一般的に用いられているカメラが画像の歪みを抑えるために多くのレンズから構成されていることを考えると，きわめて単純な構造であるといえる。それでも人間が正確に外界を認識できるのは，脳が画像の補正をはじめとする高度な画像処理を行っているからである。このことから，画像情報を利用するためには，画像入力装置（人間の眼球に対応）だけではなく，画像情報をいかにうまく処理するかという**画像処理**（image processing）が重要であることがわかる（例えば，どういう特徴量をどのように取り出し，それを認識するためにどのように処理するかなど）。

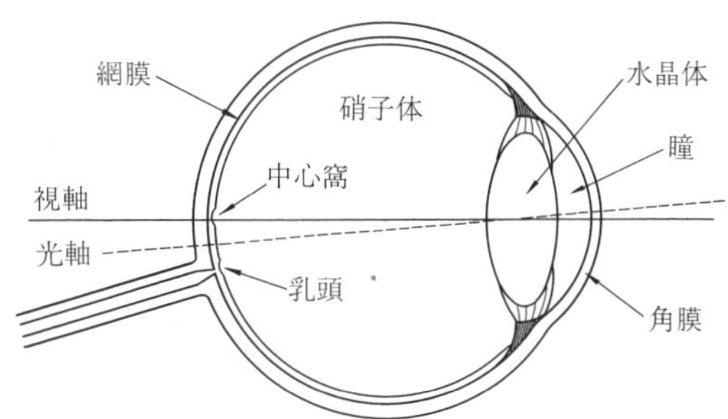

図1.1　人の目の水平断面図

網膜からの信号は，**図 1.2** のようにまずヒト大脳皮質後頭葉に位置する**一次視覚野**（V1）へ送られ，つぎにそこで抽出された情報は二次視覚野（V2）へと送られ，さらに高次の視覚野へと順番に処理が進み物体などの認識が行われる。後の過程に進むほど高度で複雑な処理が行われていると考えられるが，その処理方法の詳細は未解明の部分が多い。ただし，一次視覚野では傾きや線分などの単純な視覚的特徴が抽出されていることがわかっており，コンピュータにおける画像認識でも同様の考え方が用いられている。例えば 4 章で述べる畳み込みと呼ばれるフィルタ処理を用いると，線分や傾きなどの特徴量を抽出することができ，それを機械学習（1.4 節参照）で応用することで物体の認識が可能となる。機械学習のなかでも特に深層学習（11 章参照）は脳のしくみに近い処理が行われていると考えられる。

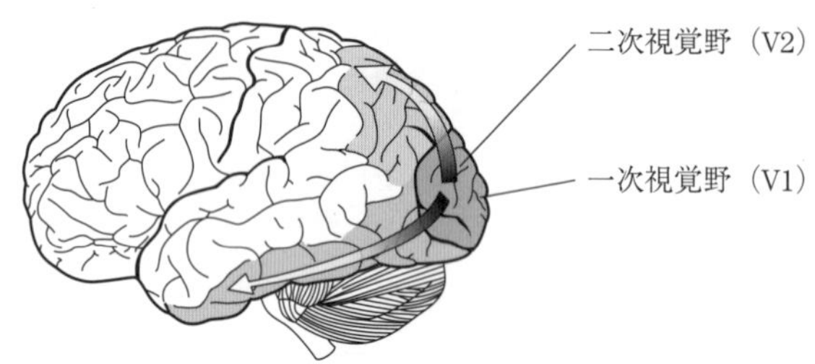

図 1.2　大脳皮質における視覚経路

1.2　画像と画像処理

図 1.1 の人間の目の断面図を見ればわかるように，周りの世界は，まず網膜に像として投影され，つぎにその網膜像が脳へ送られて処理されている。網膜像のように，周りの世界を 2 次元の平面に投影したときに得られる情報の形態を**画像**（image，picture）と呼ぶ。すなわち，画像は 2 次元空間における光の分布を表したものであり，2 次元的な広がりのある情報を表現できるメディア（媒体）であるといえる。そして，画像に対して，加工や伝送，計測，認識等の処理を行うことを**画像処理**という。画像処理の目的は**表 1.1** に示すように，さまざまな分野にまたがっている。

コンピュータを使って画像処理を行うことのメリットは，第一にコンピュータは疲れることがないため，従来目視で行われていた品質検査などの自動化に向いている点がある。第二に人間による検査では，作業者のコンディションや個人差により，処理の客観性や再現性が得られないが，コンピュータを用いた場合は，このような問題が生じない。第三に赤外線サーモグラフィ，X 線写真，医療診断で用いられている断層撮影や超音波画像等，コンピュータを用いることで，人間の目では見ることができない画像を作り出すことができるという点も重要である。画像処理のおもな応用分野を**表 1.2** にまとめる。

表 1.1 画像処理の目的

画像計測	画像から，対象物の個数，大きさ，面積などの数値データを得る 2 次元計測。奥行き情報の計測を行う 3 次元計測。動いている物体の速度等を計測する動画像計測など。
画像記録	画像データを保管する画像蓄積，必要な画像を探し出す画像検索。効率良く画像データを管理するためのデータベースの構築など。
画像圧縮	膨大な画像データを持ち運びしやすいように圧縮する処理。
画質改善	歪の補正，品質改善，コントラストの改善，平滑化，鮮鋭化，雑音の除去，ぼけの復元など。
画像解析	エッジ抽出，線検出，領域分割，マッチングなど（画像認識・理解のための前処理として重要）。
画像再構成	CT，NMR などによる断面画像の再構成，合成開口レーダによる高解像度画像の再構成など。
画像伝送	画像を遠隔地に送る処理。画像通信（大量の画像を高速に送るための技術が検討されている）。
画像認識	画像の内容がなんであるかを知り，理解するための処理。人工知能の分野と関連が深い。
画像生成	コンピュータグラフィックス，CAD，可視化処理など。

表 1.2 画像処理の応用分野

産業応用	製造工程の検査や監視，組立ロボットの視覚，非接触・非破壊検査，CAD などへの応用。
社会応用	顔認識，個人識別，侵入監視，異常監視など
交通応用	自動運転，安全運転支援，高度道路交通システム（ITS）など
医療応用	X 線 CT，超音波 CT，画像診断支援，手術支援，遠隔医療など。
画像通信	衛星放送，ディジタルテレビ，テレビ電話，WWW（world wide web）をはじめとするインターネットによる画像通信など。
宇宙応用	天体望遠鏡による画像や，気象衛星などのリモートセンシング画像の計測，補正，解析など。
事務機応用	文字・図形の作成や認識，図面の入力や保管，検索。複写機，テレビ会議システムなど。
その他	マルチメディア，VR（virtual reality），コンピュータグラフィックスによる映像の作成，教育支援，指紋や顔による個人の識別，科学技術における計測や可視化など。

なお，広い意味では一般に**コンピュータグラフィックス**（computer graphics：**CG**）と呼ばれている画像生成技術も画像処理の分野に含まれる。これは，入力された画像データや数値データを基に，コンピュータを用いて画像を作り出す技術である。3 次元モデルに基づき，光線追跡法などを用いて立体像の表示をしたり，コンピュータを用いて図面を作成する **CAD**（computer aided design）などがこれに相当する。

1.3 ビジョンシステム

画像処理の重要な応用分野に，視覚センサをロボットなどの機械の目として使い，画像の処理や認識を行うことによりインテリジェントな機械を実現しようとする**ビジョンシステム**（vision system）がある。ビジョンシステムは，おもに**ロボットビジョン**（robot vision）（あるいは**マシンビジョン**（machine vision））と**コンピュータビジョン**（computer vision）の二つの分野に分けられる。

ロボットビジョンは産業応用などにおいて，検査や組立，選別などの作業や自律移動を行うロボット（あるいは機械）の目として画像処理を用いる分野を指す。これに対して，コンピュータビジョンは，一般的な情景の理解・解析や3次元情報の復元など，人間の視覚と同等の機能をコンピュータ上に実現することを目的とする分野である。ロボットビジョンにおいては，おもに実用的見地から，処理速度・処理精度・価格等が重要であり，高速処理が可能な2値画像を扱うことも多い。また，背景や照明，あるいは画像入力方法などの工夫も重要となる。一方，コンピュータビジョンは，3次元空間における対象やシーンを認識させようとする**物体認識**（object recognition）や**画像理解**（image understanding）などの**人工知能**（artificial intelligence：AI）の分野（次節参照）と関連の深い研究分野であり，方法論を主体とするものである。

1.4 AIと画像処理

AIはコンピュータにより推論，認識，判断などの人間と同様の知能を人工的に実現させようという技術である。今のところ人間と同等のレベルで認識・理解し，自ら判断ができるようなAI（これを**強いAI**という）は実現できていない。現実には，あらかじめプログラムされた範囲内で処理を行う限定的な人工知能（これを**弱いAI**という）の実用化が進んでいる。ただし，弱いAIであってもある特定の範囲（画像処理，言語処理，将棋や囲碁など）では人間のレベルを超えたAIを実現できているものもある。

AIの初期の研究では人間の思考過程を記号で表現し実行する**推論**（inference）やその処理として**探索**（search）により問題を解決する研究が行われていた。それにより**トイプロブレム**（Toy problem）と呼ばれるチェスやオセロなどの比較的簡単な問題解決や，コンピュータによる特定の定理の証明などが行われていた。その後，専門家の知識やノウハウなどの**知識ベース**（knowledge base）を人間がルールとして記述し，そのルールに従ってコンピュータに処理させようという**ルールベース**（rule base）による研究（例えば専門家のような知識を持ち，推論や判断ができる**エキスパートシステム**など）も活発に行われた。しかし，人間の膨大な知識をどう定式化して表現するのか，最適な答えを得るために矛盾のないルールをどのように決めるかなどの問題があり，この方法では汎用的なAIの実装が難しい。

これに対して，現在では人間が行っている学習能力と同様の機能をコンピュータで実現しようとする**機械学習**（machine learning）を用いた画像認識が主流となっている。その背景には，コンピュータ性能の向上およびインターネット上から学習に必要な大量の情報（ビッグデータ）が比較的容易に手に入るようになったことがある。人間はいろいろな経験をして，そこから学習したことを一般化できる。これと同じように，機械学習ではコンピュータに多くのデータを入力して学習させた後，未知の例について正確に判断させることを目標とする。機械学習では，確率や統計などの手法を使って問題を解決する手法が一般的だが，その中でも**深層学習**（deep learning，**ディープラーニング**）が重要な手法となっている。深層学習は，ニューラルネットワークの一種で，その詳細については11章で述べる。AIの手法に関する分類方法

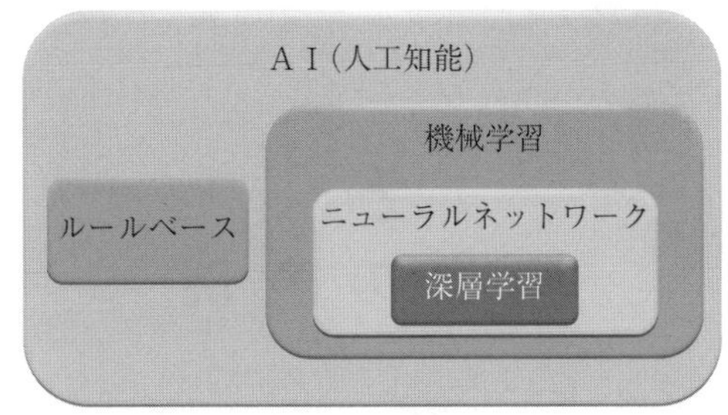

図 1.3　AI の分類

はさまざまのものがあるが，上記で説明した手法をまとめると**図 1.3** のようになる。

また，機械学習には**教師あり学習**（supervised learning）と**教師なし学習**（unsupervised learning）がある。教師あり学習は，入力データとその正解を与えた**訓練データ**（training data）（**学習データ**もしくは**教師信号**ともいう）に基づいて学習させるもので，おもに**回帰**（regression）と**分類**（classification）の問題を対象とする。ここで，回帰は学習データに基づいて未知のデータ（数値）を予測するものである。これに対して分類は，あるデータがどのクラス（カテゴリ）に属するかを予測するもの（例えば画像の分類など）である。一方，教師なし学習は学習データに正解を与えない状態で学習をさせる手法である。なお，教師あり学習と教師なし学習の中間的手法として，学習データに正解を与える代わりに，目的として設定された報酬（スコア）を最大化するための行動を学習する**強化学習**（reinforcement learning）という手法もある。

演　習　問　題

【1】 人間が持つ視覚と画像処理の能力について，その特徴をまとめよ。
【2】 画像処理が応用されている身近な例をあげよ。
【3】 ロボットビジョンとコンピュータビジョンの違いについて述べよ。
【4】 AI（人工知能）について，とくに機械学習，ニューラルネットワーク，深層学習（ディープラーニング）の関係性を中心にまとめよ。

2. 画像の表現

コンピュータで表示される画像や文字は，縦横に等間隔で規則正しく並んだ画素と呼ばれる小さな点の集合により表現されている。このように表現されるディジタル画像においては，画素と画素の間には情報は存在せず，とびとび（離散的）にデータが存在している。そのため，ディジタル画像では，画素が少ない場合は画質が悪くなるし，十分多ければ人間の目にはほとんどアナログ画像との違いがわからなくなる。このようなディジタルによる表現の利点はなんであろうか。本章では，ディジタル画像の特徴とその表現方法について述べる。

2.1 アナログ画像とディジタル画像

写真やビデオ等の画像情報は従来は，**アナログ量**として扱われることが多かった。その理由は，自然界の視覚情報が本来，時間・空間的また量的にも連続な情報量であり，アナログ量として記憶したり処理したりする方が自然で，装置の構成も簡単であったからである。しかし，コンピュータをはじめとするディジタル処理のためのデバイス（装置）技術の高性能・低価格化に伴い，画像情報は離散的な**ディジタル量**として扱われるようになった。情報の取扱い方が，アナログ方式からディジタル方式に移行した理由は，情報をディジタル信号として扱うことで多くのメリットが得られるからである。

一般に，信号の処理・記録や伝送を行う場合，その信号波形が変形したり，ノイズが混入したりすることは避けがたい。アナログ信号の場合，ノイズを除いたり，信号波形の変形を元の波形に戻したりして原信号を回復することがきわめて難しい。これに対してディジタル信号では，0と1の信号（電圧のオンとオフ）であるため，オンオフ波形にある程度ノイズが混入したり，波形が変形しても，比較的容易に原信号を完全に回復することができる（**図 2.1** 参照）。したがって，何度複製してもデータが劣化しないという特長を持つ。またコンピュータで処理できるため，データの加工が容易であり再利用ができること，データベース化が可能で検索が容易であること，アナログ回路よりもディジタル回路の方がデバイスの回路設計が容易であり設計通りの性能が得られやすいことなどの多くの特長がある。ディジタル画像処理は，処理に時間がかかるという短所もあるが，近年のディジタルデバイスの進歩により，この点は問題とならなくなっている。

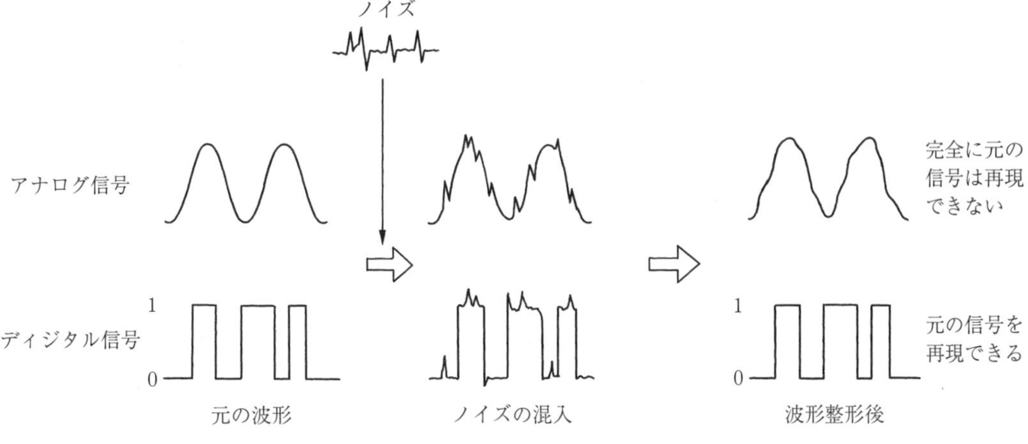

図 2.1　アナログ信号とディジタル信号の比較（波形の復元）

2.2 画像のA-D変換

自然界の画像情報は本来アナログ量である。したがって，ディジタル画像処理を行うためには，画像情報をディジタル画像に変換して表現する必要がある。このような，アナログ信号からディジタル信号への変換を **A-D 変換**（analog to digital conversion）という。A-D 変換には，**図 2.2** に示すように，**標本化**（sampling）と**量子化**（quantization）の二つのステップにより実行される。以下では，それぞれのステップについて説明する。

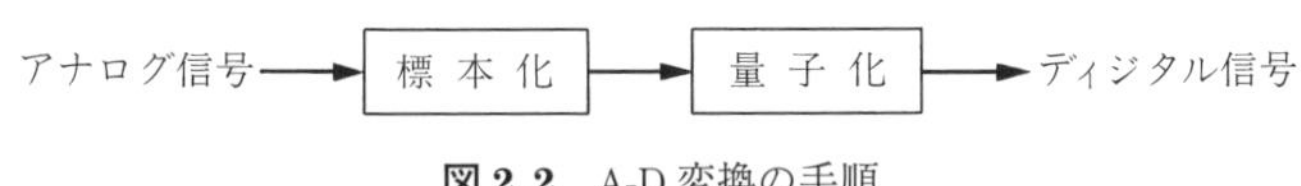

図 2.2　A-D 変換の手順

2.2.1 標　本　化

空間的（あるいは時間的）に連続した画像を離散的な点（時点）の集合に変換する操作のことを**標本化**という。ディジタル画像では，画像を**画素**（pixel：picture cell，または，pel：picture element）と呼ばれる小さな点の集まりとして表現する。一般的な画素配置としては，画像入力装置の作りやすさから，**図 2.3** に示すような正方格子が用いられる。正方格子における標本化の際に，横方向に N 個，縦方向に M 個の標本化格子を用いれば，画像は $N \times M$ 個の画素から構成されることになり，その画像を「N 画素×M 画素の画像」あるいは「N 画素×M ラインの画像」と呼ぶ。**表 2.1** に一般的な画像とそれに使用される画素数の例を示す。

各画素に対する明るさ（濃度値）を求めるのには，いくつかの方法がある。例えば，その画素に含まれる領域の明るさの平均値を用いる方法，あるいは，その画素の 4 隅の頂点での明るさの平均値を用いる等の方法などが考えられる。

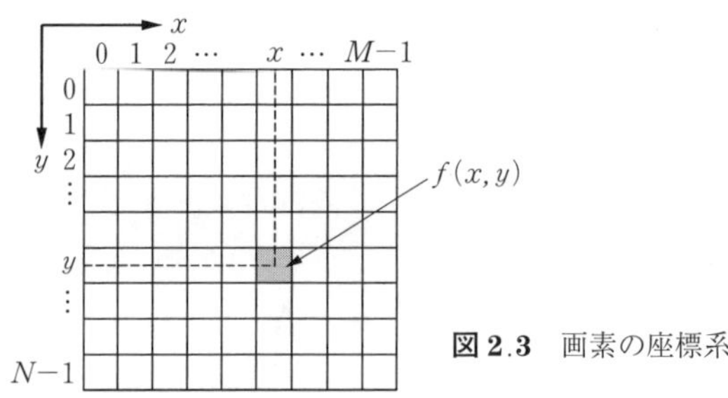

図 2.3　画素の座標系

表 2.1　画像の画素数

画像表示装置		横画素数×縦画素数	画面当りの画素数
テレビ画像	標準解像度（SDTV：Standard definition televison）	720×480	約 34 万画素
	ハイビジョン（HDTV：High-definition televison）	1 920×1 080	約 200 万画素
	4K 解像度（4K2K）	約 4 000×2 000	約 800 万画素
	スーパーハイビジョン（8K ウルトラ HD）	7 680×4 320	約 3 300 万画素
パソコンおよびプロジェクタの表示画像	VGA（Video Graphics Array）	640×480	約 30 万画素
	SVGA（Super VGA）	800×600	48 万画素
	XGA（eXtended Graphics Array）	1 024×768	約 78 万画素
	SXGA（Super XGA）	1 280×1 024	約 130 万画素
	UXGA（Ultra XGA）	1 600×1 200	約 190 万画素
	QXGA（Quad XGA）	2 048×1 536	約 300 万画素
	WQUXGA（Wide Quad UXGA）	3 840×2 400	約 920 万画素

なお，動画像をディジタル化する場合は，時間軸に対し連続な動画像をビデオのコマ送りのようなとびとびの画像として標本化する必要がある。

2.2.2 量　子　化

上記のように標本化された画像（ただし，ここでは白黒画像を想定する）について図 2.3 のように xy 座標をとると，任意の画素の座標は（x, y）で表される。画像のそれぞれの画素は画像の明るさに相当する**濃度値**（**階調値**または**輝度値**とも呼ばれる）$f(x,\ y)$ を持っている。自然界の画像は本来，濃度値も連続なアナログ量であるが，ディジタル画像では，この量についてもとびとびの値にする必要がある。このように，連続的な量を離散的な値を持つ量（量子）に置き換える処理を**量子化**という（**図 2.4** 参照）。量子化された濃度値のことを**量子化レベル**（**階調**または**濃淡レベル**とも呼ばれる）といい，コンピュータ内部では，これを 0 と 1 の並びである 2 進数や多進符号（**符号数**（code）とも呼ばれる）などで表現する。このように量子化された値を符号数に変換する処理を**符号化**（coding）と呼ぶ。また，符号化された信号から元のデータを復元することを**復号**（decoding）という。符号化は，画像を効率的に圧縮・

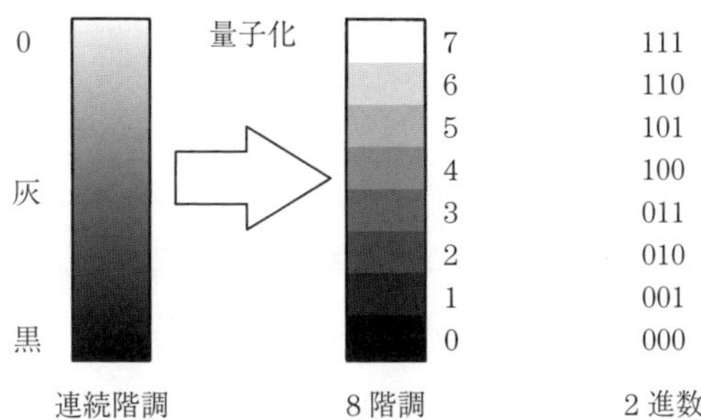

図2.4 3 bitでの量子化

伝送・蓄積したり再生することを目的として，各種の方法が提案されている（4.4節参照）。

2進数で表現された濃度値は，通常2^n（=2, 4, 8, …, 256, …）の数をとる。例えば，階調数が2進数の8桁のデータでは，2^8=256種類の明るさの濃度を持つことになる。なお，2進数における1桁の長さをbit（ビット）といい，8桁の2進数表示を1 Byte（バイト）と呼ぶ。また，1 KByte（キロバイト）=1 024 Byte, 1 MByte（メガバイト）=1 024 KByte, 1 GByte（ギガバイト）=1 024 MByteの関係がある。

一般に，階調数が大きいほど画質は良くなる。通常の画像では，256階調（8 bit）程度で十分であるが，医療用の胸部X線画像などのように，最低でも1 024階調（10 bit）の階調数が必要となる場合もある。

階調数が1 bitすなわち0と1の2値しかとらない場合を特に**2値画像**（binary image）という（これに対し，2 bit以上の画像を**多値画像**または**濃淡画像**という）。2値画像は，CAD図面や文書，手書き文字等で扱われる。また画像認識などを行う場合，いったん2値画像に変換してから処理を行うことも多い。

なお，量子化において，**図2.5**(a)のように濃度値の最大値と最小値の間（**ダイナミックレンジ**という）を一定の間隔（**量子化間隔**と呼ぶ）で分割し，代表点を求める方法を**線形量子化**

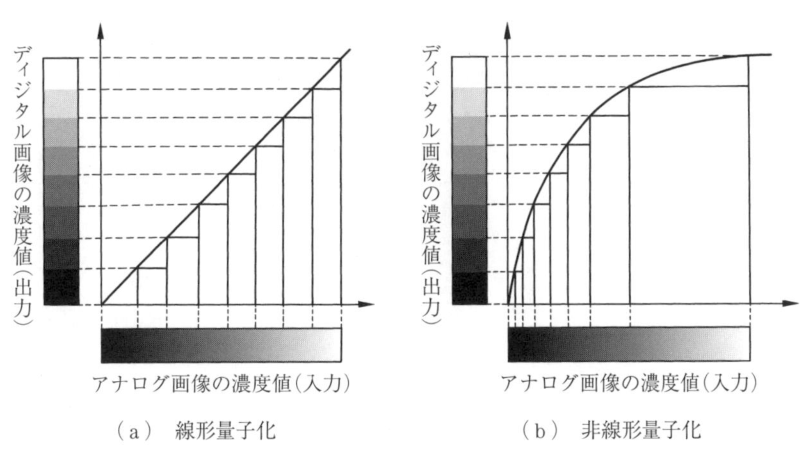

図2.5 量子化の方法

(linear quantization) と呼ぶ。これに対して，同図(b)のように量子化間隔が一定でない場合を**非線形量子化**(non-linear quantization) と呼ぶ。

2.3 A-D 変換と画質との関係

A-D 変換を行ったときのディジタル画像の画質は，1. 画素数，2. 階調数，3. 量子化のダイナミックレンジや，量子化間隔のとり方等によって影響を受ける。

図 2.6(a)～(d)は，画素数を 256×256 画素～32×32 画素の範囲で変化させた場合の例である。図より，標本化の格子間隔を狭くし，画素数を多くとった方が，良い画質が得られることがわかる。格子間隔のとり方が粗い場合，原画像に本来存在しないはずの空間周波数成分が生じることがある，これを**エリアシング**(aliasing) といい，画像の品質を低下させる。そのため，アンチエリアシング等の処理により，エリアシングの低減処理が必要となる。これらの詳細については，4 章で述べる。

A-D 変換された画像の**解像度**(resolution)(どの程度細かなものまで画像上に再現されて

(a) 256×256 画素

(b) 128×128 画素

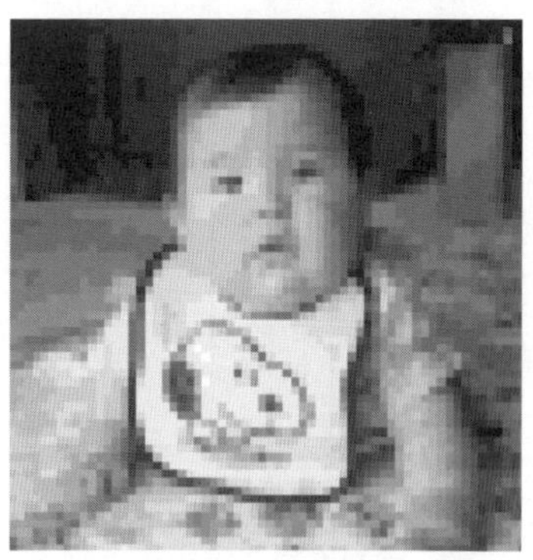

(c) 64×64 画素

(d) 32×32 画素

図 2.6 画素数を変化させた画像の例

いるかを示す尺度）は画像データが持っている画素数と出力するデバイスの画像の大きさとの関係で決まる。画像の解像度は用いられるデバイスによりいくつかの定義が考えられる。例えば，ディスプレイやプリンタに出力した場合，単位長さ当りの画素数を画像解像度として定義できる。一般的に長さの単位として inch（インチ＝2.54 cm）を用いて，1 inch 当りに含まれる画素数を **ppi**（pixel per inch）で表す。例えば，横×縦の解像度を 640×400 のディジタル画像を 10 inch×8 inch に出力した場合，横は 640/10＝64 ppi，縦は 400/8＝50 ppi の解像度を持つ。また，プリンタやスキャナ等の解像度として，1 inch 当りのドットの数を示す **dpi**（dot per inch）もよく用いられる。

図 2.7 は，階調数を 64，16，4，2 と変えた場合の例である。このように，量子化したことにより生ずる元のアナログ信号との誤差のことを**量子化誤差**（quantization error）あるいは**量子化雑音**（quantization noise）と呼ぶ。階調数を大きくとれば，量子化間隔が狭くなり，量子化誤差は小さくなるため精度のよい近似ができるが，データ量は大きくなる。逆に，階調数を減らして量子化間隔を広くとると画質は悪くなる。例えば，濃淡が本来滑らかに変化している部分でも，量子化のため濃淡に段差が生じ，疑似的に輪郭が生じて見える現象などが生じる。

（a） 64 レベル

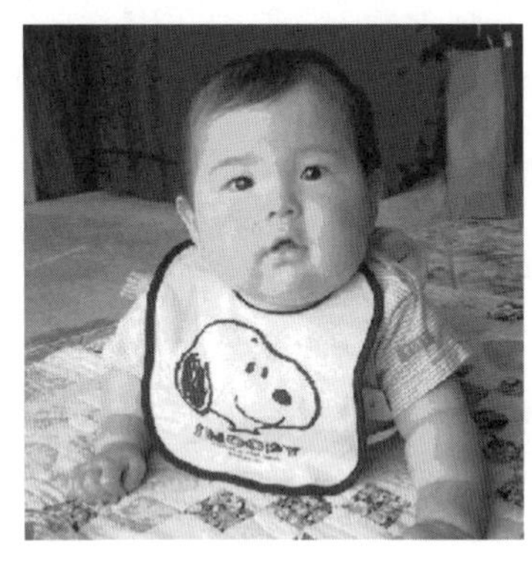

（b） 16 レベル

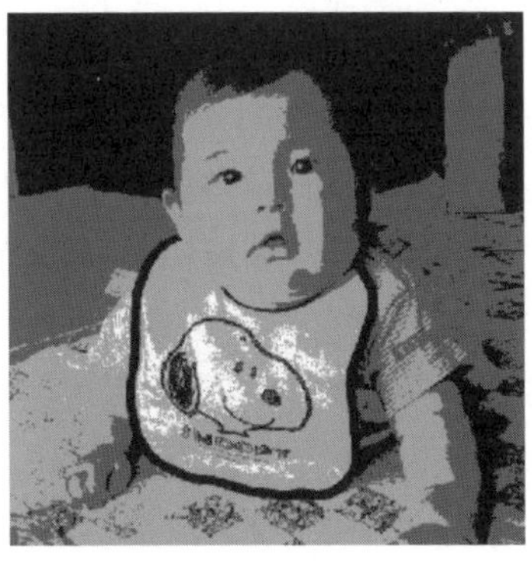

（c） 4 レベル

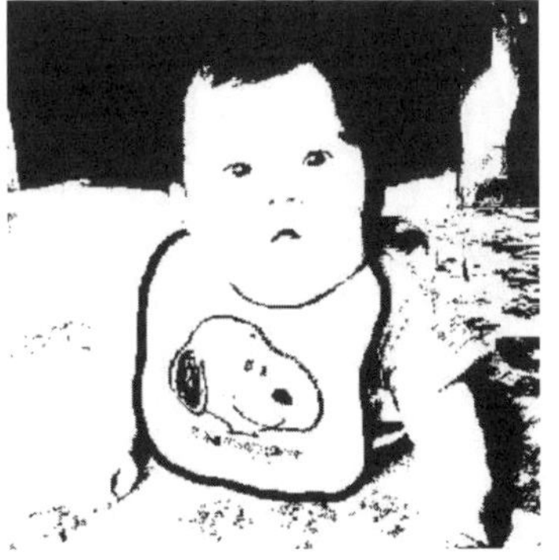

（d） 2 レベル

図 2.7 量子化レベル数を変化させた画像（512×512 画素）

これを**疑似輪郭**（false contour）または**疑似エッジ**（false edge）と呼ぶ。同図(c)は，疑似輪郭が生じている例である。このような量子化誤差に対しては，5.5.2項で述べるようなディザ法を用いることにより，疑似輪郭の発生を低減することができる。

また，画素数と階調数を十分な精度で選んでも，ダイナミックレンジのとり方が適当でないと良好な画質は得られない。先に述べたように，線形量子化の場合，量子化の値はダイナミックレンジを一定の間隔で分割して得られるが，ダイナミックレンジを広くとりすぎると画像の色の変化の範囲が狭くなり，**コントラスト**（contrast：画像の明暗の差）の低い画像となってしまう。逆に，ダイナミックレンジを狭くとりすぎると明るい部分がつぶれてしまう。一般的には元の画像の最も明るい画素の明るさをダイナミックレンジの最大値にとればよい。

なお，明るさの分布が偏っているような画像では，分布の密度が高い明るさの部分を細かく量子化した方が良い画像が得られる。例えば，画像の濃度値が暗い領域に集まっている場合は，図2.5(b)に示すような**非線形量子化**を行うことによって量子化雑音を低減することができる。非線形量子化の方法には，量子化間隔を暗い部分は狭く，明るい部分は広くなるように明るさの対数値に比例して決める**対数量子化法**や濃度値の頻度分布（ヒストグラム）を用いて，分布に比例した密度で量子化の代表点を選ぶ**メディアンカット量子化法**（5.5.1項参照）などの方法がある。

2.4 カラー画像の表現

以上では，白黒（モノクローム，モノクロ）画像について述べてきたが，ここでは，カラー画像について扱い，人間が色をどのように感じているか，またそれをどのようにディジタル化するかなどについて述べる。

2.4.1 人間の視覚とカラー画像

人間に色として知覚される可視光は波長が約380〜780 nmの範囲の電磁波である。可視光の各波長は固有の色を呈し，おおむね500 nm以下は青，500〜600 nmは緑，600 nm以上は赤となる。太陽光のように可視光域すべての波長を等しく含む光は**白色光**と呼ばれる。**図2.8**のように，白色光をプリズムで分光すると虹の色を呈し，一定の波長を持つ**単色光**に分解できる。単色光は，プリズムを通してもこれ以上ほかの色に分解できない（単色光と光の波長とは1対1に対応する）。逆に分光されたすべての単色光を混ぜ合わせると白色光となる。人間の目に見える色は，単色光だけではなく，これらの単色光を混合した色（例えば，ピンク色など）をも含んでいる。また，人間の視覚に対して定義された色と光の波長とは，1対1には対応しない。例えば，赤と緑の波長を持つ単色光を混ぜ合わせると黄色の光となるが，人間はこれと黄色の波長を持つ単色光とを区別できず，同じ黄色と感じてしまう。このように，人間の目に知覚される色というものは，人間の目と脳が作り出しているものである。

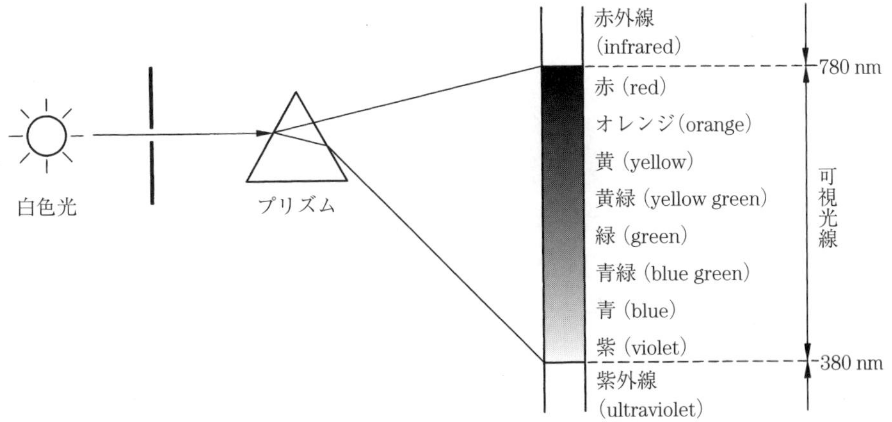

図 2.8 プリズムによる白色光から単色光への分光

人間の目は，**赤**（R：red），**緑**（G：green），**青**（B：blue）のそれぞれの色に特に強く反応する錐体と呼ばれる網膜上の細胞で色を感じとっている。したがって，人間に見える色はRGBのそれぞれの色の強弱の重ね合わせで表すことができる。**RGB**の3色を色光の三原色といい，ディスプレイなどではこれらの基本色を合成してさまざまな色を作り出している。これを**加法混色**（additive mixture of color stimuli）と呼ぶ（**図 2.9**(a)）。ディスプレイなどの光を発するタイプの表示装置では，色光を重ねるほど明るい色が得られ，RGBの3色を混色すると白色となる。なお，二つの色光を加えて白色になる場合，これらの二つの色はたがいに**補色**（complementary color）の関係にあるという。また，白，灰，黒のように色味のないものを**無彩色**という。これに対して赤や緑のように色味を持った色を**有彩色**という。

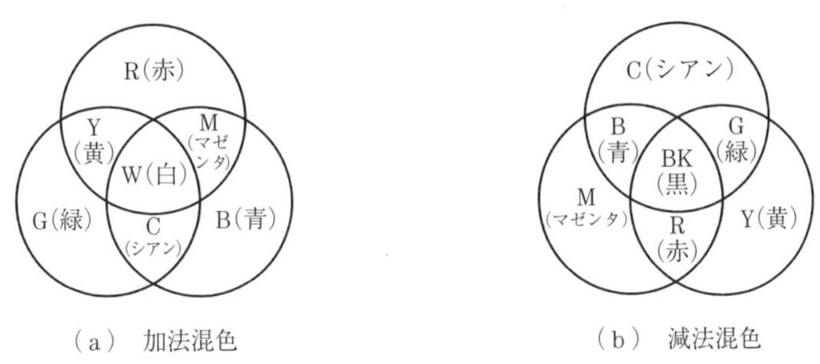

図 2.9 混　色

さて，色光の場合とは異なり，カラー印刷等では色を混ぜるほど暗い色となるため，RGBの代わりに，**シアン**（青緑）（C：cyan），**マゼンタ**（赤紫）（M：magenta），**黄**（Y：yellow）の3色を用いる（図2.9(b)）。例えば，**図 2.10**のようにシアンにRGBを混合した白色光をあてた場合，シアンはRを吸収するため，G+Bの混色が反射される（色光で考えれば，Cは，G+Bの混色である）。同様にマゼンタはGを吸収し，黄はBを吸収する。CMYの3色を混合するとRGBが吸収され黒色となる（ただし，実際には完全にCMYを表現できるインクが存在

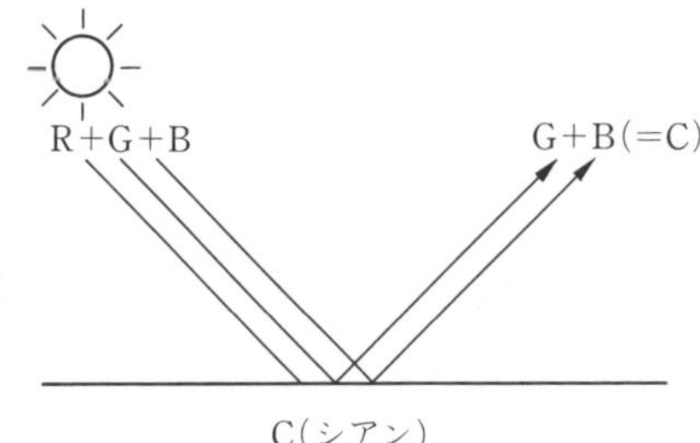

図 2.10　C（シアン）の発色の仕組み

しないため，通常のインクでは黒色とはならず，こげ茶色となる。そこで，黒（BK）のインクを加えて 4 色のインクを用いることが多い）。この色の混色法を**減法混色**（subtractive mixture of color stimuli）と呼ぶ。

2.4.2　色 の 表 現 法

色彩を定量的に表すための方法は，いくつか提案されており，例えば，RGB 三原色のそれぞれの値を**図 2.11** のように 3 次元座標にとれば，一つの色は座標空間（色空間）上の 1 点で表現できる。このように特定の記号を用いて色の表示を定義する体系を**表色系**（color specification system）と呼ぶ。一般に，すべての色はたがいに独立な三つの変数により表現できることが知られている。色を特定する 3 変数の選び方には RGB 以外にも多くの方法が考えられており，その代表的なものに，以下に述べる**マンセル表色系**や国際照明委員会（CIE）の定めた **XYZ 表色系**などがある。

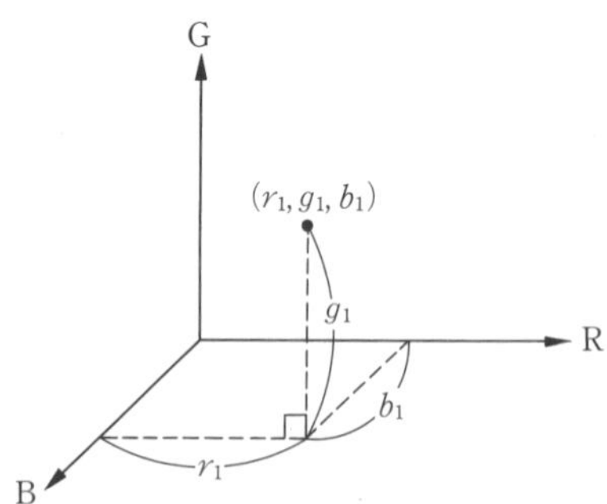

図 2.11　RGB を各軸にとれば，一つの色は 1 点で決まる

［1］　マンセル表色系

マンセル表色系は，米国の画家 A.H. Munsell が色の表示を目的として考案した標準資料（色票）に基づき，米国光学会の測色委員会が尺度を修正して作られた表色系である。心理的に等間隔に色票系が構成されているため，直感的にわかりやすく，色を定量的に扱えるという特徴がある。マンセル表色系では，色の種類を表す**色相**（hue），明るさを表す**明度**（value），色の鮮やかさを表す**彩度**（saturation）と呼ばれる心理的な三つの属性に分類し，**図 2.12** のように配列している。図では，円周方向に対して 10 個のアルファベット色名を 10 分割した 100

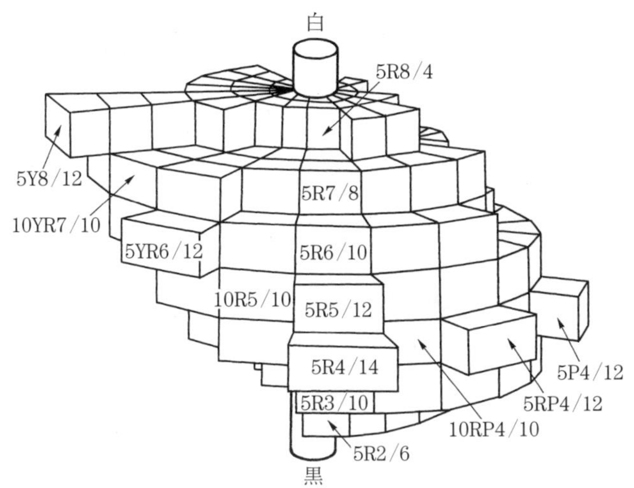

図 2.12 マンセルの色立体[1)]

の色相環とし，上下方向に対して白を 10 とし黒を 0 とする 11 段階の明度，半径方向に対して無彩色を 0 として外周に行くほど鮮やかさが増すように彩度をとって表されている。例えば，10R5/12 は，色相 10R（赤），明度 5，彩度 12 を表している。

なお，マンセル表色系はもともと物体の色（物体によって反射または透過された光の色）に対して定義されたものであるが，光源の色に対して色相，彩度，明度を表現する場合は **HSV**（hue, saturation, value）が定量的に扱いやすいためよく使われる．なお，HSV は **HSI カラーモデル**と呼ばれることもある．

［2］ XYZ 表色系

XYZ 表色系は，国際照明委員会（CIE）が勧告した表色系であり，人間の視覚特性を考慮して作られた心理物理的な表色系である。XYZ 表色系では，RGB の代わりにつぎのような仮想的な 3 原色 XYZ が使われる。

$$\begin{cases} X=0.478R+0.299G+0.175B & (2.1) \\ Y=0.263R+0.655G+0.081B & (2.2) \\ Z=0.020R+0.160G+0.908B & (2.3) \end{cases}$$

XYZ の三つの刺激値に対して，刺激和 $S=X+Y+Z$ で正規化して

$$x=X/S,\quad y=Y/S,\quad z=Z/S$$

とおくとき，$(x,\ y,\ z)$ を**色度座標**（trichromatic coordinates）という。また，$(X,\ Y,\ Z)$ の代わりに $(Y,\ x,\ y)$ を用いても任意の色を表現できる。ただし，Y は明るさ，x は色相，z は彩度を表している。明るさ Y を固定すれば，すべての色は**図 2.13** に示すような**色度図**（chromaticity diagram）と呼ばれる $(x,\ y)$ 空間の色分布により表される。図中で，つりがね状の曲線上には単色光が並んでおり，これを**スペクトル軌跡**（spectrum locus）という。スペクトル軌跡から中心部に向かうに従い，純粋な色から混ぜ合わせた色に変化する。液晶ディスプレイなどでは，図中の破線で示した 3 角形の中の色が再現できる。

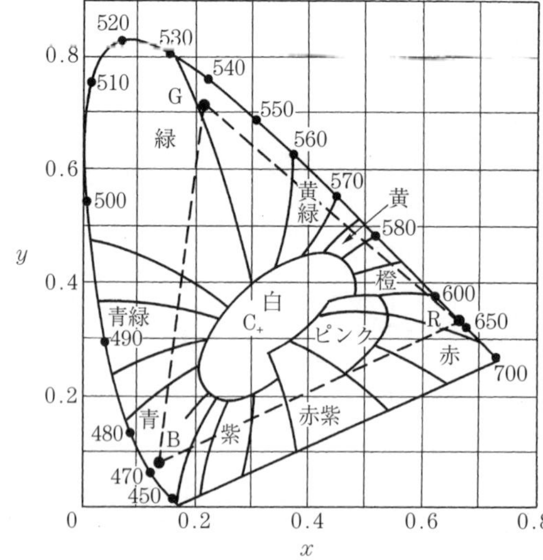

図 2.13　CIE の色度図[2)]

2.4.3　カラー画像のディジタル化

2.3 節では，白黒画像（濃淡画像とも呼ばれる）のディジタル化について述べたが，ここでは，カラー画像の取扱いについて述べる。先に述べたように，人間に見える色は RGB のそれぞれの色の強弱の重ね合わせで表すことができる。したがって，カラー画像は，それぞれの画素について RGB の各要素に分解した後，それぞれの色について白黒画像と同様の手法によりディジタル化を行う。すなわち，カラー画像を表現するためには，RGB のそれぞれに対応する濃度値の情報を各画素に持たせればよい。別の見方をすれば，カラー画像は**図 2.14** のように，RGB に相当する 3 枚（あるいは 3 チャンネル）の濃淡画像から構成されるともいえる。いま，RGB それぞれが 8 bit（合計 24 bit）の濃淡情報を持っている場合，表現可能な色数は，$2^8 \times 2^8 \times 2^8 = 16\,777\,216$，すなわち約 1 677 万色となる。これだけの階調数があれば，人間の認識限界を越えて自然なカラー画像を表現できるため，この場合を特に**フルカラー画像**とも呼ぶ。

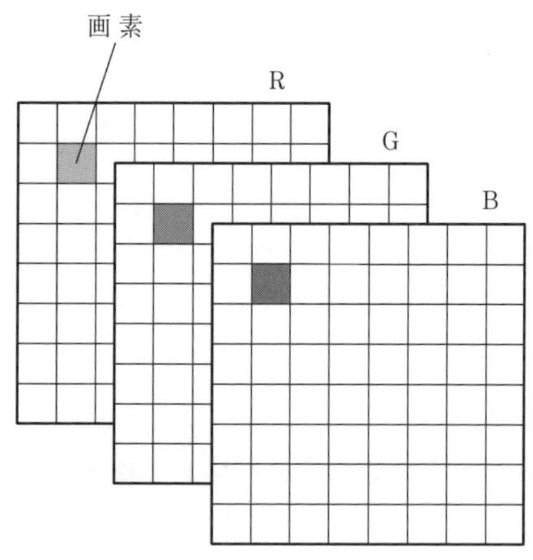

図 2.14　カラー画像

なお，カラー画像の表現法にはRGBの代わりに**輝度信号** Y と**色差信号** I，Q を用いる方法がある。これは，アナログテレビジョン方式の一つである **NTSC**（national television system committee）方式で使われていた方法である。RGB信号から **YIQ** 信号への変換には一般的に以下のような変換公式が使われている。

$$\begin{cases} Y=0.299R+0.587G+0.114B & (2.4) \\ I=0.596R-0.274G-0.322B & (2.5) \\ Q=0.211R-0.523G-0.312B & (2.6) \end{cases}$$

特に，式（2.4）からは，輝度信号（濃度値）が得られるため，カラー画像から白黒画像への変換式としても使われる。カラー画像に対して画像処理を行う場合には，RGBのそれぞれの画像について画像処理を実行し，その後再び合成する方法もあるが，一般的な画像処理では，白黒画像で十分なことが多く，処理も高速化できるため，式（2.4）により白黒画像に変換してから処理を行うことが多い。また，さらに高速な処理が必要な場合には近似的に $Y=G$ として白黒画像に変換する方法もある。

また，YIQは初期のカラーブラウン管の性能に基づいて決められたものだが，ディジタル画像の表示デバイスの特性に適した以下の **YCbCr** もよく使われている．
RGBからYCbCrへの変換式は次式となる．

$$\begin{cases} Y=0.299R+0.587G+0.114B & (2.7) \\ C_b=0.564(B-Y)=-0.169R-0.331G+0.500B & (2.8) \\ C_r=0.713(R-Y)=0.500R-0.419G-0.081B & (2.9) \end{cases}$$

上記の式（2.7）は式（2.4）と同じものである．また，Cb・Cr はそれぞれB・R成分とY成分との差に比例するものなので**色差成分**と呼ばれる．

2.5 画像データの表現

2.5.1 画像データの表現方式

画像データの表現方式は，大きく分けて**ビットマップデータ**（**ラスタ型データ**）表現と**ベクトルデータ**表現の二つに分けられる。ビットマップデータは，写真画像やペイント系ソフトを用いて描いた画像に適しており，画素の集まりとして表現される。本書で扱う一般的な画像データはビットマップデータである。一方，ベクトルデータは，地図や図面などドロー系ソフト（CADソフトなど）を用いて描いた画像に適している。ベクトルデータは，図形が構成される点や線の座標値（ベクトル）により表されたものであり，データ量はビットマップに比べてはるかに小さい。また，ビットマップデータは図形を拡大すると画素の大きさが見えるため，ギザギザが目立つが，ベクトルデータでは図形の構成要素をベクトル化して保存しているため，拡大してもこのようなことは起こらない（**図2.15**）。さらに，図形の形や位置を図形処理ソフトで簡単に編集できる。**表2.2** にそれぞれのデータ表現の特徴をまとめる。

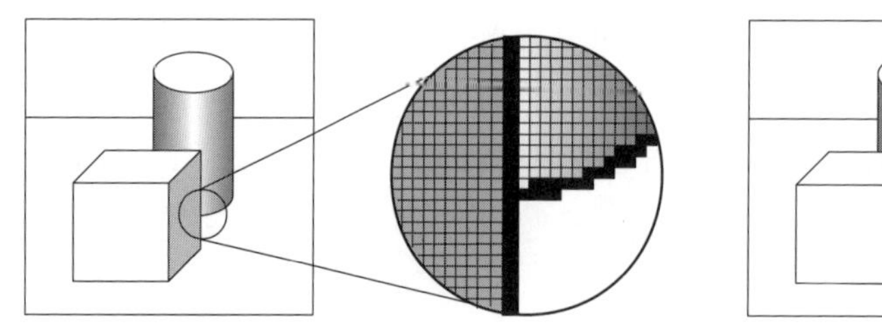

（a） ビットマップデータによる表現

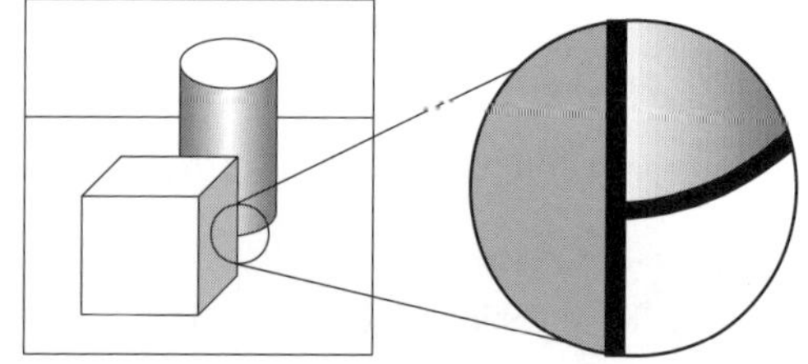

（b） ベクトルデータによる表現

図2.15　ビットマップデータとベクトルデータの比較

表2.2　ビットマップデータとベクトルデータの比較

	ビットマップデータ	ベクトルデータ
データ形式	画素の集まりとして表現	図形の構成要素をベクトル化
適する画像	写真，多階調画像	地図，CAD 図面
データの大きさ	大きい	小さい
幾何学的変換	一般に面倒	拡大・縮小・回転等の変換が容易
画像処理	フィルタ処理等が容易	フィルタ処理等は困難
入力法	カメラ，スキャナ等	マウス，タブレット等
出力法	ディスプレイ，プリンタ等	ディスプレイ，プリンタ，XY プロッタ等
作成ソフトウェア	ペイント系ソフト	ドロー系ソフト
代表的なファイル形式	JPEG，GIF，BMP，TIFF 等	DXF，CGM，SVG，WMF 等

2.5.2　インデックス方式による画像表現

ビットマップデータによる画像データでは，通常**図2.16**(a)のように1画素ごとに濃度値を割り当てるが，一般的な画像では各色が同じ確率で出現せず，偏りがあるため，すべての色が使用されることは少ない。そこで，よく出現する色を**カラーテーブル**（あるいは**パレット**）と呼ばれるデータ領域（テーブルの表）に持っておき，同図(b)のように濃度値の代わりにその画素における色番号（パレット番号）を割り当てる方法が使われる場合がある。

この画像表現の方法は，**インデックス方式**（または，**ルックアップテーブル**（Look up table：**LUT**）**方式**あるいは**カラーマップ方式**）と呼ばれ，RGB の濃度値を直接記録するよりもデータ量が少なくて済むという特長がある。

図2.16(b)の例ではカラーテーブルで表現できる色は256色（8 bit）にすぎないが，例えば4 096色（12 bit）から，その画像でおもに使用されている色をカラーテーブルに登録しておけば，本来12 bit必要なデータ量を8 bit（すなわち16分の1）に減らすことができる（もちろん，画素における色の番号のほかに，カラーテーブル自体も一緒に記憶する必要があるため，実際には多少データ量は増える)。カラーテーブルを決定する際には5.5.1項で述べるメディアンカット量子化法等を用いれば，比較的高品質な画像が得られる。インデックス方式は，自然画像のような大量の色を使用する画像には画質が劣化するためあまり向かないが，イ

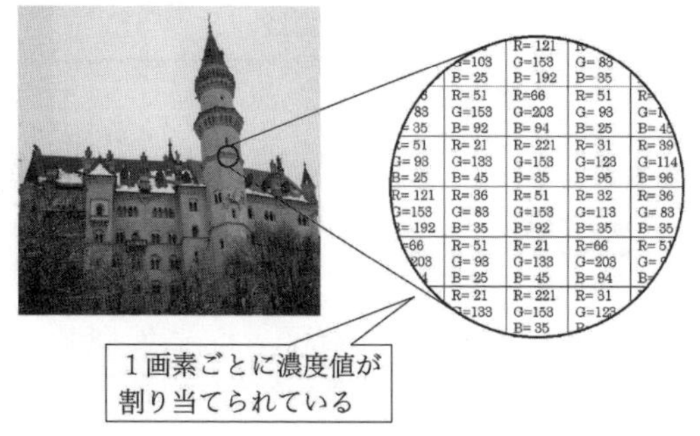

（a） 通常の画像表現

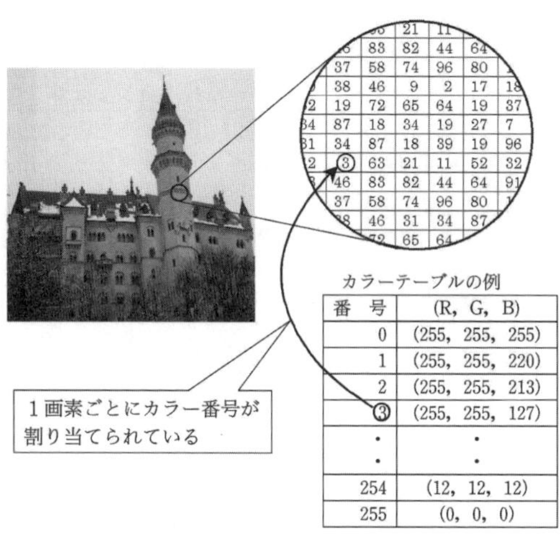

番　号	(R, G, B)
0	(255, 255, 255)
1	(255, 255, 220)
2	(255, 255, 213)
③	(255, 255, 127)
・ ・	・ ・
254	(12, 12, 12)
255	(0, 0, 0)

（b） インデックス方式による画像表現

図2.16 ビットマップデータによる画像表現の方法

ラストレーション等では画像ファイルの大きさを抑えることができるため広く使用されている。

2.5.3 画像のファイル形式

コンピュータで扱う画像のファイル形式には，使用されるコンピュータの種類や画像処理ソフトウェアによって，いくつかの異なる形式が存在する。ファイル形式によって扱えるカラーモードや色数，画素数などが異なっている。また，同じファイル形式でもオプションの設定で圧縮率や画質等をユーザが設定できるものも多い。**表2.3**にコンピュータで用いられる代表的なファイル形式をまとめる。なお，各ファイル形式で用いられている画像圧縮の手法に関しては4.4節を参照されたい。

表 2.3　おもな画像のファイル形式

ファイル形式	概　要
JPEG（joint photographic experts group）	ISO（国際標準化機構）と CCITT（国際電信電話諮問委員会）との共同組織によって策定されたビットマップ画像フォーマットであり，JPEG 圧縮（4.4.4 項参照）を用いた標準的なファイル形式である．正式には JFIF（JPEG file interchange format）を指す．
GIF（graphics inter-change format）	8 bit のインデックス方式（2.5.2 項参照）に対応し，可逆圧縮の一方式である LZW 圧縮を用いている．色数は最大で 256 色（8 ビット）であり，フルカラー表示はできない．色として透明部分を持つこともできる．
PNG（portable network graphics）	可逆圧縮で，フルカラーや 8 bit のインデックス方式などに対応する．透過度を設定でき，ホワイトバランスやガンマ補正値，任意の文字列などの付加情報も埋め込むことができる．
TIFF（tagged image file format）	比較的大きなビットマップ画像の取扱いに適している．フルカラーにも対応しており，圧縮形式も各種圧縮技法に対応する．JPEG 圧縮もオプションで利用できる．柔軟性が高いフォーマットであるため，さまざまな TIFF 規格がある．
BMP（Microsoft Windows bitmap image）	Microsoft 社の Windows で標準的に用いられているビットマップ画像のファイル形式．24 bit RGB および 1～8 bit インデックス方式のモードに対応する．データの圧縮率は低いため，大きな画像の保存には向かない．
pnm（portable any map format）	モノクロビットマップデータ用の **pbm**（portable bitmap format），モノクロ多階調画像用の **pgm**（portable graymap formart）および，カラー画像用の **ppm**（portable pixmap format）の 3 種類のフォーマットの総称である．異なるプラットフォーム間でも高い互換性を保てる画像形式として開発された．

演 習 問 題

【1】 アナログ画像とディジタル画像の違いについてまとめよ。

【2】 モノクロ画像において，画素当りのビット数と階調数の関係を表にせよ。

【3】 R，G，B の各画素値を 3 bit で表すとき，表現できる色数はいくらか。

【4】 サイズ 256×256 で各画素値が 8 bit の画像と同じメモリ容量でサイズが 512×512 の画像を記憶したい。階調数を何ビットにする必要があるか。

【5】 カラー画像のある画素における RGB の値が $R=12$，$G=33$，$B=7$ のとき，これをモノクロ画像に変換したときの輝度値はいくらか。

3. 画像処理システム

コンピュータの性能向上とともに，パーソナルコンピュータを用いた画像処理システムが容易に実現できるようになった。また，産業応用などの用途では，画像処理専用に高速処理が可能なハードウェアも開発されている。本章では，コンピュータによる画像処理システムや専用ハードウェアの構成および，画像入出力のための機器について述べる。

3.1 画像処理システムの構成例

画像処理システムには，大別してパーソナルコンピュータ（パソコン）やワークステーション等の汎用のコンピュータを用いたシステムと，特定の用途に限定した専用ハードウェア（画像処理ハードウェア）を用いたシステムがある。コンピュータを用いるシステムは，ソフトウェアの変更により，さまざまな画像処理に対応可能であるため，汎用性がある。一方，専用ハードウェアでは通常，特定の画像処理に特化した**画像処理プロセッサ**（image processor）が用いられるため，コンピュータを用いる方式に比べ高速であるが，汎用性は限定される。画像処理の用途がある程度限られており，高速な処理が必要な場合は画像処理専用のハードウェアが用いられることが多い。

3.1.1 コンピュータを用いた画像処理システム

コンピュータを用いた画像処理システムにおいて，ビデオカメラ等の画像入力装置から取り込まれた画像は，画像入力インターフェースにより，コンピュータに入力される。一般的なディジタル出力形式のビデオカメラからの出力は，汎用的なUSBなどのインターフェース，あるいはCameraLink（産業用ディジタルカメラ用インターフェース）等からコンピュータに入力される。マシンビジョンや産業用画像処理システムでは画像情報に加えて画像の取り込みタイミングを制御できる機能を持った画像入力ボードを使用する場合もある。

［1］ パソコンによる画像処理システム

図3.1は，パソコンによる画像処理システムの内部構成例である。この例では，入力された画像信号を直接コンピュータの**メインメモリ**（main memory）に書き込み，**CPU**（central processing unit）により画像処理の演算を行うシステムを示す。

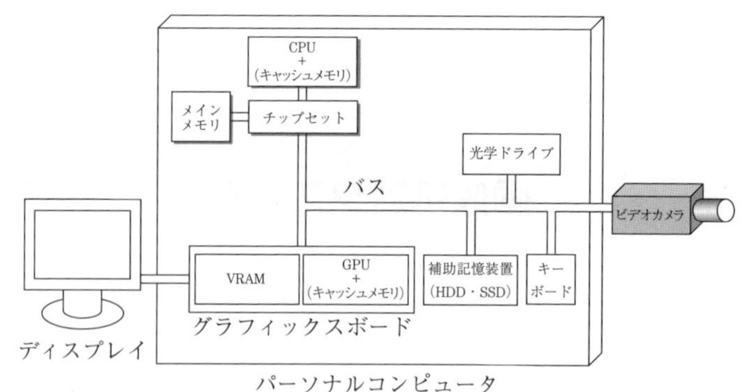

図 3.1　パーソナルコンピュータによる画像処理システムの例

CPU は，データの入出力（input/output：**I/O**）をコントロールする**チップセット**を介して，メインメモリおよび外部とのデータのやりとりを行う信号線である**データバス**と接続されている。メインメモリには，処理プログラムおよび，画像データ等の処理すべきデータがおかれる。また，キーボードやハードディスク（HDD），SSD（solid state drive）等の補助記憶装置とは，データバスを介してデータの入出力を行う。カメラ（ディジタル信号出力）から入力されたビデオ信号は USB インターフェース等を介して，メインメモリに転送される。CPU は，メインメモリ上のプログラムを解釈して，処理データを加工する。加工されたデータは，必要に応じて補助記憶装置に保存されたり，グラフィックスボードを通してコンピュータディスプレイに出力される（パソコンによってはグラフィックスボードの機能がチップセット等に統合されているものもある)。

以上で説明したように，画像データをプログラムから利用するためには，一度それをメインメモリに読み込む必要がある。コンピュータでは，データとプログラムがメインメモリにおかれ，それが CPU に逐次的に読み込まれて処理される（これを**フォンノイマン型コンピュータ**という)。CPU 内部での処理速度と比べて，メモリへのアクセス速度は一般的にきわめて遅い。このため，命令を実行する際にはアクセス速度の遅いメモリとのデータのやりとりで全体の速度が決まってしまう。これを**フォンノイマンボトルネック**（Von Neumann bottleneck）という。そこで，低速なメインメモリへのアクセスを減らすために，CPU（あるいは後で述べる GPU）などのプロセッサ内部には**キャッシュメモリ**がおかれている。キャッシュメモリは高速な記憶装置であり，使用頻度の高いデータを蓄積（プログラムの実行のためにメインメモリから読み込んだ命令やデータを一時的に保持）しておくことによりメモリアクセスの時間を短縮できるので，処理速度の向上につながる。なお，アクセスしたいデータがキャッシュメモリに存在しなかった場合をキャッシュミスといい，その場合はメインメモリからデータが転送されるため処理速度の低下要因となる。

［2］　グラフィックスボード

上記で述べたグラフィックスボード（グラフィックスカードとも呼ばれる）はおもに，

GPU(graphics processing unit), と**VRAM**(video RAM) から構成される。**GPU**は, グラフィックスボード全体の管理をするプロセッサであり, CPUから送られた画像データや処理命令を受け取り, グラフィックスメモリ上に画像を構成する。グラフィックスメモリに書き込まれた画像データは, グラフィックス用のインターフェースを経由してディスプレイに出力される。

なお, GPUは, 基本図形の描画や塗りつぶし等の2次元グラフィックス (ウインドウシステムの高速表示に必要) やポリゴンやテクスチャの描画等の3次元グラフィックス (7章参照) をCPUからの簡単な命令だけで処理する機能を持っている。リアルタイムで高精細なコンピュータグラフィックスを描画したい場合には, 高速なグラフィックスボードを選ぶ必要がある。

GPUはコンピュータグラフィックス用途だけでなく汎用の高速な数値計算用にも利用されている。これを**GPGPU** (general purpose GPU) あるいは**GPUコンピューティング** (GPU computing) といい, 人工知能 (機械学習), 科学技術計算や暗号処理などの分野で広く活用されている (3.1.3項参照)。

3.1.2 画像処理プログラムにおける高速化のための留意点

コンピュータを用いた画像処理システムにおいて, プログラミング言語により画像処理を行う場合, 画像データをどのような形式で格納し, 取り扱うべきかについて考えておくことが重要である。例えば, RGBそれぞれに8 bitの濃度値を持つフルカラー画像の場合, 24 bit (=3×8 bit) のデータ長となるが, 一般にコンピュータで定義できる変数は, 2^nのデータ長 (すなわち8 bit, 16 bit, 32 bit等) である。これは, ハードウェアの仕様 (すなわちCPUが一度に処理できるデータ長) に起因するものである。このため, 24 bitのデータ長を持つ変数は定義できず, 32 bitのデータ長を持つ変数により代用する必要がある。なお, RGBの各濃度値を8 bitのデータ長を持つ三つの変数に割り当てる方法も考えられる。この場合, メモリの無駄はなくなるが, 1画素のアクセスのために, 3回の変数の操作が必要となり, 処理速度が低下する。これに対し, 前者の方法は, 1画素を一度にアクセスでき, 高速な処理が可能である。現在のコンピュータは, 十分なメインメモリ容量を備えているため, 実行速度の速い前者のデータ形式を用いることが多い。なお, 32 bitのうちの24 bitを使用した場合, 残りの8 bitは使用されない。ただし, 画像処理のソフトウェアによっては, ここにアルファ値と呼ばれる画像の透明度に関する値を割り当て, 半透明処理などに利用する場合がある。

先に述べたように画像処理プログラムの処理速度を向上させるためには, フォンノイマンボトルネックを可能な限り避けることが重要である。すなわち, 上記の例のようにプロセッサとメインメモリ間のデータ転送をできるだけ避け, プロセッサとキャッシュメモリだけで演算処理が行えるようにプログラムを工夫することが望ましい。なお, 画像データをコンピュータのメモリに取り込む場合, 2.5.3項で述べたように, さまざまなファイル形式が存在するため, それぞれの形式で格納されているデータを, 上記のような変数に読み込ませるための専用の関数（サブルーチン）を用いる必要がある。一般に，このような関数は，画像入力インターフェースに付属するソフトウェアやOpenCV（コラム18参照）などの画像処理ソフトウェアに同梱されていることが多い。

3.1.3　専用ハードウェアによる画像処理装置

画像処理のための専用ハードウェアは，リアルタイム処理あるいは，それに準ずる高速での画像処理を行うことを目的として開発されている。例えば，ディジタルカメラにおいて画像の補正処理やノイズ除去などの処理（5章参照）を行う画像信号処理（image signal processing：**ISP**）用のプロセッサや，車載機器等で用いられる人物などの認識処理（10章参照），ビデオレコーダなどで動画像の符号化・復号（4.4.3項参照）などを行うための専用ハードウェアが開発されている。また，工場における組立・検査工程などに用いられる画像処理システムでは，高速な処理が必要であるため，画像処理専用プロセッサおよびメモリ，画像入出力部を一体化した画像処理ハードウェアや，それをコントロールするためのコンピュータを組み合わせたシステムなどがある。このようなシステムでは，画像処理に要する必要最小限の機器構成および高速性・信頼性が要求される。

さて，画像処理に特化した専用ハードウェアの場合，用途に応じて高速化のためのさまざまな工夫がなされている。汎用コンピュータのためのCPUは（高速化のために一度に数個の命令を同時に実行できる機能もあるが），通常は逐次処理であり基本的には一度に一つの演算しかできない。このため，画素を大量に持つ画像データに対して高速な処理を行うことが難しい。そこで，画像処理に特化した高速演算プロセッサ等が提案されている。処理速度の面でいえばすべての画素に対して並列に処理モジュールを並べて画像処理を行う**完全並列型プロセッサ**が理想的であるが，複雑な処理には向いておらず，並列処理のためのプログラミングが難しいため実用面で問題がある。このため，一般的には画像の局所的なデータをプロセッサに読み込んで並列的に処理を行う手法が使われる。プロセッサの処理では，できるだけ並列的に処理を進めた方が一度に多くの処理ができる。この並列処理のレベルには，実行単位の小さい方から順に(a)データレベル，(b)命令レベル，(c)スレッドレベルがあり，それぞれにおける並列処理について以下で詳しく述べる。

(a)　データレベルの並列処理

画像処理の中で4章や5章で述べるようなさまざまな処理の多くでは，大量のデータに対し並列に同一の演算を行って処理を進めることが可能である。これをデータレベルの並列性が高いという。この場合，複数の画素値をまとめてベクトルデータ（1次元配列）で表し，それを一度に計算することが可能である。このような計算処理が可能なプロセッサを**ベクトルプロセッサ**（アレイプロセッサともいう）という。ベクトルの演算では，一つの命令で同時に複数のデータに対して演算処理を適用できるため，**SIMD**（single instruction multiple data）とも呼ばれる。

(b) 命令レベルの並列処理

1枚の画像の連結領域に対するラベリング処理(6.3.1項参照)などでは，隣接する領域のデータ処理を並列に同時実行できないためデータレベルの並列処理は難しい。そこで，命令レベルの並列処理を利用して処理速度の向上をはかる必要がある。命令レベルで並列な処理を実現するには，**スーパースカラ**を用いる方法と，**VLIW**(very long instruction word)による方法がある。**表3.1**にスーパースカラとVLIWの特徴の比較をまとめる。

表3.1 スーパースカラとVLIWの特徴の比較

	命令実行方法	手　法	長　所	短　所
スーパースカラ	命令処理を実行する回路を複数用意し，複数の命令処理を同時に実行	プロセッサがプログラムの並列性を判別して同時処理を行う	実行プログラムに変更を加えなくても高速で実行できる	プロセッサのハードウェア構造が複雑になる
VLIW	複数の命令を一つの命令としてまとめて投入し複数の実行ユニットで並列に実行	プログラム言語のソースコードを機械語に変換する際に並列に実行できる処理をまとめ，一つの命令としてプロセッサに与える	プロセッサ構造をシンプルにでき製造コストを下げられる	本来の性能を十分に発揮させるためのプログラミングが難しい

なお，命令レベルの並列処理性能を向上させるために**命令パイプライン処理**が採用されることも多い。これは，一つの命令を複数の段階に分割してそれぞれをパイプライン状に接続した別々の回路モジュールで実行するものである。これにより，複数の処理をベルトコンベア式にオーバーラップさせて実行できる。

(c) スレッドレベルの並列処理

一つの画像処理アプリケーションソフトウェアは一つのプロセスを実行するが，その中には**スレッド**と呼ばれるプロセスよりも小さな複数の処理単位が実行される。このスレッドを複数同時並行に実行することを**マルチスレッド**という。一方，プロセッサの内部で独立して機能する演算・制御装置のことをコア(もしくはプロセッサコア)といい，二つ以上のコアを有するプロセッサ製品を**マルチコアプロセッサ**という。マルチコアプロセッサではそれぞれのコアでスレッドを並列に実行できる(一つのコアで複数のスレッドを実行できるプロセッサもある)。多くのコアを持つプロセッサを使えば同時並行で多くのスレッドを実行できるので，アプリケーションの処理速度が速くなる。

上記の(a)〜(c)はプロセッサに組み込む際に用途に応じてカスタマイズされる。ここでは，画像処理の用途に応じて，(1)カメラ用ISP，(2)ビデオやテレビにおける動画像処理用プロセッサ，(3)コンピュータグラフィックス用プロセッサ(GPU)，(4)画像認識用プロセッサを例にあげ，専用ハードウェアの構成概要について述べる。

（1）　カメラ用 ISP

ISP はディジタルカメラ等のイメージセンサからの生の出力データ（**RAW データ**）に対し，光学系の補正処理やノイズ処理等を行い，適切な画像を生成する役割を持つ。これらの処理では，データレベルの並列性が高いため，**PE**（processing element）と呼ばれる演算要素を並列に数千個並べて一度に大量のデータ演算ができる SIMD により処理を行うプロセッサが使われる。また，VLIW 型 PE を並列に配置したタイプもある。なお，カメラの顔認識処理等では，以下に述べる画像認識用プロセッサ技術も別途使われている。

（2）　動画像処理用プロセッサ

ビデオやテレビにおける動画像の符号化・復号（4.4.3 項参照）を行う動画像処理用プロセッサでは，DCT（4.1.7 項参照）などの処理に SIMD 型のユニットが使われる。一方，8×8 画素などのブロック単位での処理過程（4.4.4 項参照）も多く，このような処理ではデータの依存関係があるためデータレベルの並列性を利用することが難しい。そこで，命令レベルあるいはスレッドレベルの並列処理を組み合わせて処理速度を向上させたプロセッサが使われる。なお，動画像処理用プロセッサの中にはさまざまな種類の動画像処理に対応できるようにプログラムに従って小規模な演算処理部同士を動作中に結線し直し，複雑な処理を柔軟かつ高速に実行できる**動的再構成**（dynamic reconfiguration）が可能なプロセッサが使われるものもある。

（3）　コンピュータグラフィックス用プロセッサ（GPU）

GPU（3.1.1 項）による 3 次元 CG の処理では，大量の行列・ベクトル演算を行う必要があり，それらの演算はデータレベルの並列性が高いため SIMD 型ユニットが使われている。一方で，グラフィックスの処理はパイプライン化されて行われる。これは**グラフィックスパイプライン**とも呼ばれるもので，3.1.3 項（b）で述べた命令パイプラインとは異なり，少し大きな単位のパイプラインとなる。すなわち，頂点演算，ジオメトリ処理（3 次元モデルを 2 次元平面に変換する処理），画素ごとの描画（7.2 節参照）などの処理モジュールをパイプライン状に接続し，データを連続的に流しながらベルトコンベア式に同時実行するものである。しかし，パイプラインがあらかじめ固定されていると融通性に欠け処理効率が悪くなる。そこで，パイプラインの処理をプログラム可能にした**プログラマブルシェーダ**が用いられている。ここで，シェーダとはレンダリングの中でシェーディング（陰影処理）を行うユニットのことである。GPU ではこのようなシェーダ処理のユニットを大量に用意し，並列に動作させている。このようにシェーダがプログラム可能になったことで汎用性が獲得され，グラフィックス用途だけでなく 3.1.1 項で述べたように GPGPU という形でも使われるようになった。

（4）　画像認識用プロセッサ

画像認識用プロセッサには，レンズ歪の補正，アフィン変換，平滑化，エッジ検出，色空間変換，ヒストグラム処理，ステレオカメラ視差計算，動き検知等のさまざまな処理ユニットが組み込まれている。このため，データレベル，命令レベル，スレッドレベルの並列性がバランス良く用いられている。一方，深層学習を含む機械学習を高速に処理するプロセッサの開発も行われている。機械学習の学習フェーズでは計算量が多いが推論フェーズでは計算量が少ない。このため学習と推論のそれぞれの用途に応じたプロセッサが開発されている。例えばスマートフォン用の機械学習処理プロセッサは推論用に特化したものが多い。一方，学習フェーズで用いられるパソコンではGPUがよく使われている。機械学習では大量のデータ処理が必要なため，フォンノイマンボトルネック（3.1.1項）の抑制が重要となる。そこで，メモリとのデータ転送を最小限に抑えられるようにしたプロセッサの開発も行われている。また，さまざまな機械学習アルゴリズムに対応できるよう，動的再構成が可能なプロセッサが使われる場合もある。

3.2 画像の入出力装置

画像の入力装置には，画像や文字などの入力を行う装置のほか，図形や画像の部位を指示する座標入力装置がある。また，コンピュータ内の図形，画像を出力する出力装置には電子的な媒体に出力する装置と，プリンタ，プロッタのように紙，フィルム等に出力する装置がある。

3.2.1 画像の入力装置

［1］ CCD（charge-coupled device）撮像素子

格子状に並んだ受光素子（フォトダイオード）が光の強さを電荷量（電気信号）に変換する。画素数は，画素が縦横に並んだタイプを**マトリックスCCD**といい，ビデオカメラ等で最も一般的に使用されている。画素が一列に並んだタイプを**ラインCCD**といい，スキャナなどの読みとり部などで使用される。カラー画像を得るためには，RGB各色のフィルタを適当な配置でコーティングするなどして，おのおのの色ごとに濃度値を入力する。

［2］ CMOS撮像素子

CCDイメージセンサと同様に受光素子にフォトダイオードを用いるが，CCDとは異なり，**CMOS**（相補性金属酸化膜半導体）を用いて製造される。LSI製造プロセスの応用で大量生産が可能なためコストを下げやすいこと，消費電力も少なく高速での読み出しも行なえるといった特長があるため，ビデオカメラやディジタルカメラ等で広く使われる。

［3］ イメージスキャナ

イメージスキャナ（image scanner）は写真や文書等の画像を取り込む入力装置として用いられている。イメージスキャナの種類は，原稿をセットしてラインCCDでスキャンするフラットヘッド型，オートシートフィーダで原稿用紙をスキャンするシートフィード型，手で画像をスキャンするハンディ型などがある。フラットヘッド型では，原稿に光をあて，反射光をラインCCDにより1ラインずつスキャンしながら撮像する。

［4］ ペンタブレット

ペンタブレット（tablet）は，座標を感知する平板上を，ボタンカーソルあるいはスタイラスペンと呼ばれるペン状の器具を該当個所に動かして，カーソルのボタンを押したり，ペンを押しつけたりすることで座標を入力する装置である。座標の検出方式には，電磁誘導方式や静電結合方式などがある。

3.2.2　画像の出力装置

［1］　液晶ディスプレイ

液晶ディスプレイ（liquid crystal display：**LCD**）は，2枚のガラス板にはさんだ液晶にかけた電圧の変化で，光の通し方が変化することを利用した表示装置である。駆動する画素ごとに駆動スイッチを持つTFT（thin film transister）液晶が一般的に使われる。液晶は自ら発光しないため，バックライトやフロントライトが必要となる。

［2］　有機ELディスプレイ

有機EL（organic light emitting diode：OLED）は有機化合物からなる発光ダイオードを用いたディスプレイである。自ら光る物質を利用しているためバックライトが不要であり薄型化や曲面加工がしやすい。また，液晶ディスプレイと比べ視野角，コントラスト，応答速度などの面で優れている。ただし，焼き付きが発生しやすく寿命が短いという欠点がある。

［3］　CRT（cathode ray tube）ディスプレイ

真空管の一種であるブラウン管を使用した表示装置で，電子銃から発射された電子ビームが蛍光面にあたり発光する。電子ビームは，コイルの磁場によって曲げられ，水平方向の走査線上を左から右へ移動（走査）し，上から下へ描画を行う。電子ビームは瞬間的には1か所にしかあたっていないが，蛍光体の残光と目の残像の効果により画面全体に表示されているように見える。現在は，使われることが少なくなったがビデオ画像の通信・保存形式の一部にはCRT時代のものが今でも用いられている。その一つに，CRTの走査方式である，**インタレース方式**と**ノンインタレース方式**（**プログレッシブ走査**）がある（**図3.2**参照）。インタレース方式は，一般の家庭用テレビで用いられている方式であり，1/60秒で奇数番目の走査線（奇数フィールド）を上から下へと描画し，つぎの1/60秒で偶数番目の走査線（偶数フィールド）を描画（飛び越し走査）するため，CRTディスプレイでは画面のちらつきが出やすい。

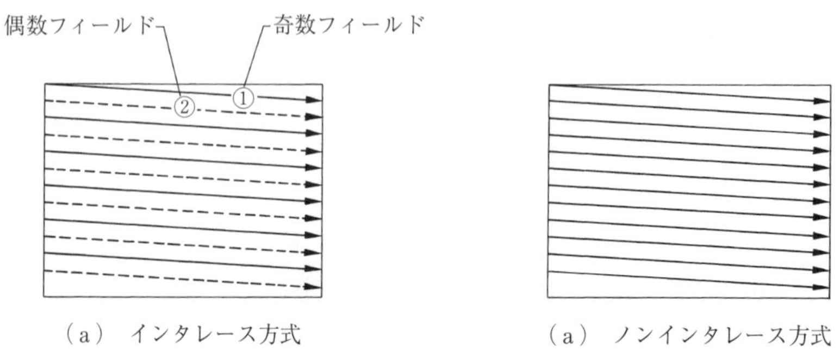

（a）　インタレース方式　　（a）　ノンインタレース方式

図3.2　CRTの走査方式

これに対し，ノンインタレース方式では，1/60 秒ですべての走査線を描画（順次走査）できるため，ちらつきが少ない。

上記のように，インタレース方式では奇数番目の走査線を上から下へと描画する奇数フィールドと，偶数番目の走査線を描画する偶数フィールドの二つのフィールドを合わせて 1 枚の完全な画像（フレーム（frame）と呼ぶ）を構成する。例えば，525 本の走査線を用いるビデオ画像の場合，各フィールドには，262.5 本の走査線が割り当てられているため，1 フレーム中の走査線の総数は 525 本となる。このように，1 フレームは奇数フィールドと偶数フィールドの二つの異なる時点の画像が混ざり合ったものであるので，1 フレーム中の近接する上下の水平走査線は，1 走査線分の時間差（63.5 μs）ではなく，1/60 秒の時間差となることに注意する必要がある。ただし，液晶ディスプレイ等では CRT ディスプレイのように走査を行わずすべての画素を同時に発光させるため，インタレース方式による画像情報を表示する場合は，自然な画像となるようなんらかの補間処理を行って表示が行われる場合が多い（コラム 8 参照）。

［4］ プロジェクタ

プロジェクタには，液晶式，DLP（digital light processing）式などがある。液晶式のプロジェクタは，液晶パネルに映った映像を強力な光源で投射する方式で，小型，軽量で投射レンズも一つですむため，移動も容易で，ズーム機構も持たせることができる。

DLP 式では，半導体技術を用いて極小の動くミラーを画素数分だけ並べたディジタルミラーデバイス（DMD）を用いる。この DMD に光をあて，鏡に反射した光をレンズを通してスクリーンに投影する。

［4］ プ リ ン タ

プリンタの印字方式には各種方法があるが，現在よく使われている印字方式のプリンタについて，**表 3.2** に示す。

表 3.2 プリンタの印字方式による分類

レーザプリンタ	感光ドラムを画像信号で変調したレーザ光線により走査し，帯電量を変化させ，その上に粉末状のインク（トナー）を付着させ，ドラムの回転により紙に転写する方式。文書をプリントする場合，にじみがなく，高品質が得られる。
インクジェットプリンタ	微細なノズルからインクを液滴として噴射し，用紙に印刷する方式で，ピエゾ素子の変位によりインクを噴射するピエゾ式とヒータの加熱により気泡を発生させてインクを噴射するサーマル式などがある。比較的小型，低価格でランニングコストも安く，高品質のカラー画像が得られる。
昇華型熱転写プリンタ	インクシートに塗られたインクを熱により昇華させ，用紙の上に蒸着する方式。熱量のコントロールにより 1 ドットで連続階調表現ができるため，インクジェットプリンタより高品質のカラー画像が得られる。ただし，価格は高価でランニングコストも高い。
銀塩写真方式プリンタ	3 原色に対応する感光乳剤が塗られた印画紙にレーザもしくは LED 光線をあてて露光し，現像液により現像処理をする方式。コントラストの強いエッジ部分がややにじむ傾向があるが，なめらかな画像を得ることができる。

演　習　問　題

【1】 パソコンによる画像処理システムにおいて，CPU，メモリ，キャッシュメモリ，グラフィックスボードがそれぞれ果たす役割について述べよ。

【2】 画像処理専用ハードウェアにおいて処理を高速化するための三つの並列処理の手法についてまとめよ。

【3】 画像処理専用プロセッサの例を四つあげ，概要を説明せよ。

【4】 画像の入出力装置について，代表的な装置名をあげ，それぞれの機能をまとめよ。

4. 画像情報処理

画像は，x，y 座標における濃度値 $f(x,y)$ として表されることを２章で述べた。このような画像情報に含まれる信号の解析や処理を行うためには，信号にどのような周波数成分が含まれるかを解析する信号処理と呼ばれる処理技術が重要となる。信号処理は本来，画像だけではなく音声やその他のさまざまな信号を処理するための技術体系であるが，ここでは，画像情報の処理で特に重要となるフーリエ変換等の直交変換についての基礎的事項を取り上げる。また，これらを応用したフィルタ処理や画像データの圧縮についても述べる。

4.1 画像のフーリエ変換

任意の関数 $f(t)$ は，数多くの三角関数の重ね合わせにより表現することができるというのが，**フーリエ変換**（Fourier transform：FT）の基本的な考え方である。すなわち，どのような信号波形であってもそれは，いろいろな周波数の（正弦波などの）三角関数に分解でき，逆に周波数の異なる三角関数を適当に重ね合わせることにより任意の信号波形を合成できるということを意味する。例えば，**図 4.1** は，異なる周波数の正弦波を合成すると，得られる結果が徐々に矩形波（図中の破線）に近づいていく様子を示したものである。

フーリエ変換を用いれば，任意の波形を異なる振幅や周波数，位相を持つ数多くの三角関数

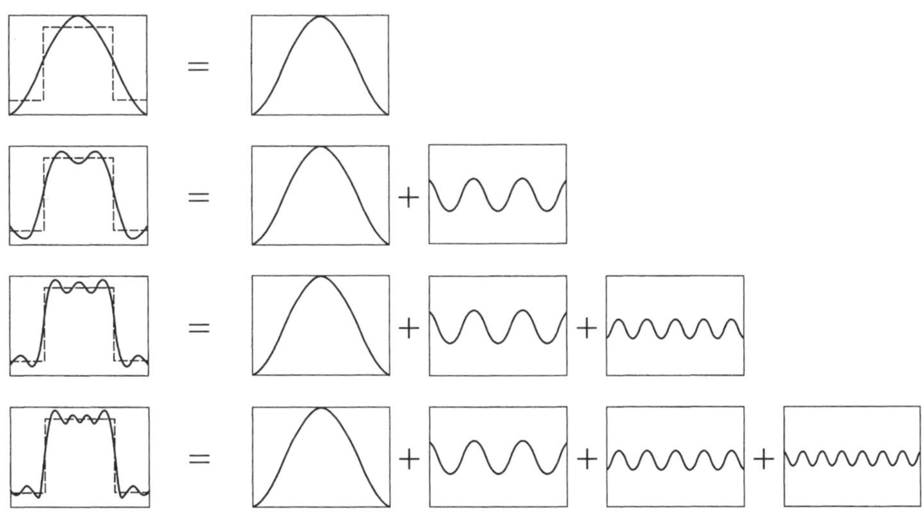

図 4.1　正弦波の重ね合わせによる矩形波の表現

に分解できる。また，**フーリエ逆変換**（inverse Fourier transform：IFT）により，分解された三角関数を重ね合わせて元の波形に再現できる。したがって，フーリエ変換を用いれば，元の信号にどのような周波数成分が含まれているかを知ることができる。以下では，フーリエ変換や直交変換の基本的な考え方について述べる。

4.1.1　空 間 周 波 数

一般に信号の**周波数**（frequency）は正弦波信号を用いて定義できる。電波や音などのように時間とともに変動する1次元信号$f(t)$では，周波数は単位時間（1秒間）に通過する電波や音波の数（波数という）で定義される。これに対して画像信号は，単位長さ中に存在する濃淡で表される縞模様の数で定義される**空間周波数**（spatial frequency）を用いる[†]。**図4.2**(a)にx軸方向に濃淡値が$f(x,y)=A\sin u_1x+A$で正弦波状に変化する画像の例を示す。ここで，濃度値は負の値をとらないため，正弦波$A\sin u_1x$にAを加えて$f(x,y)$が正の値をとるようにしている。これを，縦軸と横軸にそれぞれ画像のx軸およびy軸方向に対応する空間角周波数u, vをとったグラフで示せば，同図(b)のように(u_1,v_1)，$(0,0)$，$(-u_1,-v_1)$における点として表現できる（この場合はy軸方向への周波数は存在しないため，$v_1=0$となっている）。負の空間角周波数$(-u_1,-v_1)$は，同じ波形でも波の進行方向が逆の波であることを表す（単に数学的理由によるものと考えてよい）。また，$f(x,y)$が正の値となるように与えた定数Aは，周期が無限大（すなわち角周波数が0）の波に相当するため，空間角周波数が$(0,0)$の点にも値を持つ。このような，$(0,0)$における空間周波数成分を**直流**（direct current：DC）

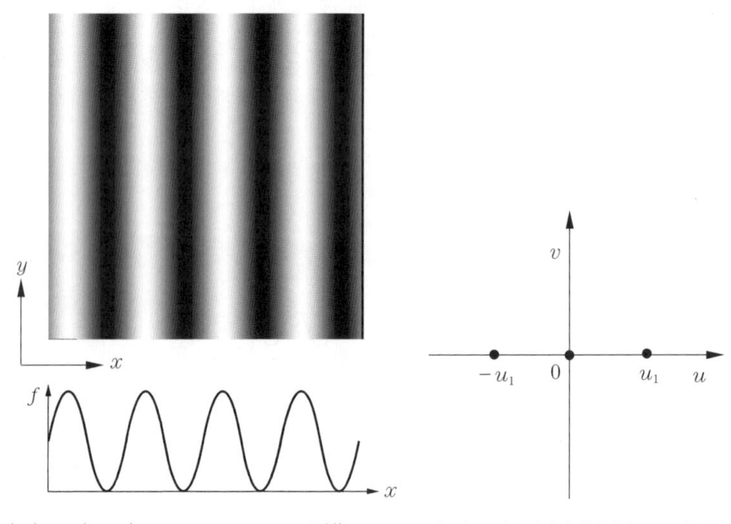

（a）　$f(x,\ y)=A\sin u_1x+A$の画像　　（b）　空間周波数領域での表現

図4.2　2次元正弦波の例（x軸方向のみに濃淡変化がある場合）

[†] 周波数をf，角周波数をuとすると$u=2\pi f$の関係がある。本書では，「空間角周波数」とすべきところを，簡便のため一部では単に「空間周波数」と記述する。

成分という。これに対して，直流成分以外の周波数成分を**交流**（alternating current：AC）**成分**という。

図 4.3 に濃淡値が $f(x,y)=A\sin(u_1x+v_1y)+A$（ただし，$u_1=v_1\neq 0$）で与えられるような，斜め方向に正弦波状の濃淡変化がある例を示す。図 4.2(b)や図 4.3(b)のように周波数に変換された領域のことを，**空間周波数領域**（spatial frequency domain）と呼ぶ。これに対して，元の画像の領域を**空間領域**（space domain）と呼ぶ。つぎに述べるフーリエ変換とフーリエ逆変換を用いれば，空間領域と空間周波数領域の間の変換が可能となる（**図 4.4**）。

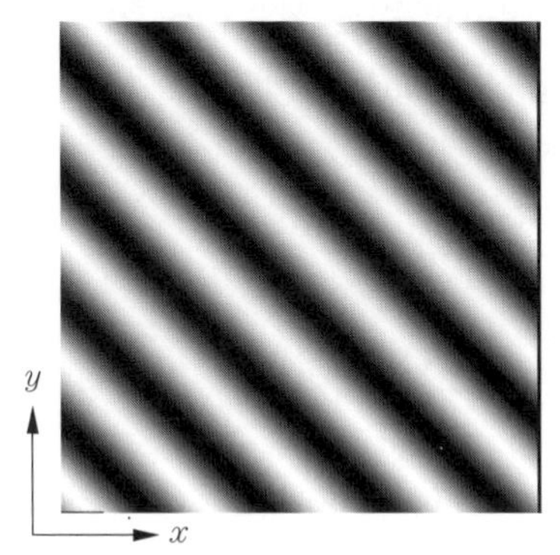

（a）　$f(x,\ y)=A\sin(u_1x+v_1y)+A$ の画像

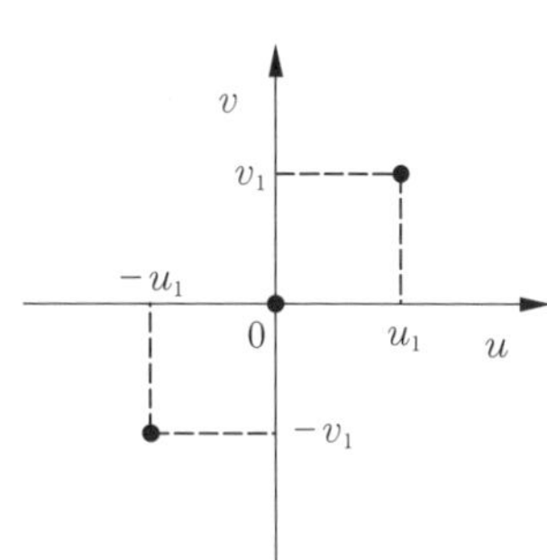

（b）　空間周波数領域での表現

図 4.3　2 次元正弦波の例（x 軸および y 軸方向に濃淡変化がある場合）

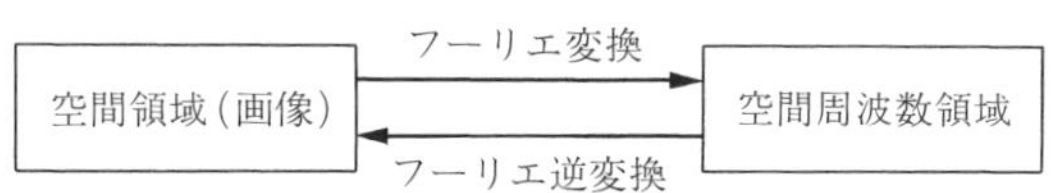

図 4.4　フーリエ変換とフーリエ逆変換

4.1.2　複 素 正 弦 波

通常，振幅 A，初期位相 φ，角周波数 ω を持つ 1 次元の正弦波信号は

$$f(t)=A\sin(\omega t+\varphi) \tag{4.1}$$

のように表されるが，これは，すべての時間で実数値をとる実信号である。これに対して，つぎのような複素数値をとる複素正弦波（複素指数関数ともいう）を用いると，数学的な取扱いが便利になることが多い。

$$f(t)=Ae^{j(\omega t+\varphi)} \tag{4.2}$$

ここで，$j=\sqrt{-1}$ を表す。上式につぎの**オイラーの公式**

$$e^{jx}=\cos x+j\sin x \tag{4.3}$$

を用いれば，次式が得られる。

$$f(t)=Ae^{j(\omega t+\varphi)}=A\cos(\omega t+\varphi)+jA\sin(\omega t+\varphi) \tag{4.4}$$

上式より，複素正弦波は，余弦波と正弦波の組合せにより表されることがわかる。また，複素正弦波から通常の正弦波や余弦波の式を得るには，オイラーの公式より得られる次式の関係

$$\sin x = \frac{e^{jx} - e^{-jx}}{2j}, \quad \cos x = \frac{e^{jx} + e^{-jx}}{2} \tag{4.5}$$

を用いて，下記のように求められる。

$$A \sin(\omega t + \varphi) = \frac{Ae^{j(\omega t + \varphi)} - Ae^{-j(\omega t + \varphi)}}{2j} \tag{4.6}$$

$$A \cos(\omega t + \varphi) = \frac{Ae^{j(\omega t + \varphi)} + Ae^{-j(\omega t + \varphi)}}{2} \tag{4.7}$$

2次元の複素正弦波についても式（4.4）と同様に次式で表される。

$$f(x,y) = Ae^{j(ux + vy + \varphi)} = A\cos(ux + vy + \varphi) + jA\sin(ux + vy + \varphi)$$

また，式（4.6），（4.7）と同様に，次式の関係が成り立つ。

$$A \sin(ux + vy + \varphi) = \frac{Ae^{j(ux + vy + \varphi)} - Ae^{-j(ux + vy + \varphi)}}{2j} \tag{4.8}$$

$$A \cos(ux + vy + \varphi) = \frac{Ae^{j(ux + vy + \varphi)} + Ae^{-j(ux + vy + \varphi)}}{2} \tag{4.9}$$

図4.2(b)や図4.3(b)において，(u_1, v_1) および $(-u_1, -v_1)$ の二つの角周波数成分を持つことは，上式からも理解される。

4.1.3 フーリエ変換

任意の1次元信号$f(t)$に対するフーリエ変換の定義は次式となる。

$$F(\omega) = \int_{-\infty}^{\infty} f(t) e^{-j\omega t} dt \tag{4.10}$$

また，フーリエ逆変換は次式となる。

$$f(t) = \frac{1}{2\pi} \int_{-\infty}^{\infty} F(\omega) e^{j\omega t} dw \tag{4.11}$$

式（4.10）において，$F(\omega)$は複素数となる。いま，$F(\omega)$の実数部を$\mathrm{Re}(F(\omega))$また，虚数部を$\mathrm{Im}(F(\omega))$と表せば，$F(\omega)$は

$$F(\omega) = \mathrm{Re}(F(\omega)) + j\mathrm{Im}(F(\omega)) \tag{4.12}$$

となり，複素平面上で$F(\omega)$を表せば，**図4.5**のベクトルとなる。図よりベクトルの長さ$|F(\omega)|$は，三平方の定理を使えば，次式により得られる。

$$|F(\omega)| = \sqrt{\mathrm{Re}(F(\omega))^2 + \mathrm{Im}(F(\omega))^2} \tag{4.13}$$

上式を**振幅スペクトル**といい，関数$f(t)$の中に含まれる角周波数ωの複素正弦波の振幅（式（4.4）中のA）に対応する。また，ベクトルが実軸となす角（位相角）$\varphi(\omega)$は，次式となる。

$$\varphi(\omega) = \tan^{-1}\left\{\frac{\mathrm{Im}(F(\omega))}{\mathrm{Re}(F(\omega))}\right\} \tag{4.14}$$

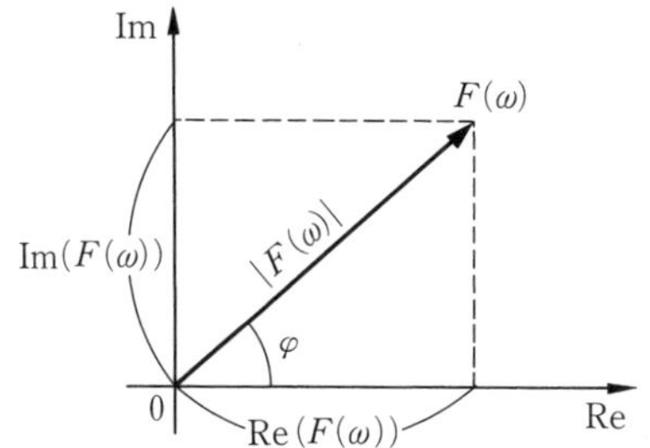

図 4.5 複素平面上での $F(\omega)$

これを**位相スペクトル**といい，関数 $f(t)$ の中に含まれる角周波数 ω の複素正弦波の初期位相（式（4.4）中の φ）を示している。なお，$|F(\omega)|^2$（$=\mathrm{Re}(F(\omega))^2+\mathrm{Im}(F(\omega))^2$）を**パワースペクトル**（power spectrum）といい，関数 $f(t)$ の中に各角周波数の成分がどの程度の強さで含まれているかを示す。一般には位相スペクトルより，振幅スペクトルやパワースペクトルが重要な意味を持つ。また，オイラーの公式を用いれば，$F(\omega)$ は

$$F(\omega)=|F(\omega)|e^{j\varphi(\omega)} \tag{4.15}$$

と表現することもできる。

このように，フーリエ変換の式（4.10）を用いれば，任意の 1 次元信号 $f(t)$ に含まれる，各角周波数 ω の複素正弦波について，振幅 $|F(\omega)|$ と位相 $\varphi(\omega)$ を求めることができる。すなわち，これはフーリエ変換によって，関数 $f(t)$ を数多くの複素正弦波（三角関数）に分解できるということを意味する。

1 次元のフーリエ変換を 2 次元に拡張すれば，画像に対するフーリエ変換も同様に定義できる。

$$F(u,v)=\frac{1}{2\pi}\int_{-\infty}^{\infty}\int_{-\infty}^{\infty}f(x,y)e^{-j(ux+vy)}dxdy \tag{4.16}$$

$$f(x,y)=\frac{1}{2\pi}\int_{-\infty}^{\infty}\int_{-\infty}^{\infty}F(u,v)e^{j(ux+vy)}dudv \tag{4.17}$$

このとき，パワースペクトルは，$|F(u,v)|^2=\mathrm{Re}(F(u,v))^2+\mathrm{Im}(F(u,v))^2$ により求まる。

4.1.4 離散フーリエ変換

［1］ 1 次元離散フーリエ変換

フーリエ変換は，連続関数を対象として定義されていたが，コンピュータを使ってフーリエ変換の演算をする場合，これを離散化した**離散フーリエ変換**（discrete Fourier transform：**DFT**）を用いる必要がある。フーリエ変換では信号 $f(t)$ や $f(x,y)$ を無限領域にわたって値を持つ関数として扱ったが，離散フーリエ変換では，ある有限領域の外では信号の値はゼロであると考える。

いま，ある関数 $f(t)$ を**図 4.6** のように等間隔で標本化した N 個の 1 次元信号 $f(n)$ $(n=0, \cdots, N-1)$ とする。標本化のサンプルタイムを Δt にとり，$f(n)$ を周期 $T(=N\Delta t)$ をとる周期関

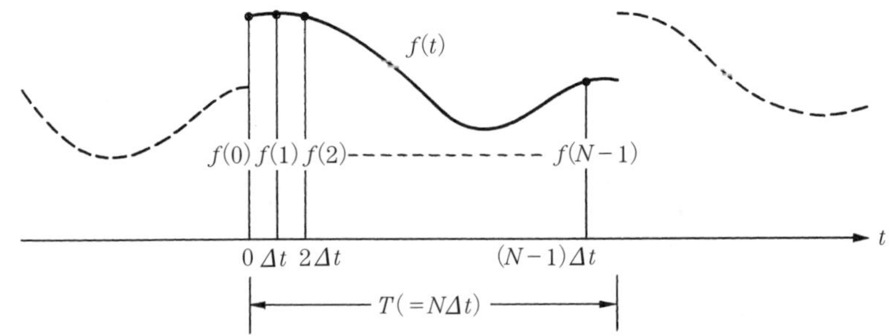

図 4.6　関数 $f(t)$ を標本化した1次元信号 $f(n)$ $(n=0,\cdots,N-1)$

数と見なすとき，離散フーリエ変換は次式で定義される。

$$F(k)=\sum_{n=0}^{N-1}f(n)W^{nk} \tag{4.18}$$

ここで，$W=e^{-j\frac{2\pi}{N}}$ とする。また，**離散フーリエ逆変換**（inverse discrete Fourier transformation：IDFT）は，次式で定義される。

$$f(n)=\frac{1}{N}\sum_{k=0}^{N-1}F(k)W^{-nk} \tag{4.19}$$

パワースペクトルは，先と同様に，$|F(k)|^2=\mathrm{Re}(F(k))^2+\mathrm{Im}(F(k))^2$ により求まる。

なお，DFT と IDFT の式を見比べると，式（4.18）に対して式（4.19）は $1/N$ が付く点と W の指数の符号の正負が逆となっている点以外は同じ形となっている。したがって，DFT と IDFT のコンピュータのプログラムは，ほぼ同じものを使うことができる。

また，式（4.18）において，$F(k)$，$f(k)$ を要素に持つ N 次元ベクトル $\boldsymbol{F}$，$\boldsymbol{f}$ を用いて表せば，同式は $N\times N$ 行列 $\boldsymbol{W}$（要素は W^{nk}）を用いてつぎの行列演算により表される。

$$\boldsymbol{F}=\boldsymbol{W}\boldsymbol{f} \tag{4.20}$$

例えば，4個の1次元信号 $f(n)$ $(n=0,\cdots,3)$ すなわち，$\boldsymbol{f}=[f(0),f(1),f(2),f(3)]^t$ の場合，$\boldsymbol{F}=[F(0),F(1),F(2),F(3)]^t$ は，次式の行列演算により計算できる（ただし，$\boldsymbol{A}^t$ はベクトルまたは行列 $\boldsymbol{A}$ を転置したものを表す）。

$$\begin{bmatrix}F(0)\\F(1)\\F(2)\\F(3)\end{bmatrix}=\begin{bmatrix}W^0&W^0&W^0&W^0\\W^0&W^1&W^2&W^3\\W^0&W^2&W^4&W^6\\W^0&W^3&W^6&W^9\end{bmatrix}\begin{bmatrix}f(0)\\f(1)\\f(2)\\f(3)\end{bmatrix} \tag{4.21}$$

また，離散フーリエ逆変換は $\boldsymbol{W}$ の逆行列 $\boldsymbol{W}^{-1}$ を用いれば次式により計算できる。

$$\boldsymbol{f}=\boldsymbol{W}^{-1}\boldsymbol{F} \tag{4.22}$$

なお，DFT における行列 $\boldsymbol{W}$ は次式を満たす。

$$(\boldsymbol{W}^{-1})^*=\boldsymbol{W}^t \tag{4.23}$$

ただし，$\boldsymbol{A}^*$ は，行列 $\boldsymbol{A}$ の複素共役を表す（4.1.6 項参照）。

［2］ 2次元離散フーリエ変換

1次元DFTは，画像情報である2次元信号$f(x,y)$（$x=0,\cdots,M-1,y=0,\cdots,N-1$）に対しても拡張できる。すなわち，$M\times N$画素のディジタル画像に対しては，$x$および$y$がそれぞれ区間$[0,M-1]$，$[0,N-1]$において濃度値$f(x,y)$を持つ。このとき，$W_M=e^{-2j\pi/M}$，$W_N=e^{-2j\pi/N}$とすれば，2次元DFTおよびIDFTは，次式で計算される。

$$F(k,l)=\sum_{x=0}^{M-1}\sum_{y=0}^{N-1}f(x,y)W_M{}^{xk}W_N{}^{yl} \tag{4.24}$$

$$f(x,y)=\frac{1}{MN}\sum_{k=0}^{M-1}\sum_{t=0}^{N-1}F(k,l)W_M{}^{-xk}W_N{}^{-yt} \tag{4.25}$$

また，パワースペクトルは，$|F(k,l)|^2=\mathrm{Re}(F(k,l))^2+\mathrm{Im}(F(k,l))^2$により求まる。

図4.7（a）の原画像に対して，2次元DFTを行い，振幅スペクトルの強度を濃度値で表した例を同図（b）に示す。ただし，図ではDFT結果を格納する2次元配列の配置でそのまま表示を行っている。図では4隅が低周波成分を表し，中央が高周波成分を表している。通常は，低周波成分が中央にくるように画面を4分割し，同図（c）に示すように並べ替えて表示することが多い。DFTにより得られた結果に対してIDFTにより空間領域に戻した結果を同図（d）に示す。

（a） 原画像（512×512画素）

（b） 2次元離散フーリエ変換の結果（4隅が低周波成分）

（c） 2次元離散フーリエ変換の結果（中央が低周波成分）

（d） 2次元離散フーリエ逆変換の結果

図4.7 2次元離散フーリエ変換

4.1.5 高速フーリエ変換

式（4.25）の離散フーリエ変換の定義通りに計算すれば，任意のディジタル信号に対するフーリエ変換・逆変換が得られるが，この計算ではデータ量の2乗に比例して乗算の回数が増えるため，データ量が増えるに従い計算量も膨大となる。そこで通常は，離散フーリエ変換の高速計算法である**高速フーリエ変換**（fast Fourier transformation：**FFT**）を用いる。

FFTの計算アルゴリズムの詳細についてはここでは省略するが，基本的な考え方は，DFTの計算アルゴリズムの規則性をうまく利用することにより乗算の回数を減らすことにある。例えば式（4.21）の行列をみれば，ある規則性が存在することがわかる。この規則性を利用して，同じ種類の乗算をひとまとめにすれば計算量を減らすことができる。ただし，FFTでは，データの数Nが2のべき（$N=2^i=2,4,8,16,\cdots,i$は自然数）である必要がある。FFTの計算法には種々のアルゴリズムが提案されているが，代表的な1次元のFFTにおける乗算回数はデータ数Nに対して$(N/2)\log_2 N$回の乗算回数（通常のDFTではN^2回）で計算することができるため，データ数が増えても計算量は少なくて済む。例えば，データ数$N=1\,024$個のとき，計算量（すなわち計算時間）はDFTに比べておよそ200分の1となる。

さて，2次元のFFTの場合，式（4.24）について，右辺のyに関する和を展開すると次式のようになる。

$$
\begin{aligned}
F(k,l) &= W_N^0 \sum_{x=0}^{M-1} f(x,0)\,W_M^{xk} + W_N^l \sum_{x=0}^{M-1} f(x,1)\,W_M^{xk} + \cdots + W_N^{l(N-1)} \sum_{x=0}^{M-1} f(x,N-1)\,W_M^{xk} \\
&= W_N^0 \boldsymbol{F}_0 + W_N^l \boldsymbol{F}_1 + \cdots + W_N^{l(N-1)} \boldsymbol{F}_{N-1}
\end{aligned}
\tag{4.26}
$$

ただし，$\boldsymbol{F}_i = \sum_{x=0}^{M-1} f(x,i)\,W_M^{xk}$

上式中，$\boldsymbol{F}_i$は，式（4.18）と比較すればわかるように，第i列における1次元DFTである。したがって2次元DFTは，yが一定の各列（x軸方向）における1次元FFTを実行して得られた行列の各行（y軸方向）に対して1次元FFTを行えばよいことがわかる（y軸方向を先に計算し，つぎにx軸方向を計算しても同じ結果が得られる）。$N\times N$画素のディジタル画像に対する2次元DFTの演算量は，$\mathrm{O}(N^4)$（N^4のオーダ）であるのに対し，上記の方法による2次元FFTを用いれば，演算量$\mathrm{O}(2N^2\log_2 N)$に削減される。また，IDFTに対応する高速演算である**高速フーリエ逆変換**（inverse FFT：**IFFT**）は，先に述べたようにDFTとIDFTがほぼ同じ演算であることから，FFTとほぼ同様のプログラムで構成できる。任意の信号にFFTを施した結果は，計算誤差を除けばIFFTにより完全に元の信号に復元することができる。

4.1.6 直交変換

$M\times N$画素の画像$f(x,y)$ $(x=0,\cdots,M-1,\ y=0,\cdots,N-1)$を$M\times N$の行列$\boldsymbol{P}$として表し，式（4.24）における$W_M^{xk}$，$W_N^{yl}$を要素とする行列をそれぞれ$\boldsymbol{W}_M$，$\boldsymbol{W}_N$，また$F(k,l)$を要素とする

行列を $\boldsymbol{F}$ とする。このとき，$\boldsymbol{P}$ の各列について $\boldsymbol{W}_M$ を用いた 1 次元 FFT を実行して得られる行列 $\boldsymbol{Q}$ は式（4.20）と同様に次式により計算できる。

$$\boldsymbol{Q} = \boldsymbol{W}_M \boldsymbol{P} \tag{4.27}$$

式（4.26）より，行列 $\boldsymbol{Q}$ の各行について，$\boldsymbol{W}_N$ を用いた 1 次元 FFT を実行すれば，$\boldsymbol{F}$ が得られる。これは，次式の行列演算となる。

$$\boldsymbol{F} = \boldsymbol{Q}\boldsymbol{W}_N^{\,t} \tag{4.28}$$

よって，式（4.27），（4.28）より，次式が得られる。

$$\boldsymbol{F} = \boldsymbol{W}_M \boldsymbol{P} \boldsymbol{W}_N^{\,t} \tag{4.29}$$

離散フーリエ変換における $\boldsymbol{W}_M$，$\boldsymbol{W}_N$ については，それぞれの逆行列が転置行列の複素共役をとったものに等しくなる。すなわち次式が成り立つ。

$$\boldsymbol{W}_M^{\;-1} = (\boldsymbol{W}_M^{\,t})^* \tag{4.30}$$

$$\boldsymbol{W}_N^{\;-1} = (\boldsymbol{W}_N^{\,t})^* \tag{4.31}$$

上記の性質を満たす行列を**ユニタリ行列**といい，式（4.29）の変換を **2 次元ユニタリ変換**という。また，ユニタリ行列の各要素が実数の場合を**直交行列**といい，この場合における式（4.29）は **2 次元直交変換**（2-dimensional orthogonal transform）という（ただし，一般に「直交変換」という場合，DFT などのユニタリ変換も含めて扱うことが多い）。また，$\boldsymbol{W}_M$，$\boldsymbol{W}_N$ は一般に**基底**と呼ばれる。DFT の場合，$\boldsymbol{W}_N$ が対称行列（$\boldsymbol{W}_N^{\,t} = \boldsymbol{W}_N$）であることから，式（4.29），（4.30），（4.31）より，IDFT は次式により計算できることがわかる。

$$\boldsymbol{P} = \boldsymbol{W}_M^{\;-1} \boldsymbol{F} \boldsymbol{W}_N^{\;-1} = \boldsymbol{W}_M^{\;*} \boldsymbol{F} \boldsymbol{W}_N^{\;*} \tag{4.32}$$

図 4.8 に，$M=N=8$ における 2 次元 DFT の基底（式（4.24）における $W_M^{\,xk} W_N^{\,yl}$ の実部を濃淡で表したもの）を示す。図より，$k=l=0$ の場合が直流成分に対応し，$k=l=4$ の場合に最も高い周波数成分を持つことがわかる。2 次元 DFT を用いれば，画像にどの程度の大きさでそれぞれの周波数成分が含まれているかを調べることができる。

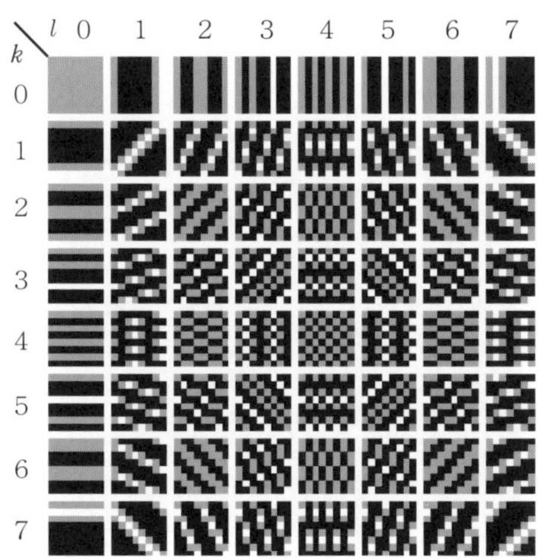

図 4.8　2 次元 DFT の基底 $M=N=8$ の場合）

コラム 1：直交変換と直交基底

直交変換と高校で習ういわゆるベクトルの直交とはどのような関係にあるのだろうか。一般に，たがいに直交（内積が0となる）するベクトルの組を**直交基底**といい，任意のベクトルは直交基底の重ね合わせにより表される。例えば，3次元空間におけるベクトル $\boldsymbol{v}_0=(1,0,0)$，$\boldsymbol{v}_1=(0,1,0)$，$\boldsymbol{v}_2=(0,0,1)$ について

$$\left.\begin{aligned}\langle \boldsymbol{v}_0,\boldsymbol{v}_1\rangle &= 1\times0+0\times1+0\times0=0\\ \langle \boldsymbol{v}_1,\boldsymbol{v}_2\rangle &= 0\times0+1\times0+0\times1=0\\ \langle \boldsymbol{v}_0,\boldsymbol{v}_2\rangle &= 1\times0+0\times0+0\times1=0\end{aligned}\right\} \tag{C.1}$$

となり，ベクトルの集合 $\{\boldsymbol{v}_k,\ k=0,1,2\}$ は，直交基底である（**図 C.1** 参照）（このような直交基底の組合せは上記以外にも無限に存在する）。また，ベクトル $\boldsymbol{f}$ のノルム（長さ）は内積を用いて $\|\boldsymbol{f}\|=\sqrt{\langle \boldsymbol{f},\boldsymbol{f}\rangle}=\sqrt{x_0{}^2+x_1{}^2+x_2{}^2}$ と表すことができる。上記のように直交基底のノルムが $\|\boldsymbol{v}_0\|=\|\boldsymbol{v}_1\|=\|\boldsymbol{v}_2\|=1$ となるとき，これを**正規直交基底**と呼ぶ。

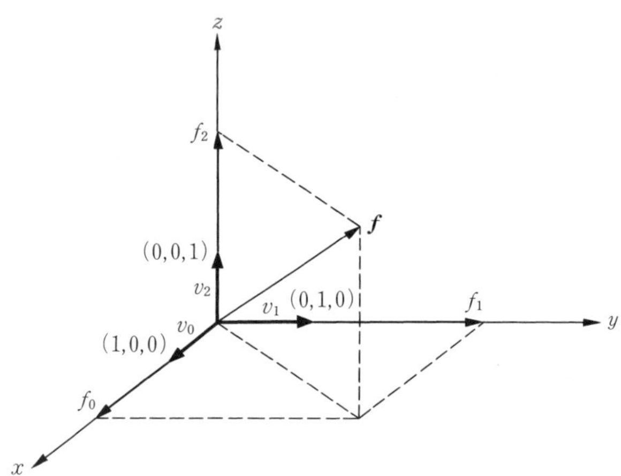

図 C.1　3次元空間上の直交基底

さて，3次元空間上の任意のベクトル $\boldsymbol{f}=(f_0,f_1,f_2)$ は，次式のようにベクトル $\boldsymbol{v}_0,\boldsymbol{v}_1,\boldsymbol{v}_2$ の重ね合わせにより表される。

$$\boldsymbol{f}=C_0\boldsymbol{v}_0+C_1\boldsymbol{v}_1+C_2\boldsymbol{v}_2 \tag{C.2}$$

ここで，係数 C_0，C_1，C_2 は，それぞれ以下のように得られる。

$$\left.\begin{aligned}C_0&=\langle \boldsymbol{f},\boldsymbol{v}_0\rangle=f_0\times1+f_1\times0+f_2\times0=f_0\\ C_1&=\langle \boldsymbol{f},\boldsymbol{v}_1\rangle=f_0\times0+f_1\times1+f_2\times0=f_1\\ C_2&=\langle \boldsymbol{f},\boldsymbol{v}_2\rangle=f_0\times0+f_1\times0+f_2\times1=f_2\end{aligned}\right\} \tag{C.3}$$

上記の考え方は，3次元空間以上の N 次元空間に対しても拡張できる。N 次元ベクトル空間において，ベクトル $\boldsymbol{f}=(f_0,f_1,\cdots,f_{N-1})$ と $\boldsymbol{g}=(g_0,g_1,\cdots,g_{N-1})$ との内積は，次式で定義される。

$$\langle \boldsymbol{f},\boldsymbol{g}\rangle=\frac{1}{N}(f_0g_0+f_1g_1+\cdots+f_{N-1}g_{N-1})=\frac{1}{N}\sum_{k=1}^{N-1}f_kg_k \tag{C.4}$$

ただし，上式中の $1/N$ は，ベクトルのノルム $\|\boldsymbol{f}\|=\sqrt{\langle \boldsymbol{f},\boldsymbol{f}\rangle}$ の大きさが次元 N の大きさに左右されないように規格化するための係数である。また，ベクトルの要素が複素数の場合は，g_k の代わりに g_k の複素共役 $\bar{g}_k$ を用いる。

さて，N 次元ベクトル空間において，ベクトルの集合 $\{\boldsymbol{v}_k, k=0,1,2,\cdots,N-1\}$ が次式を満たすとき，このベクトルの集合は正規直交基底となる。

$$\langle \boldsymbol{v}_m(t), \boldsymbol{v}_n(t) \rangle = \delta_{nm} \qquad (m,n=0,1,2,\cdots,N-1) \tag{C.5}$$

ただし，δ_{nm} はクロネッカーのデルタといい，以下のように定義される。

$$\delta_{nm} = \begin{cases} 0 : n \neq m \\ 1 : n = m \end{cases} \tag{C.6}$$

このとき，式（C.2）と同様に任意の N 次元ベクトル f は，正規直交基底を用いて，つぎのように表される。

$$\boldsymbol{f} = C_0\boldsymbol{v}_0 + C_1\boldsymbol{v}_1 + \cdots + C_{N-1}\boldsymbol{v}_{N-1} = \sum_{k=0}^{N-1} C_k \boldsymbol{v}_k \tag{C.7}$$

また，式（C.3）と同様に $\boldsymbol{k}$ 番目の係数 C_k は $\boldsymbol{f}$ と $\boldsymbol{v}_k$ との内積により，次式で得られる。

$$C_k = \langle \boldsymbol{f}, \boldsymbol{v}_k \rangle \tag{C.8}$$

ここで，ベクトル $\boldsymbol{f}$ の要素は数列（数の並んだもの）であるが，図 4.6 のように，関数 $f(t)$ を標本化したものであると考えることもできる。すなわち，適当な直交基底をうまく見つけることができれば，標本化された任意の関数は式（C.7）により表すことができる。これが，直交変換の基本的な考え方である。

コラム 2：直交変換と DFT

コラム 1 で述べた直交変換の考え方を用いて，DFT について考えてみよう。いま，ある関数 $f(t)$ を等間隔で標本化した N 個の 1 次元信号 $f(n)$ $(n=0,\cdots,N-1)$（図 4.6）標本化のサンプリングタイムを Δt にとり，$f(n)$ を周期 $T(=N\Delta t)$ をとる周期関数とする。いま，直交基底として以下のような数列 $e(n)$ の，N 次元空間上のベクトルを考える。

$$e(n) = (1, e^{jn\frac{2\pi}{N}}, e^{j2n\frac{2\pi}{N}}, \cdots, e^{j(N-1)n\frac{2\pi}{N}}) \tag{C.9}$$

ベクトルの集合

$$\{e(0), e(1), e(2), \cdots, e(N-1)\} \tag{C.10}$$

について，内積は，式（C.4）より

$$\langle e(n), e(m) \rangle = \frac{1}{N}\sum_{i=0}^{N-1} e^{jin\frac{2\pi}{N}} e^{-jim\frac{2\pi}{N}} = \delta_{nm} \tag{C.11}$$

したがって，上記ベクトルの集合は正規直交系をなすことがわかる。結局式（C.7）より，ベクトル $f(n)$ は，上記の直交基底を用いて次式のように展開できる。

$$f(n) = \sum_{k=0}^{N-1} C(k) e^{jkn\frac{2\pi}{N}} \quad (n=0,1,2,\cdots,N-1) \tag{C.12}$$

ここで，係数 $C(k)$ は $f(n)$ と $e(n)$ との内積により，次式のように得られる。

$$C(k) = \langle f(n), e(n) \rangle = \frac{1}{N}\sum_{n=0}^{N-1} f(n) e^{-jkn\frac{2\pi}{N}} \tag{C.13}$$

式（C.12），（C.13）で，$C(k)=F(k)/N$ とおけば，式（4.19），（4.18）の IDFT および DFT の定義と一致する。なお，フーリエ変換は，標本化の間隔を無限に細かくすることにより，上記の考え方をアナログ信号に対して拡張したものと考えてよい。

4.1.7　その他の直交変換

直交変換には多くの種類があり，画像の圧縮や特徴抽出に利用されている。以下では，画像処理において使用される代表的な直交変換について紹介する。

［1］ アダマール変換

アダマール（Hadamard）**変換**では，式（4.29）における変換行列 $\boldsymbol{W}_M, \boldsymbol{W}_N$ として，1と−1のみを要素とする行列を正規化したものを用いる。

2次元アダマール変換の基底（$N=4$ の場合）の例を**図 4.9** に示す。アダマール行列は1と−1のみを要素とするため，乗算を必要とせず，入力データの加減算のみで変換を実行できる。したがって，他の変換法に比べて演算量が少なくて済むという特長がある。また，変換行列の要素は実数であるため，逆変換では式（4.32）において複素共役をとる必要がないため，再びアダマール変換を行えば，元の画像が得られる。欠点としては，高周波成分に対するビット配分が少ないことに起因して，斜めの輪郭線に対して蛇行するなどの視覚上好ましくないエッジ応答が生じることなどがある。

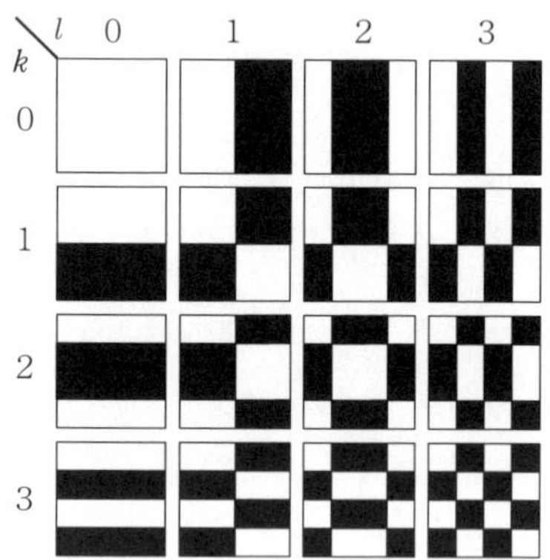

図 4.9　2次元アダマール変換の基底（$N=4$ の場合）

［2］ K-L 変 換

K-L（Karhunen-Loève）**変換**は，画素間の相関係数を用いて作られる相関行列の固有行列を用いた直交変換である。K-L 変換を用いた画像圧縮は，理論的には最も高い圧縮率が得られることが知られている（4.4.2 項参照）。しかし，FFT のような高速演算法が存在せず，固有値を求めるための膨大な演算量が必要となるため，画像圧縮にはあまり用いられていない。なお，K-L 変換は，10.3 節で述べるパターン認識において，特徴空間の特徴軸の数を減らして，パターンを的確に表現するためにも利用される。

［3］ 離散コサイン変換

DFT は，複素正弦波を基底に用いて直交変換を構成しているため，複素数の演算を含んでいる。これに対して，**離散コサイン変換**（discrete cosine transform：**DCT**）では，余弦波（コサイン）を基底として直交変換が構成されているため，実数のみの演算で構成される（ただし，対象となる関数が実数であり，かつ対称性が仮定できる場合に適用できる)。

画像$f(x,y)$ $(x=0,\cdots,M-1, y=0,\cdots,N-1)$ に対する2次元DCTは，次式で定義される。

$$F_c(k,l)=C(k)C(l)\sum_{x=0}^{M-1}\sum_{y=0}^{N-1}f(x,y)\cos\left\{\frac{(2x+1)k\pi}{2M}\right\}\cos\left\{\frac{(2y+1)l\pi}{2N}\right\} \tag{4.33}$$

また，2次元離散コサイン逆変換（IDCT）は，次式で計算される。

$$f(x,y)=\frac{4}{MN}\sum_{k=0}^{M-1}\sum_{l=0}^{N-1}C(k)C(l)F_c(k,l)\cos\left\{\frac{(2x+1)k\pi}{2M}\right\}\cos\left\{\frac{(2y+1)l\pi}{2N}\right\} \tag{4.34}$$

ここで

$$C(p)=\begin{cases}1/\sqrt{2}, & p=0\\ 1, & p\neq 0\end{cases} \tag{4.35}$$

画像を2次元DCTで変換した場合，一般に直流成分である$F_c(0,0)$の値が最も大きくなり，高周波に対する$F_c(k,l)$になるほど値は小さくなる。またDCTは，DFTの変形であるため，FFTと同様な高速演算法が存在する。DCTを用いた画像圧縮は，K-L変換とほぼ同様の高い圧縮率が得られることから，画像圧縮アルゴリズムでは頻繁に利用されている（4.4.2項参照)。

4.2 標本化定理

2.2節でも述べたように，ディジタル化における標本間隔を小さくするほど，解像度が高くなり細かいパターン（すなわち高周波の信号）を表現できるが，その分画像のサイズが大きくなり，必要となる画像データの量も大きくなる。そこで，元の画像を表現するために必要十分な標本間隔で標本化することが望ましい。以下では，原画像に本来含まれている空間周波数と，それを再現するために必要となる標本間隔との関係について述べる。

いま，**図4.10**(a)に示すような周期Tの1次元正弦波信号を標本化することを考える。標本間隔を信号の周期Tの1/10（$T_S=T/10$）としたときの結果を同図(b)に示す。この結果から正弦波を再生すると同図の破線のように得られ，この場合は十分に元の波形を再現できていることがわかる。つぎに，標本間隔を周期Tの1/2（$T_S=T/2$）とした場合を同図(c)に示す。この場合も，各サンプル点を通る正弦波（ただし，周期T以上のもの）は，破線のように唯一に定まる。さらに，もう少し標本間隔を長くし，$T_S=5T/8$としたときの結果を同図(d)に示す。この場合，図のように各サンプル点を通る正弦波は図中の実線のように元の波形以外にも存在することがわかる。理論的には元の正弦波の周期の1/2より小さな間隔で標本化すれば，元の正弦波を再現できることがわかっており，これを**標本化定理**（sampling theorem）という。このことを周波数で表現すれば，「周波数$\omega(=1/T)$の正弦波を離散化するためには，標本化周波数$\omega_S(=1/T_S)$を$\omega_S>2\omega$とする必要がある」ということになる。また，別の見方をすれば，「標本化周波数ω_Sで標本化するとき，$\omega_S/2$を超える周波数成分は表現できない」

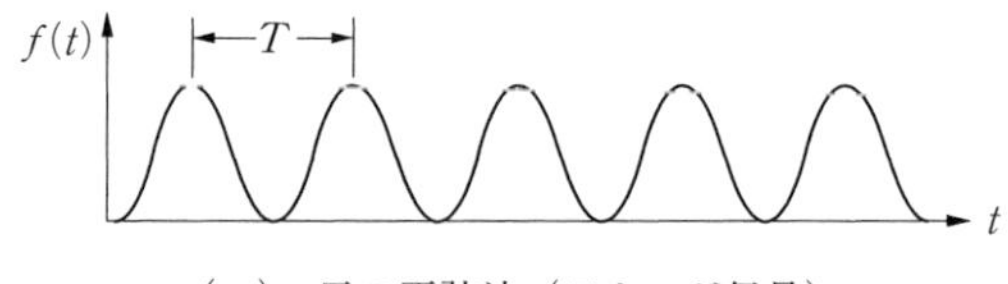

（a） 元の正弦波（アナログ信号）

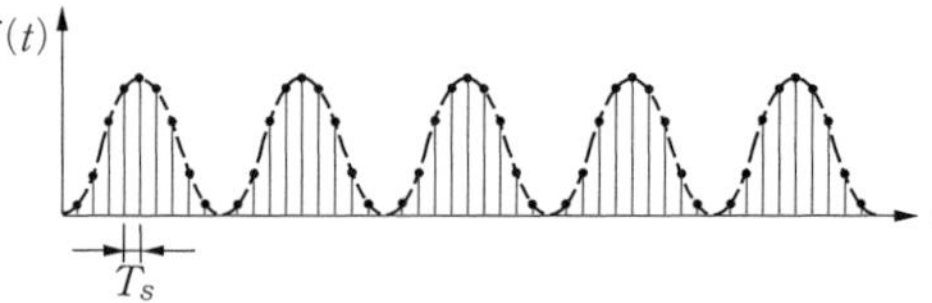

（b） 標本化周期 $T_s = T/10$ とした場合

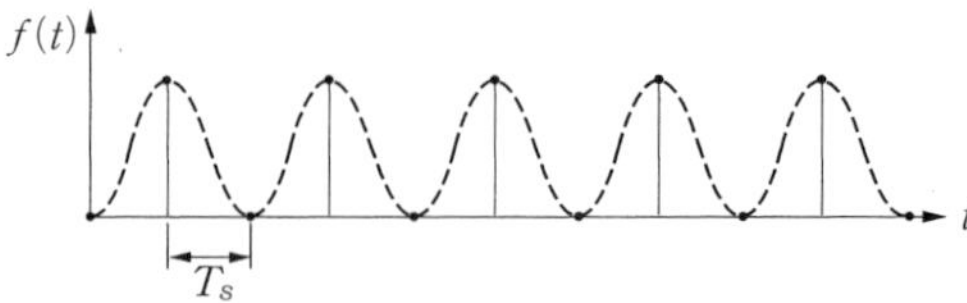

（c） 標本化周期 $T_s = T/2$ とした場合

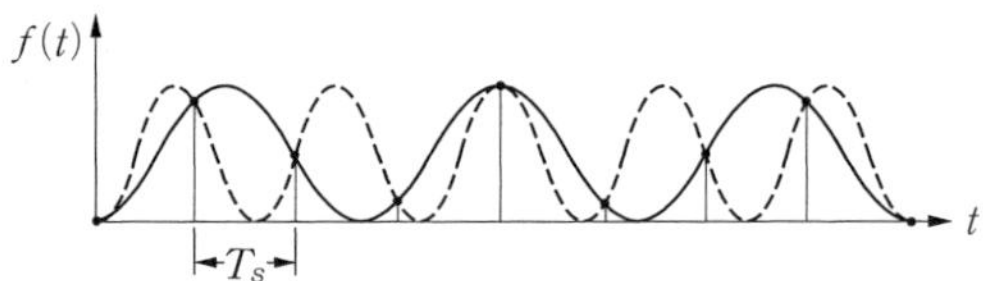

（d） 標本化周期を $T_s = 5T/8$ とした場合

図 4.10　周期 T の 1 次元正弦波信号の標本化

ということを意味する。この周波数 $\omega_S/2$ を，**ナイキスト周波数**（Nyquist frequency）あるいは**遮断周波数**（cutoff frequency）と呼ぶ。ナイキスト周波数より高い周波数を持つ正弦波を標本化した場合，同図(d)中の実線のように原信号に存在しない信号が現れてしまう。このように本来存在しない偽信号（alias）が生じることから，この現象を**エリアシング**（aliasing）という。

一般の信号波形は先に述べたように，いろいろな周波数成分が重ね合わさったものであるから，最も高い周波数の 2 倍以上の周波数で標本化すれば，元の信号波形をすべて再現できることになる。このことを，パワースペクトルを用いた周波数領域で考えてみよう。

いま，ある 1 次元のアナログ信号のパワースペクトルが，**図 4.11**(a)のように，上限周波数を ω_c とする一定の広がりを持つものであったとする。これを十分高い標本化周波数 $\omega_S > 2\omega_c$ で標本化した信号に対して FFT を用いてパワースペクトルを求めると，同図(b)のように，パワースペクトルの分布が，ω_S を周期として繰り返し出てくることになる。この中で，正しいスペクトルは $-\omega_S/2 \sim \omega_S/2$ までの間に示されているものであり，それ以外の高周波領域に現れているスペクトルは，実際には存在しないものである。これは，あるサンプル点に対

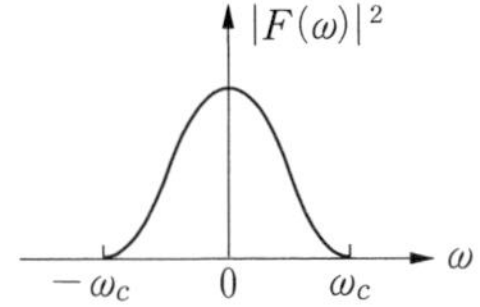

（a） ある1次元アナログ信号のパワースペクトル

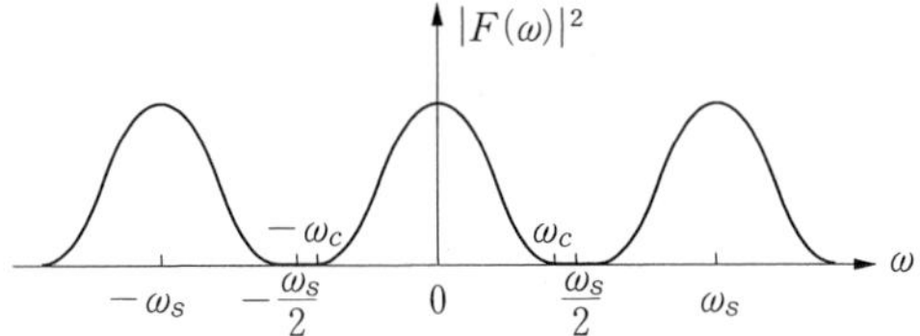

（b） $\omega_s(>2\omega_c)$で標本化された信号のパワースペクトル

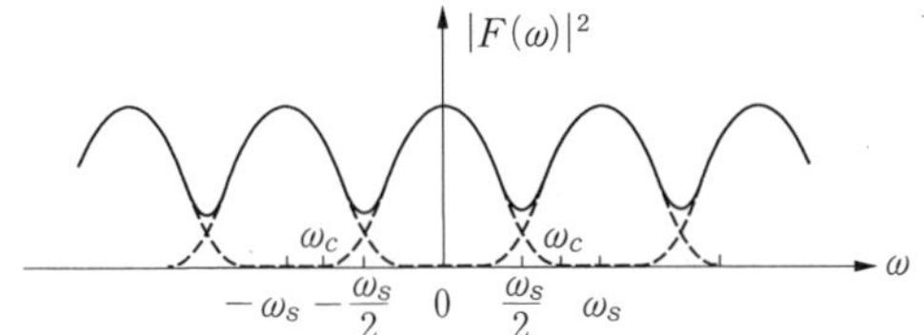

（c） $\omega_s(<2\omega_c)$で標本化された信号のパワースペクトル

図 4.11 周波数領域で見た標本化定理

して，これを通る正弦波は（周波数に上限を設けなければ）無数に存在することに起因する。

さて，図4.11(b)において，標本化周波数を低くしていき$\omega_S<2\omega_c$となったときは，パワースペクトル上の繰り返し周期が短くなるため，同図(c)のようにパワースペクトル同士がたがいに重なりあってしまう。このような重なりが生じると，原信号の情報が損失してしまうため，もはやIFFTを用いても元の信号を復元することができない。この周波数成分の重なりは，**折り返し誤差**（folding error）あるいは**エリアシング誤差**（aliasing error）と呼ばれる。折り返し誤差と呼ばれる理由は，$-\omega_S/2$〜$\omega_S/2$の範囲でみると，原信号のパワースペクトルを$\omega_S/2$および$-\omega_S/2$で折り返したように見えるためである。このような折り返し誤差を生じないようにするためには，標本化周波数を$\omega_S>2\omega_c$となるようにすればよい。これは，先に述べた標本化定理にほかならない。以上の考え方は，2次元の画像信号についても同様に適用できる。

画像信号を標本化する場合，撮像素子の画素数や，コンピュータ上での画像の大きさなどから解像度が決まるため，標本化周波数はそれらに応じたある値に決まる。また，画素を一定間隔で間引いて，小さな画像にする場合には，標本間隔を小さくできない。このような場合，元の画像に標本化周波数の1/2以上の周波数成分が存在すると，エリアシングが発生してしまう。そこで，原画像に含まれる高い周波数成分については，4.3節で述べるローパスフィルタ等の平滑化フィルタを用いて取り除いておくことにより，エリアシングの発生を抑えることができる。

図 4.12(a)は，二つの周波数成分 ω_{c1}，ω_{c2}（$\omega_{c1}>\omega_{c2}$）を持つ解像度 200×200 の画像である（標本化周波数を ω_S とする）。これを 100×100 の解像度に変更した（すなわち一つおきに画素を間引きした）ものを同図(b)に示す。この場合，標本化周波数は $\omega_S/2$ となり，画素を間引いた分画像は小さくなる。同図(b)では，標本化周波数の低下により，$\omega_S<2\omega_{c1}$ となり，折り返し歪みによる偽信号（エリアシング）が生じていることがわかる。このような問題を避けるためには，原画像の高周波成分 ω_{c1} を後述するローパスフィルタを用いて取り除いた後で解像度の変更を行えばよい。同図(a)からローパスフィルタにより，ω_{c1} の周波数成分を取り除いた画像を同図(c)に示す。また，同図(c)に対して 100×100 の解像度に変更した結果を同図(d)に示す。同図(d)より，$\omega_S>2\omega_{c2}$ となるため，エリアシングが生じていないことがわかる。

(a) 二つの周波数成分 ω_{c1}，ω_{c2}($\omega_{c1}>\omega_{c2}$)が含まれた画像（解像度 200×200）

(b) 画素を一つおきに間引きして縮小した画像（解像度 100×100）

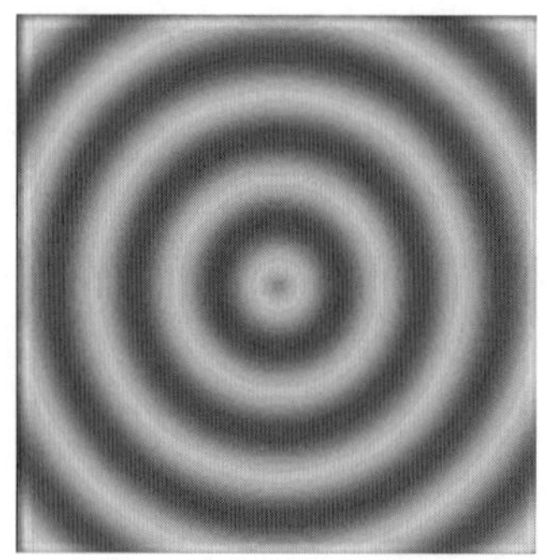

(c) ローパスフィルタにより，ω_{c1} の周波数成分を取り除いた画像（解像度 200×200）

(d) 図(c)に対して画素を間引きして縮小した画像（解像度 100×100）

図 4.12　画像のリサイズとエリアシング

4.3 フィルタ処理

一般に，信号の**フィルタ処理**とは，その中に含まれている不要なものを取り除き，欲しい情報だけを取り出す処理をいう（信号処理の分野では，「その信号に含まれる特定の周波数成分だけを取り出すこと」と定義されることもある）。フィルタ処理では，**図4.13**に示すように，画像Aに対して，フィルタを通過させることによって，処理された画像Bが得られる。画像のフィルタ処理は，画像認識等の前処理などとして用いられ，画像に混入した雑音の除去やひずみの補正，解像度変換，画像の圧縮などの処理を行う。

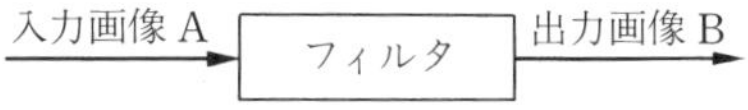

入力画像A → フィルタ → 出力画像B

図4.13 フィルタ処理

4.3.1 周波数領域でのフィルタ処理

フィルタの処理は，特定の周波数成分を濾過することで行われる。例えば，高周波成分をカットし低周波成分を残すローパスフィルタでは，フーリエ変換後の振幅スペクトルから高周波成分をカットしてフーリエ逆変換を行えばよい。

例えば，**図4.14**(a)に示す1次元関数$f(t)$に対し，高周波成分をカットする**ローパスフィルタ**を考える。同図(a)に対してFFTにより得られた振幅スペクトラム$F(k)$(ただし，正の周波数領域のみ）を同図(b)に示す。高周波の成分を0とするために，同図(c)に示すような関数$H(k)$を掛け合わせれば，同図(d)が得られる。これに対してIFFTを行えば，同図(e)の波形が得られる。図より，原波形の高周波成分が除去され，滑らかな波形となっていることがわかる。同図(c)で表される関数$H(k)$をフィルタ関数といい，周波数領域でのフィルタの特性を表したものである。フィルタ関数$H(k)$の形状を変化させれば，**図4.15**(a)のような低周波領域を通過させるローパスフィルタだけではなく，同図(b)のように高周波領域を通過させる**ハイパスフィルタ**や同図(c)のように特定の周波数領域だけを通過させる**バンドパスフィルタ**など，用途に応じていろいろなフィルタを作ることができる。なおフィルタ関数は，信号を通過させる**通過域**（pass band），信号を減衰させる**阻止域**（stop band）（または**遮断域**），および通過域から阻止域への過程となる**遷移域**（transition region）に分けられる。

上記と同様に，2次元の画像信号に対してのフィルタも定義できる。例えば，図4.7(a)の画像のFFTによる処理結果である同図(c)に対して，フィルタ関数$H(u,v)$を掛け合わせて**図4.16**(a)のように，低周波域を通過させ高周波域を除去（ローパスフィルタ）した後，IFFTを行えば，同図(b)のように得られる。図より，画像の高周波成分がカットされたため，シャープさがなくなりぼやけた画像となっていることがわかる。逆に，同図(c)のように低周波域を除去（ハイパスフィルタ）するようにフィルタ関数$H(u,v)$を選べば，同図(d)のように周波数の高いエッジの部分が抽出される。

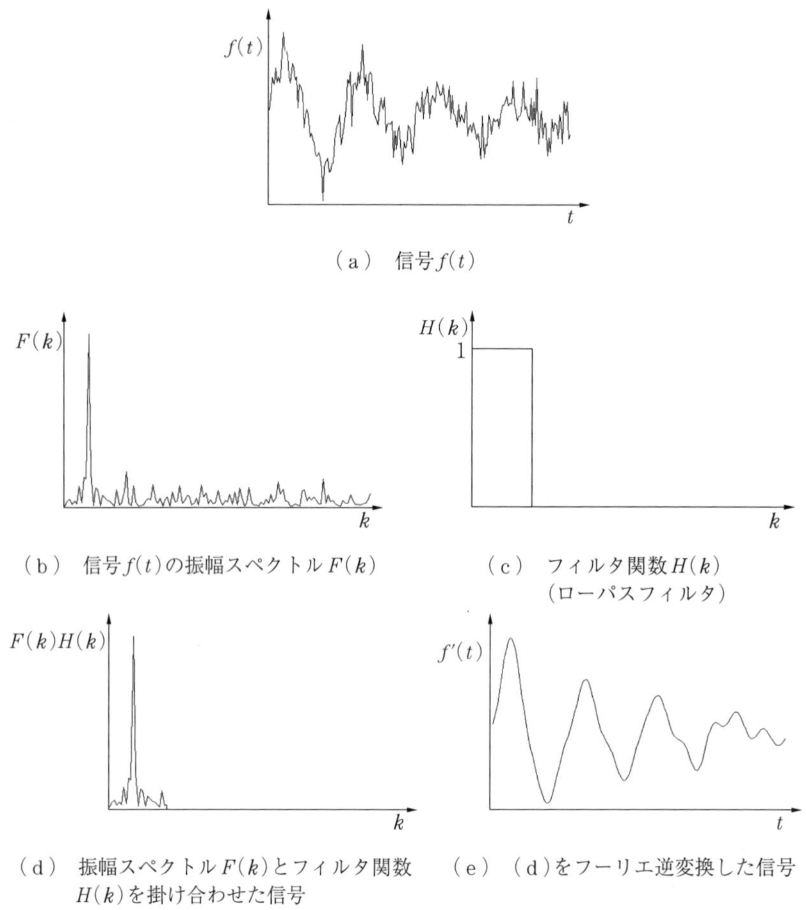

（a） 信号 $f(t)$

（b） 信号 $f(t)$ の振幅スペクトル $F(k)$

（c） フィルタ関数 $H(k)$（ローパスフィルタ）

（d） 振幅スペクトル $F(k)$ とフィルタ関数 $H(k)$ を掛け合わせた信号

（e）（d）をフーリエ逆変換した信号

図 4.14 周波数領域でのフィルタ処理

コラム 3：FIR フィルタと IIR フィルタ

信号処理の分野でよく使われるディジタルフィルタは，**FIR**（finite impulse response）**フィルタ**と **IIR**（infinite impulse response）**フィルタ**の 2 種類に分けられる。FIR フィルタは，フィルタにインパルス入力を与えたときの出力応答が有限の範囲となるフィルタである。これに対し，IIR フィルタは，通常出力を入力にフィードバックする形で構成され，インパルス応答が無限に続くという特徴がある。IIR フィルタは，少ない計算量で大きな減衰特性が得られるという長所がある反面，設計が難しく，安定したフィルタリングの結果が得られにくいという欠点がある。また，フィルタ処理では一般に処理結果の位相が遅れて（すなわち画像がずれて）出力されるが，IIR フィルタでは，入力信号の周波数により位相の遅れ量が変化する（これを**非直線位相**（nonlinear phase）特性という）ため，画像信号に適用する場合，画像が歪んでしまうという問題もある。これに対して FIR フィルタは，設計が比較的容易であり，安定した結果が得られ，しかも位相遅れの周波数依存性もない（**直線位相**（linear phase）特性を持つという）。したがって，画像処理には通常 FIR フィルタが使われる。本書で扱うフィルタも FIR フィルタである。

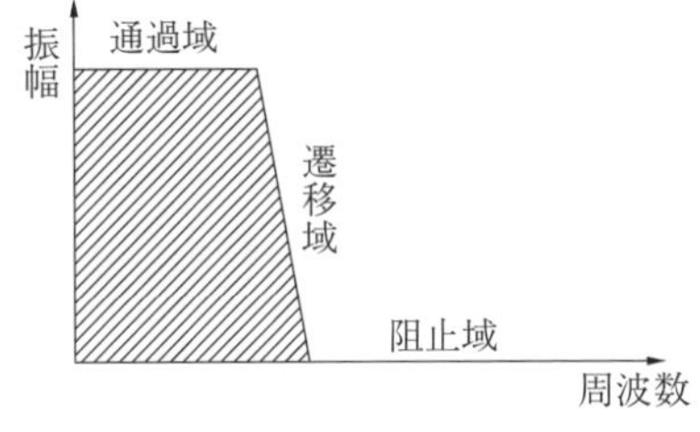

（a） ローパスフィルタ

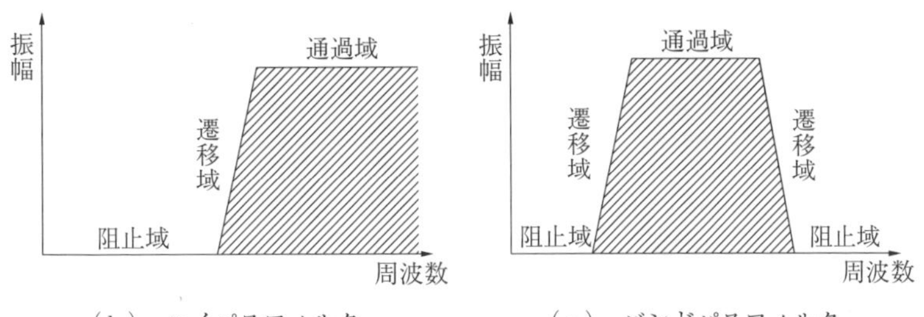

（b） ハイパスフィルタ　　（c） バンドパスフィルタ

図 4.15　フィルタ関数 $H(\mathrm{k})$ の種類

（a） 低周波域を通過させ高周波域を除去　（b） 高周波成分が除去されぼけた画像となる

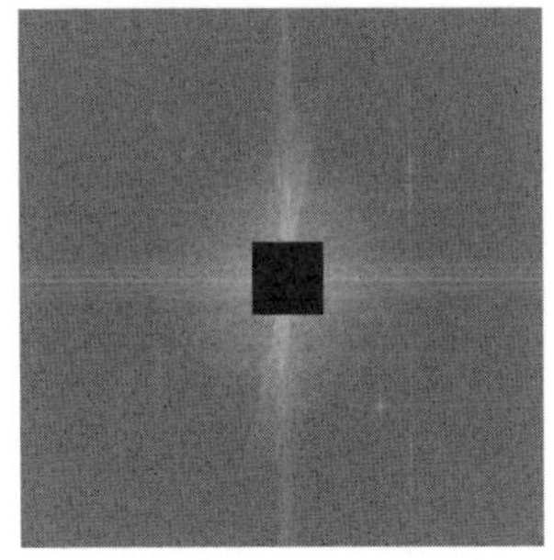

（c） 高周波域を通過させ低周波域を除去　（d） 高周波成分であるエッジが残る

図 4.16　周波数領域での画像フィルタ処理

4.3.2 空間領域でのフィルタ処理

さて，上記のフィルタ処理においては，フーリエ変換により周波数領域でフィルタ処理を行い，その後フーリエ逆変換を用いて空間領域に戻す処理が必要であったが，このような方法を用いずに直接空間領域でフィルタ処理を行う方法もある。いま，原点のみで大きさ1となるつぎの単位インパルス $\delta(n_1,n_2)$ を考える。

$$\delta(n_1,n_2)=\begin{cases}1:n_1=n_2=0\\0:\text{その他}\end{cases}\tag{4.36}$$

上記 $\delta(n_1,n_2)$ をフィルタ $H(u,v)$ により処理した出力 $h(n_1,n_2)$ を**インパルス応答**（impulse response）といい，これは $H(u,v)$ をフーリエ逆変換したものと一致する。インパルス応答 $h(n_1,n_2)$ を用いれば，任意の画像入力 $x(n_1,n_2)$ に対するフィルタの出力は，次式により求められる。

$$y(n_1,n_2)=\sum_{k_1=-\infty}^{\infty}\sum_{k_2=-\infty}^{\infty}h(k_1,k_2)x(n_1-k_1,n_2-k_2)\tag{4.37}$$

上式を**畳み込み**（convolution）といい，インパルス応答 $h(n_1,n_2)$ は，フィルタの**コンボルーションカーネル**（convolution kernel）（もしくは単に**カーネル**）とも呼ばれる。

式（4.37）の計算は，インパルス応答をずらしながら重ね合わせていく計算に相当し，**線形時不変**（コラム4参照）なフィルタにのみ成立する。フィルタは実用上は，$0<n_1<N_1-1$ かつ $0<n_2<N_2-1$ でのみ，$h(n_1,n_2)$ が値を持ち，それ以外では $h(n_1,n_2)=0$ とすることが多い。このとき式（4.37）は次式となる。

$$y(n_1,n_2)=\sum_{k_1=0}^{N_1-1}\sum_{k_2=0}^{N_2-1}h(k_1,k_2)x(n_1-k_1,n_2-k_2)\tag{4.38}$$

また，上記の演算において，次式のように $x(n_1,n_2)$ と $h(n_1,n_2)$ の関係を逆転しても，同じ結果が得られる。

$$y(n_1,n_2)=\sum_{k_1=0}^{N_1-1}\sum_{k_2=0}^{N_2-1}x(k_1,k_2)h(n_1-k_1,n_2-k_2)\tag{4.39}$$

畳み込みの計算を実行した例を**図4.17**に示す。同図（a）の画像 $x(n_1,n_2)$ に対して，$h(n_1,n_2)$ の係数行列をコンボルーションカーネルとして持つフィルタを施せば，$y(n_1,n_2)$ のように得られる。この計算手順を同図（b）に示す。これからわかるように，畳み込みはコンボルーションカーネル（インパルス応答）をそれぞれの画素の濃度値倍し，それをずらしながら重ね合わせていくことにより計算できる（コラム4）。

なお，$N_1\times N_2$ の画素数を持つ画像 $x(n_1,n_2)$ と $L_1\times L_2$ 個のコンボルーションカーネル $h(n_1,n_2)$ との畳み込み計算の出力 $y(n_1,n_2)$ の大きさは，$(N_1+L_1-1)\times(N_2+L_2-1)$ 個となり，元の画像よりも出力画像は大きくなる。ただし図4.17（b）において，出力画像 $y(n_1,n_2)$ のうち，コンボルーションカーネルの4個の要素をすべて用いて計算しているのは，中央の4個画素だけである。その周囲の画素については，不完全なフィルタ処理の結果といえる。一般に，

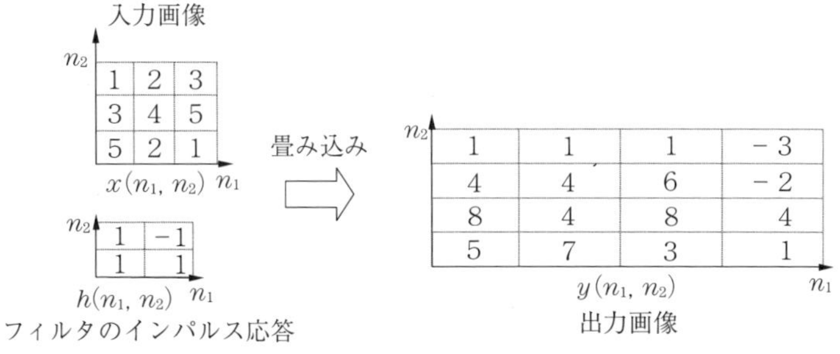

（a） 画像 $x(n_1, n_2)$ とフィルタ $h(n_1, n_2)$ の畳み込み計算

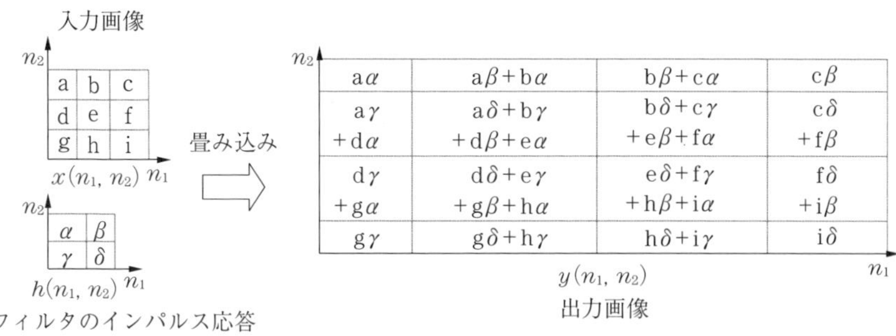

（b） 畳み込み計算手順

図 4.17 畳み込みの計算

フィルタ処理により得られる画像の端の部分（フィルタ関数のインパルス応答の半分の幅の分）は，正しくない結果となるため，注意が必要である。

以上で述べたように，フィルタ処理の方法には，周波数領域における処理と，空間領域における処理の二つの方法がある（**表 4.1** 参照）。これらは同じ結果を与えるが，どちらの手法が有利であろうか。一般的には，コンボルーションカーネルの大きさが 3×3 や 5×5 など，比較的小さい行列である場合は，畳み込みによる演算を用いた方が計算量は少なくて済む。しかし，複雑な形のフィルタを設計する場合には，フィルタの次数を大きくとる必要がある（当然コンボルーションカーネルも大きくなる）。この場合，周波数領域におけるフィルタ処理の方が計算量は少なくなる。また，周波数領域で設計した方がフィルタの特性に関する設計の自由度も大きいという利点がある。したがって，どちらの計算法を用いるかは，フィルタの目的に応じて使い分けることになる。

表 4.1 フィルタ処理の二つの方法

フィルタ処理の方法	フィルタ処理の手順	特　徴
周波数領域における処理	フーリエ変換（FFT）を行い，周波数領域において特定の周波数成分を通過させた後，フーリエ逆変換（IFFT）を行う。	コンボルーションカーネルが比較的大きい場合に有利。また，フィルタ設計の自由度も大きい。
空間領域における処理	画像 $x(n_1,n_2)$ とフィルタのインパルス応答 $h(n_1,n_2)$ との畳み込み計算を行う。	コンボルーションカーネルが比較的小さい場合に有利。

コラム4：畳み込みの意味と線形時不変フィルタ

畳み込みの式（4.37）の意味するところは単純である。画像信号は画素の集合により構成されることは先に述べたが，各画素は，それぞれ大きさが濃度値$f(x,y)$を持ったインパルスであると考えてもよい。フィルタの単位インパルスの応答が$h(n_1,n_2)$であれば，ある画素におけるフィルタの出力値は，$f(x,y)\cdot h(n_1,n_2)$となるはずである。この演算をそれぞれの画素について行い，それをずらしながら重ね合わせていけば，画像全体に対するフィルタの応答が求まる。この計算が畳み込みである。ただし，上記のような演算が成立するためには**図C.2**のように，入力がa倍されれば，その分出力もa倍される必要があり，また，重ね合わせの原理も成り立つことが条件となる。

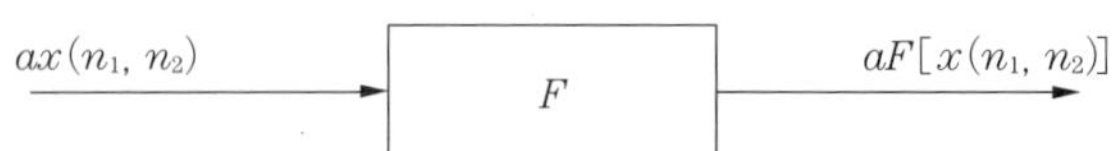

（a）入力がa倍されれば出力もa倍される

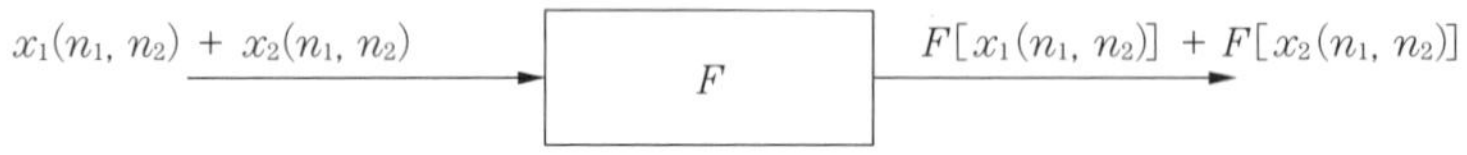

$x_1(n_1, n_2) + x_2(n_1, n_2)$ → F → $F[x_1(n_1, n_2)] + F[x_2(n_1, n_2)]$

（b）重ね合わせの原理が成り立つ

図C.2　システムが線形であるための条件

上記の関係が成り立つフィルタを**線形**（linear）なフィルタと呼ぶ。また，インパルス応答をずらしながら重ね合わせることができるためには，入力信号の位置がずれてもフィルタの特性自体は同じである必要がある。すなわち，$y(n_1,n_2)=F[x(n_1,n_2)]$で与えられるとき，任意の整数値m_1,m_2に対して次式が成立する。

$$y(n_1-m_1,n_2-m_2)=F[x(n_1-m_1,n_2-m_2)]$$

上式が成り立つフィルタを**時不変**（time invariant）（あるいは**シフト不変**（shift invariant））という。したがって，畳み込みの式が成立するフィルタは**線形時不変**（linear time invariant）でなければならないことがわかる。

4.3.3　フィルタの設計

フィルタの設計は，先に述べたように，フィルタ関数$H(u,v)$を決定することである。ここでは，例として**図4.18**(a)に示すような1次元信号に対するローパスフィルタ（ただし，正の周波数領域のみで示す）を設計することを考える。このフィルタ関数$H(n)$をフーリエ逆変換により時間領域に変換し，インパルス応答$h(n)$を求めると，同図(b)のように，無限の長さを持つコンボルーションカーネルとなる。実際のフィルタ演算には，有限の大きさのフィルタしか扱えないため，同図(c)のように方形波状の関数$W(n)$を掛け合わせて適当な長さで$h(n)$を切り取る必要がある。このような関数$W(n)$を**窓関数**（window function）という。窓関

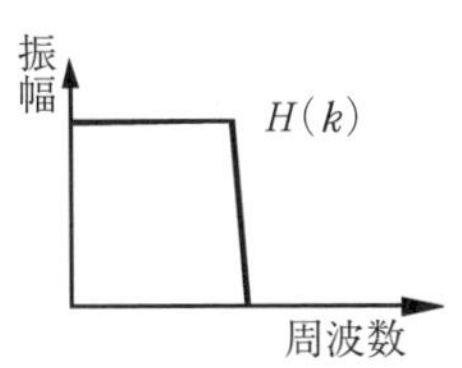

（a） 所望のフィルタ特性

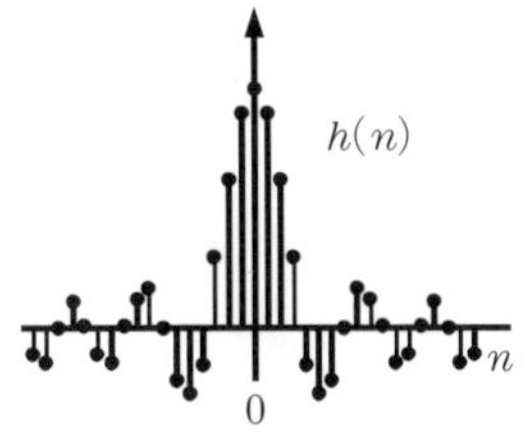

（b） フィルタの理想インパルス応答

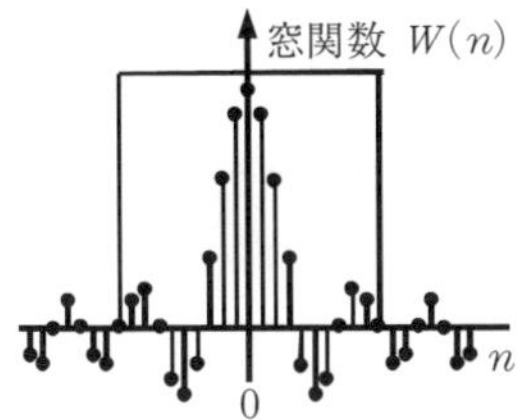

（c） 窓関数を掛け合わせる

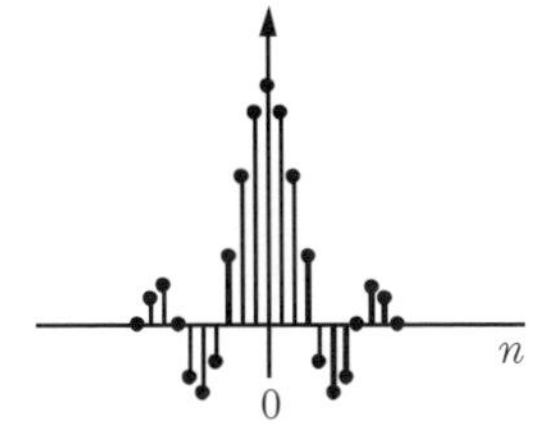

（d） 切り取られたインパルス応答

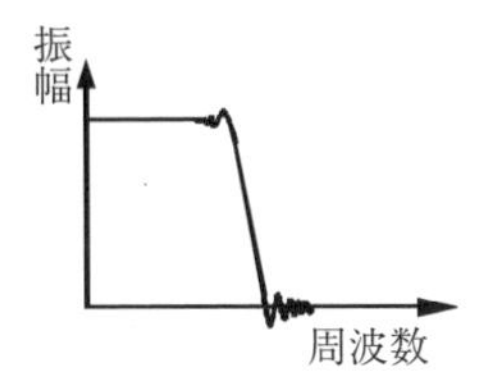

（e） （d）により実現されたフィルタ

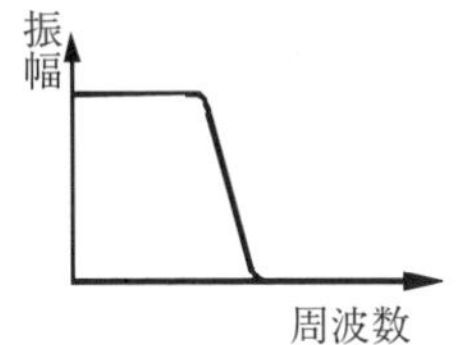

（f） 緩やかに変化する窓関数を用いて設計されたフィルタ

図 4.18　窓関数を用いたフィルタ設計

数によって切り取られたコンボルーションカーネルを同図（d）に示す（ただし，同図では負の時間にも値を持つため，実際にはすべてが正の時間に入るようにシフトしたものをコンボルーションカーネルとして用いる）。これを FFT により周波数領域に戻すと，同図（e）のように得られる。図より得られたフィルタの特性は，通過域が凸凹になり，阻止域でも十分な減衰が得られていない。これは，インパルス応答を有限長にするために，フィルタの値をあるところで強制的にゼロにしたことに起因する。そこで，方形波状の窓関数の代わりに，**図 4.19**（b）〜（d）に示すような穏やかに変化する波形を持つ窓関数でインパルス応答の長さを制限する。このような窓関数を用いて切り出されたコンボルーションカーネルを FFT で変換すれば，図 4.18（f）のような良好なフィルタ特性が得られる。上記のようなフィルタ設計法は**窓関数法**（window method）と呼ばれる。フィルタ設計法にはそのほかにも多くの手法があるが，窓関数法は設計が比較的容易であり，任意の形状のフィルタ特性を近似できることから，多用されている。

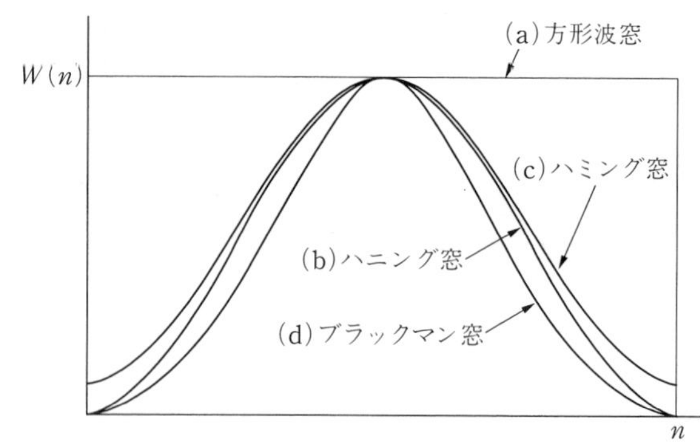

名　称	窓関数の特性
(a)　方形波窓	$W(n)=\begin{cases}1, & (0 \leq n \leq N)\\ 0, & \text{その他}\end{cases}$
(b)　ハニング窓	$W(n)=\begin{cases}0.5-0.5\cos\dfrac{2\pi n}{N}, & (0 \leq n \leq N)\\ 0, & \text{その他}\end{cases}$
(c)　ハミング窓	$W(n)=\begin{cases}0.54-0.46\cos\dfrac{2\pi n}{N}, & (0 \leq n \leq N)\\ 0, & \text{その他}\end{cases}$
(d)　ブラックマン窓	$W(n)=\begin{cases}0.42-0.5\cos\dfrac{2\pi n}{N}+0.08\cos\dfrac{4\pi n}{N}, & (0 \leq n \leq N)\\ 0, & \text{その他}\end{cases}$

図 4.19　代表的な窓関数

2 次元信号である画像信号のフィルタ設計では，1 次元における周波数特性 $H(k)$ の代わりに，2 次元の周波数特性 $H(u,v)$ を設計する必要がある。2 次元フィルタの最も簡単な設計法は，画像の横および縦方向にそれぞれ 1 次元フィルタを適用することである。例えば，**図 4.20**(a)に示す 1 次元ローパスフィルタを画像の横および縦方向に適用した場合，それぞれフィルタ特性は同図(b)，(c)に示すようになる。横および縦方向の 1 次元フィルタの周波数特性を $H_1(u)$，$H_2(v)$ とすれば，2 次元フィルタの周波数特性 $H(u,v)$ は，次式となる。

$$H(u,v)=H_1(u)H_2(v) \tag{4.40}$$

$H(u,v)$ のフィルタ特性を図 4.20(d)に示す。上記のようなフィルタを**分離型フィルタ**という。分離型フィルタは，1 次元フィルタを使用できるため，設計が容易であり，フィルタ処理に伴う演算量も少ないという特長がある。ただし，分離型フィルタでは複雑な形のフィルタを設計することができないため，そのようなフィルタを設計する場合には，2 次元フィルタ専用の設計手法を用いる必要がある。

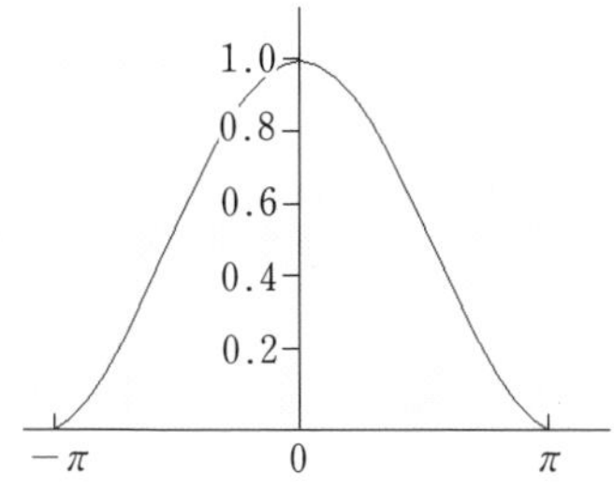

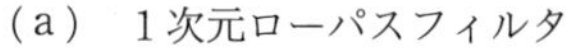

（a）　1次元ローパスフィルタ

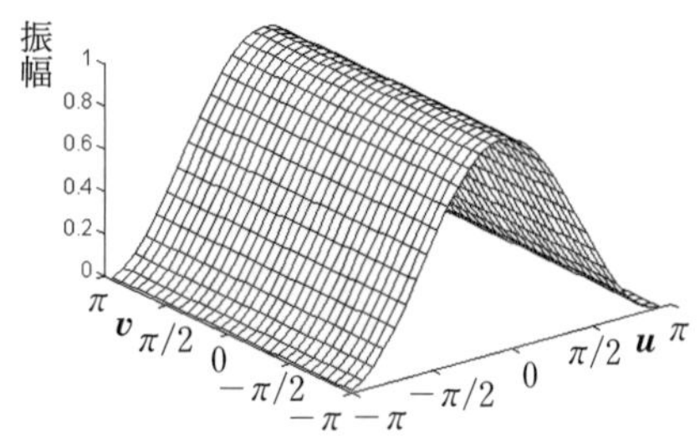

（b）　（a）のフィルタを画像の横方向に用いた場合のフィルタ特性

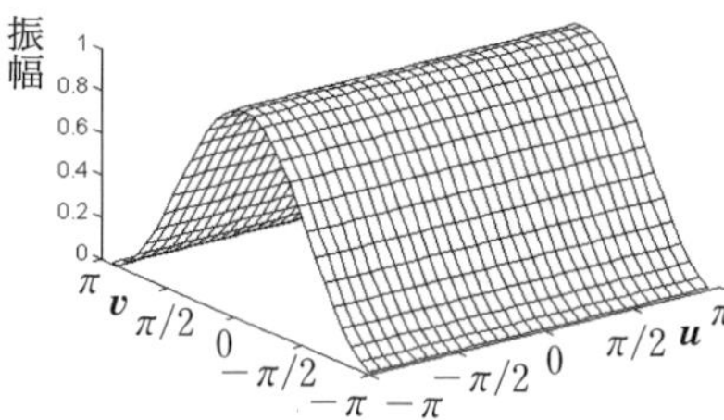

（c）　（a）のフィルタを画像の縦方向に用いた場合のフィルタ特性

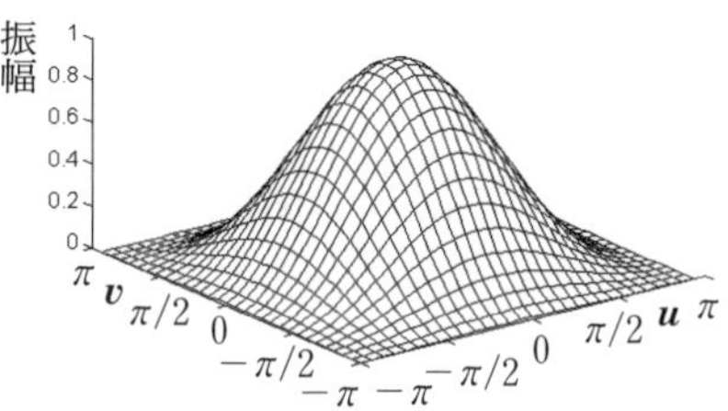

（d）　（c），（d）のフィルタをともに用いた場合のフィルタ特性

図 4.20　分離型フィルタの例

4.3.4　オペレータによるフィルタ処理

空間領域での画像のフィルタ処理は畳み込み演算により行うことができることを 4.3.2 項で述べたが，つぎに示すようなフィルタ計算法もよく用いられる。ここでは，ある画像の濃度値について 2 次元移動平均を計算することを考える。このとき，**図 4.21**（a）のような 3×3 の数の並びを考え，同図（b）のように，これを 2 次元画像データの上にあてはめて，それぞれの係数を乗算し，それらの和を出力データとする。この処理を移動しながら全入力データにわたって演算を行うと，入力の移動平均を行った出力画像が得られる。同図（a）のような数値の並びを**オペレータ**（operator）（または**カーネル**（kernel）あるいは**マスク**（mask））といい，用途に応じてさまざまな大きさや数字の並び方が考えられる（5 章参照）。また，このフィル

コラム 5：局所処理と大局処理

空間領域でのフィルタ処理のように，出力画像 $g(i,j)$ の値を計算するために，(i,j) 画素の近傍の狭い範囲にある画素の値だけが用いられる場合を一般に**局所処理**（local operation）（または**近傍処理**（neighborhood operation））という。オペレータによるフィルタ処理などがこれに相当する。一方，画像内の広い範囲にある画素の値を用いて計算される場合を一般に**大局処理**（global operation）という。4.1 節で述べた直交変換は，すべての画像情報を用いるため，大局処理である。

1/9	1/9	1/9
1/9	1/9	1/9
1/9	1/9	1/9

（a） 2次元移動平均のオペレータ

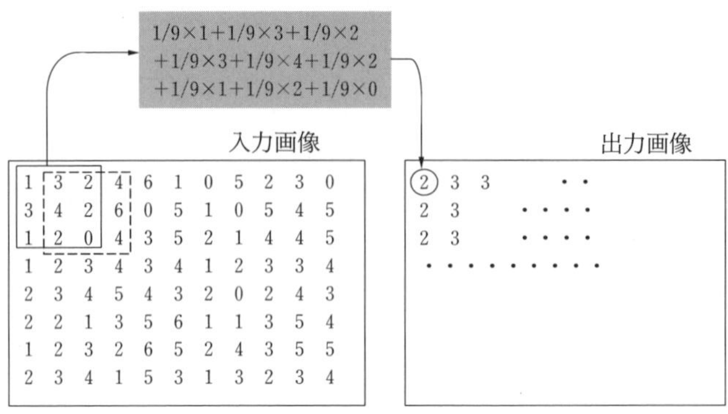

（b） オペレータによる計算手順

図 4.21 オペレータによるフィルタ処理

タ処理は畳み込みによるフィルタ処理と本質的に同じものであり，オペレータはコンボルーションカーネルに対応する。ただし，両者はまったく同じ形式ではなく，コンボルーションカーネルとオペレータとはたがいに行列を 180°回転させた関係となる。

4.4 画像データの圧縮

一般に，画像情報のデータ量は非常に大きいため，そのままの形では，データの保存や通信には適さない。このため，画像データの圧縮（符号化）技術が重要となり，さまざまな圧縮手法が開発されている。データ圧縮の方法には，大きく分けて完全な復元を保証する**可逆符号化**（lossless）方式と，実質的な内容の保持を目的として情報の一部を削る**非可逆符号化**（lossy）方式がある。前者の代表例としてハフマン符号化や算術符号化があり，後者の代表例に直交変換を利用した圧縮や，サブバンド符号化などがある。

4.4.1 可逆符号化

［1］ 予測符号化

一般に隣接する画素同士の濃度値は，近い値を持つことが多い。このことを利用して，濃度値を予測し，その差によりデータを記述する方法が**予測符号化**である。予測値の求め方には種々の方法があるが，ここでは，**図 4.22** に示すように左上から順次画素をスキャンし，予測

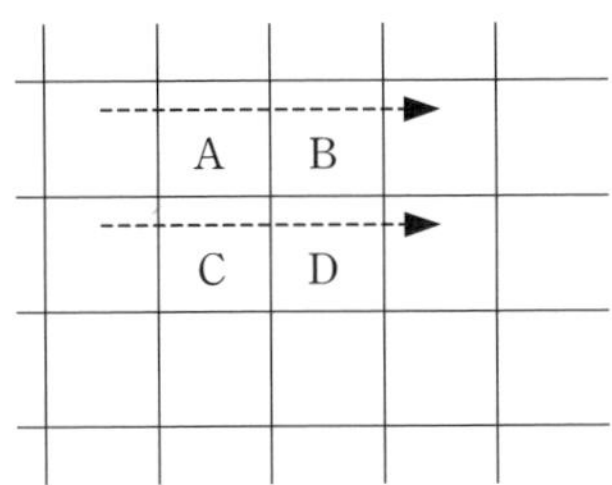

図 4.22 予測符号化

値を求める方法について述べる。この方法では，すでに復号されている画素 A，B，C から画素 D の予測値 $\hat{D}$ を次式の平均によって求める。

$$\hat{D}=\frac{A+B+C}{3} \tag{4.41}$$

そして，予測値 $\hat{D}$ と実際の値 D との差 $e=D-\hat{D}$ を符号化データとして記憶する。ただし，このままでは，元のデータ D より，予測値との差分 e の方が，データ量が増えてしまう。例えば，濃度値が 8 bit（0～255）の画像データの場合，差分データは −255～255 の値をとるため，差分 e のデータ長として 9 bit が必要となる。しかし，通常の画像データでは，**ヒストグラム**（画像の濃度値を横軸にとり，それぞれの濃度値を持つ画素数を縦軸にとったグラフ，5.1.2 項参照）が**図 4.23**(a)のように濃度値が 0～255 の間に広く分布するのに対して，差分 e のデータでは，隣り合う画素の濃度値が近い値を持つことが多いため，そのヒストグラムは同図(b)のように，$e=0$ 付近に鋭いピークを持つ分布となる。このように，出現確率に偏りがある場合は，出現確率の高いデータに短いビット長の符号を，出現確率の低いデータには長いビット長の符号を割り当てることで，全体のビット長を減らすことができる。つぎに述べるハフマン符号化は，このような性質を利用した符号化である。

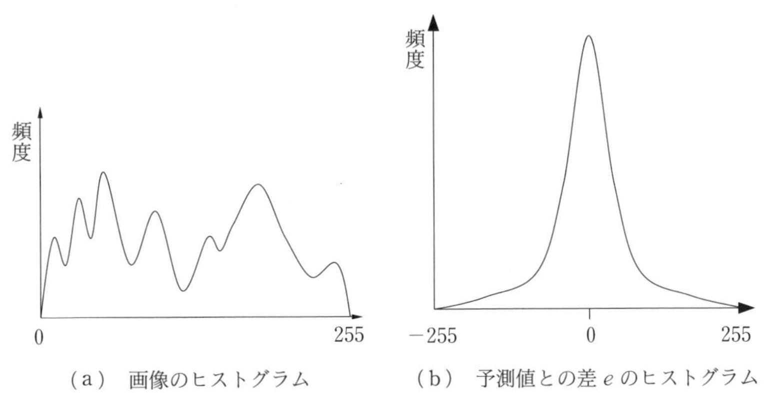

(a) 画像のヒストグラム　(b) 予測値との差 e のヒストグラム

図 4.23 出現確率の偏りを利用した圧縮

[2] ハフマン符号化

先に述べたように，頻繁に現れる値を少ないビット数で，あまり現れない値を大きなビット数に割り当てれば全体的にデータを減らすことができる。このときに割り当てる符号を**可変長**

符号といい，その代表的なものに**ハフマン符号**（Huffman coding）がある。ハフマン符号化の手順について，予測符号化における差分 e のデータが {−2，−1，0，1，2} の五つの値を持つ場合を例に述べる。まず，それぞれの差分データの出現確率が**表 4.2** のようであったとする。

表 4.2　差分データの出現確率

差分 e	−2	−1	0	1	2
出現確率〔%〕	5	15	60	15	5

このとき，各信号の現れる頻度順にデータを並べ，出現確率の最も低いものから二つを選んで**図 4.24** のように木（ツリー）構造にまとめていく。その際，二つのデータの出現確率の和を接点に割り当てる。つぎに統合されていないデータと最上位の接点の出現確率を比較し，小さい方から二つ選んで順にツリー構造にまとめていく。そして，枝分かれしているところで，分かれた枝に 0 と 1 を割り当てる（0 と 1 をどちらに割り当てるかは任意）。それぞれの信号に対して，木を根元からその値までたどったときに現れる 0 と 1 を並べた符号を割り当てれば，出現率の高い値には短い符号が，また出現率の低い値には長い符号が割り当てられる。逆に符号化されたハフマン符号から元の信号を復元する場合は，端からハフマン符号と一致するものを割り当てていけば，復元できる。例えば，符号化された信号が

011010001110

であれば

{0} {110} {10} {0} {0} {1110}

のように一意に分解できる。

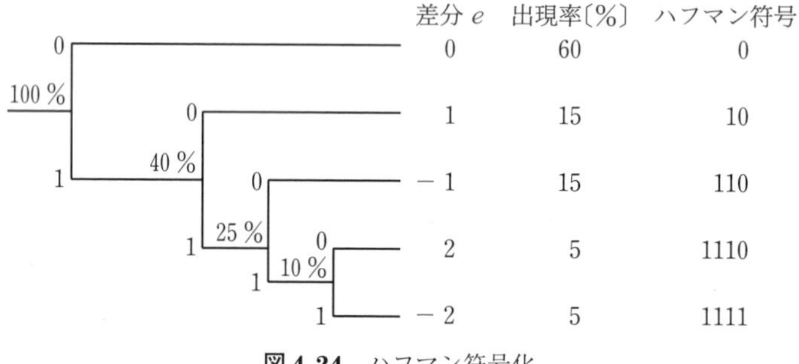

図 4.24　ハフマン符号化

〔3〕 ランレングス符号化

画像処理で使われるデータでは，同じ値のデータが連続して並ぶことが多い。そこで，同じデータの並び（**ラン**（run）という）の値と，それが連続する長さ（**ランレングス**（run length）という）を記録しておけば，データ量を減らすことができる。これを**ランレングス符号化**（run length encoding）という。ランレングス符号化は，G 3 ファクシミリの符号化や，後に述べる JPEG 圧縮にも使われている。ランレングスの表現方法には，いくつかの方法があるが，例えば**図 4.25** に示す 8×6 の 2 値画像の場合，通常は 48 bit の記憶容量が必要となる。

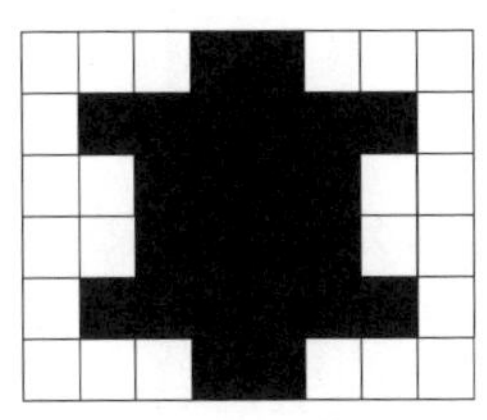

図 4.25　ランレングス符号化で圧縮する画像

ここで，左上から右下に向かって走査しながら白と黒画素のランレングスを書けば

白 3 黒 2 白 4 黒 6 白 3 黒 4 白 4 黒 4 白 3 黒 6 白 4 黒 2 白 3

のように記述できる。最初が白であることと横幅が 8 画素であることがわかれば，白と黒は必ず交互に現れるので，それぞれのランレングスを

3246344436423

のように記述すればよい。これらの 13 個の数にそれぞれ 3 bit ずつを割り当てれば，データ量は 13×3＝39 bit の記憶容量ですむことになる。

［ 4 ］　算術符号化

算術符号化はハフマン符号化と同様，可変長符号を用いた符号化法であり，圧縮率が高いという特長がある。ハフマン符号化では，一つの信号または信号系列に一つのコードを割り当てているが，算術符号化では，つぎつぎと入力される信号列に応じた算術演算を行い，その結果生じるデータを符号化コードとする方法である。なお，算術符号化やハフマン符号化のような符号化を**エントロピー符号化**という．エントロピーは情報量の尺度であり，エントロピー符号化では画像データの冗長な部分を削減して画像が持っている本来の情報量に近づけるよう圧縮を行う．

4.4.2　不可逆符号化

［ 1 ］　直交変換符号化

画像データの直交変換による符号化を**直交変換符号化**という。一般的な画像信号では，隣接する二つの画素の濃度値はたがいに連動し，かつ大きく変化しないという性質がある（これを相関が高いという）。これは，言い換えれば画素の濃度値が緩やかに変動するため，低周波成分を多く含むということでもある。このため，例えば代表的な直交変換である，DFT（または FFT）を用いて画像を空間領域から空間周波数領域に変換すると，低周波領域にデータが偏る傾向が現れる。そこで，低周波領域の信号に短いビット長の符号を割り当て，高周波領域の信号に長いビット長の符号を割り当てることにより，画像データを圧縮することができる。また，人間の視覚特性は空間周波数の高いところでは，明るさや色の細かな変化に鈍感であるという性質を持つため，高周波成分のデータの一部を切り捨てることにより，実質的な画像を保持しながらデータ量を減らすことができる。ただし，切り捨てられたデータは，元に戻らないため，この時点で原画像と同じデータを復元することができず，不可逆な符号化となる。

さて，DFT を例にした上記の説明を，一般的な直交変換に置き換えて考えてみよう。いま，簡単のために，**図 4.26** に示すように画素を 2 画素ずつ取り出して，それぞれの濃度値 f_1,f_2 をベクトル(f_1,f_2)として 2 次元直交座標上で表せば，画素間の相関が高いことから，図のように $f_1=f_2$ の直線近傍に分布する（つまりこの直線上で分散が最も大きくなる）ことが予想される。そこで，座標を 45°回転した新たな直交座標(F_1,F_2)を同図のようにとれば，画像データは F_1 軸に集中することがわかる。（これは**主成分分析**の一種といえる）このとき，F_2 軸方向のデータを短いビット長で符号化すればデータの圧縮が可能となる。じつは直交変換とは，このような座標変換を行っていることにほかならない（コラム 1 参照）。一般に，画像によって画素間の相関は異なるため，最も効率良く画像データの圧縮を行うためには，画像信号の統計量に基づいて変換行列を決める **K-L 変換**を用いるのがよい。しかし，K-L 変換は先に述べたように，画像ごとに変換行列を求める必要があり，計算時間がかかるという欠点がある。一般的な画像信号に対する K-L 変換は，DCT にかなり近いことがわかっているため，通常の直交変換符号化では **DCT 符号化**がよく用いられる。

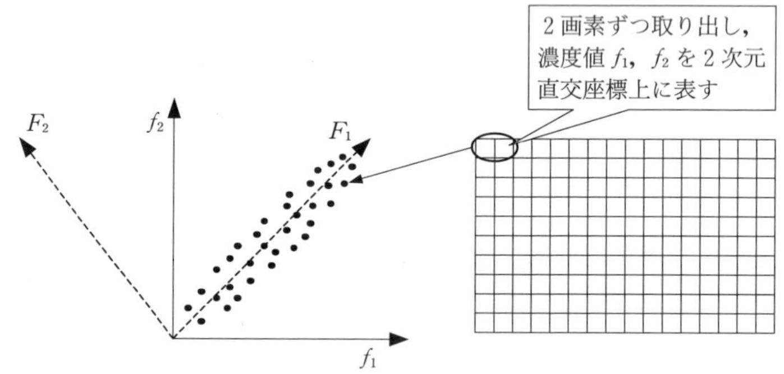

図 4.26　直交変換を用いた画像圧縮の基本概念

なお，上記の例では，2 画素ずつ直交変換を行ったが，一般的には 8×8（64 画素）のブロックごとに符号化することが多い。この場合はベクトルの次元が増えるだけで，基本的な考え方は同じである。

［2］　サブバンド符号化

先に述べたように DCT 符号化による圧縮では，画像を 8×8 などの一定のサイズのブロックに分け，そのブロックごとに符号化が行われる。この方式では画像の劣化が激しい場合，隣り合うブロック同士での量子化の近似精度の差異が大きくなるため，本来の画像に存在しないブロック形状が見える**ブロックノイズ**が生じることがある（**図 4.27**(a)参照）。また，高周波成分の量子化誤差が，ブロック全般に広がることにより生じるといわれる**モスキート雑音**（同図(b)において背景との境界部分で見られる蚊が飛んでいるような雑音）が生じるという欠点もある。**サブバンド符号化**では，ブロックに分割する前に画像全体にフィルタをかけて，いくつかの周波数帯域に分割し，それぞれの帯域ごとにブロックサイズを変化させたり，異なる帯

（a） ブロックノイズの例

（b） モスキートノイズの例

図 4.27 DCT 符号化による画像の劣化

域でのブロックをずらして重複させ，直交変換を用いて圧縮を行う。このため，ブロックノイズやモスキート雑音が生じにくいという長所を持つ。しかし，動画の圧縮との親和性が良くないため，動画圧縮に用いられることは少ない。

［3］ ウェーブレット変換符号化

ウェーブレット変換（wavelets transform）は，基本ウェーブレットと呼ばれる基本波形を伸張および平行移動して得られる波形を基底関数とする変換であり，フーリエ変換等と比較して非定常的な信号の分析に適している。DCT の場合，変換ブロックは固定されているのに対して，ウェーブレット変換では伸張によりブロックの大きさが変化する。ブロックが大きくなるにつれ空間分解能は低下するが，周波数帯域は狭くなるため周波数分解能は高くなる。逆に，ブロックが小さい場合は，周波数分解能は低下するが空間分解能は高くなる。この性質により，DCT で問題となるブロックひずみやモスキート雑音を軽減できるという特長がある。

［4］ ベクトル量子化

ベクトル量子化は，複数の画素をひとまとめにして一つのコードを割り振ることにより量子化を行う方法である。複数の画素値を一つのコードで表現できるため，画像データの圧縮が可能となる。あらかじめ基本的なパターンのテーブルを用意しておき，画素の集まりをその中のパターンで近似するため，パターンテーブルの作成が重要となる。限られた量のパターンテーブルで種々の入力信号に対応できるように，入力信号を前処理して平均 0，振幅 1 となるよう正規化する方法や，入力された信号に応じてコードテーブルを変更する方法などがある。

4.4.3 動画像の符号化

動画像のデータを圧縮する場合，上記で述べた空間軸における圧縮技術に加え，時間軸方向での圧縮技術が重要となる。

［1］ フレーム間予測符号化

一般に動画像では，フレーム間で画素値が変化しない部分が大きい。このことを利用し，1フレーム前の画像の同一位置の画素値に対して，4.4.1項で述べた予測符号化を用いる方法である。動く部分の少ない画像では，高い圧縮率が得られる。

［2］ 動き補償フレーム間予測符号化

フレーム間予測符号化では，画像の動きの程度が大きくなるにつれて，急速に特性が悪くなる。そこで**動き補償フレーム間予測符号化**（motion-compensated prediction coding）では，フレームの前後を比較して物体の移動量（**移動ベクトル**）を検出し，この移動分を補償してフレーム間の予測を行っている。通常，画像内にはいろいろな物体が別々の方向に動いているため，それぞれの物体ごとに移動量を求め，移動量を補償して差分画像（13.2節参照）を求める。このようにして求まった差分画像に対してDCT符号化を施せば，高い圧縮率が得られる。移動ベクトルの代表的な検出方法として，適当に区切ったブロック単位でマッチングを行うブロックマッチング法などがある。これは現在のフレームのブロックを上下左右に動かし，前のフレームとの差分の総和が最小となる方向を動きベクトルとして求める方法である。

4.4.4 標準化された符号化技術

上記で述べたように，符号化方式には種々の方法がある。このため別々の場所で圧縮され，やりとりされた画像がどこでも自由に復元できるためには，その方法や手順が標準化されている必要がある。現在標準化されている代表的な静止画の圧縮技術にJPEG圧縮がある。また動画の圧縮技術にはMPEG圧縮がある。以下では，それぞれの圧縮技術についての概要を述べる。

［1］ JPEG

カラー静止画像の国際標準符号化方式である**JPEG**の名称は，この方式の標準化作業を行ったグループであるjoint photographic coding experts groupの頭文字に由来する。この圧縮方式は，カラーファクシミリ，ディジタルカメラ，Webページ等で広く使用されている。JPEGには基本的に可逆符号化方式と非可逆符号化方式の二つがある。JPEGの可逆符号化方式では予測符号化の一種である，**DPCM**（differential pulse code modulation）を行った後，ハフマン符号化もしくは算術符号化で圧縮する。これに対してJPEGの非可逆圧縮では，まず人間の目が色情報よりも輝度情報に敏感であることを利用して，色情報を部分的に間引くことでデータを削減する。また，先に述べたDCT符号化を用いてさらにデータを圧縮する。その具体的な手順は以下の通りである。

（1） 人間の視覚特性が，輝度に比べて色差の細かな変化に対して鈍感であることから，色差情報を間引くことができる。そこで，カラーモードをRGB信号からYIQ信号（2.4.3項参照）に変換し，I，Qの色差の情報量が1/4となるよう間引く。この時点で，画像データを約50%圧縮できる（**図4.28**）。

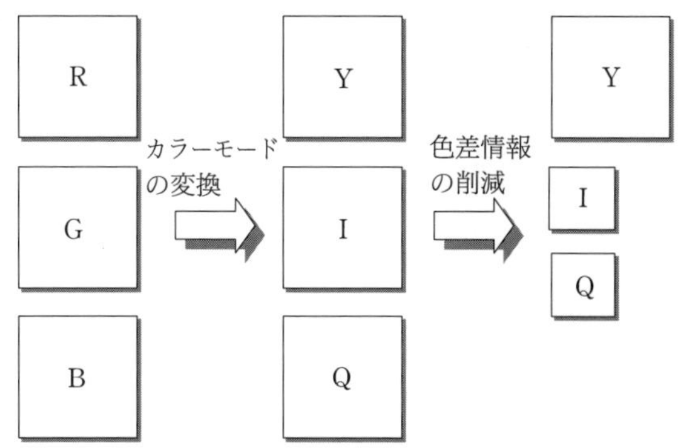

図 4.28 カラーモードの変換および色差情報の削減

（2） YIQ の各チャンネルの画像を**図 4.29**(a)のようにブロック（8×8 画素）単位に分け，ブロックごとに DCT により周波数分布を求める（同図(b)）。ブロックに分割する理由は，DCT の演算を高速化するためである（$N\times N$ のブロックでは，DCT の演算量は N^2 に比例して増加する。ただし，ブロックが小さすぎると画質劣化が大きくなるため 8×8 が適当とされている）。

（3） 求まった周波数分布の最も左上の成分は DC 成分である。またそれ以外の成分は AC 成分であり，右下に行くに従い高周波成分となっている。そこで周波数分布の各要素を，例えば，図 4.29(c)のような量子化行列で割る。量子化行列は，右下に行くに従い，数が大きくなるようになっているため，高周波成分ほど粗く量子化されることになる。量子化行列は，ユーザの設定した画像品質により変化する。例えば品質を下げる場合，高い周波数に対する量子化行列の要素が大きくなる。周波数分布を量子化行列で割る際には，小数点以下を四捨五入する。この操作により高周波成分の多くの情報がカットされ，同図(d)のように右下にゼロが並ぶ。

コラム 6：JPEG 非可逆圧縮の特徴

いわゆる圧縮方式としての JPEG は，特定のファイル形式を指すものではなく，圧縮の一方式である。多くの画像ファイル形式において，JPEG 圧縮方式が採用されている（2.5.3 項参照）。以下に JPEG 非可逆圧縮の特徴をまとめる。

- 自然風景等の写真画像の圧縮に向いている。
- 画像の品質をユーザが選択できる。品質を落とせば圧縮率が高くなる。ただし，圧縮率は元の画像データに依存する。
- 24 ビットカラー画像データを 5 分の 1 から 50 分の 1 程度まで圧縮できる。
- 一般に，20 分の 1 に圧縮した場合は少し劣化が感じられ，30 分の 1 に圧縮するとかなり劣化が目立つようになる。劣化が激しい場合，ブロックノイズ，モスキートノイズ等が生じる。

72	64	62	59	71	64	52	61
62	60	56	69	65	61	60	68
59	57	66	62	52	59	62	52
61	52	49	51	58	53	52	52
52	55	51	70	52	59	66	62
56	52	61	58	62	56	52	41
54	41	52	54	64	51	39	33
44	52	55	62	52	44	28	31

（a） 8×8 ブロックの画素値（Y 成分）

DC 成分

160	31	−44	32	15	−11	−10	9
10	−20	30	−16	−9	−11	−3	−3
−61	28	−18	10	8	−13	19	−5
34	−9	3	8	−5	−9	0	−1
−8	2	8	−5	−9	0	3	2
−20	19	4	19	−10	−7	9	7
2	13	−11	−10	−10	11	3	−3
13	−7	2	−3	4	11	7	0

（b） （a）に DCT を施した結果

3	5	7	9	11	13	15	17
5	7	9	11	13	15	17	19
7	9	11	13	15	17	19	21
9	11	13	15	17	19	21	23
11	13	15	17	19	21	23	25
13	15	17	19	21	23	25	27
15	17	19	21	23	25	27	29
17	19	21	23	25	27	29	31

（c） 量子化行列（右下ほど値が大きい）

DC 成分

53	6	−6	4	1	−1	−1	17
2	−3	3	−1	−1	−1	0	1
−9	3	−2	13	1	1	−1	0
4	−1	0	1	0	0	0	0
−1	0	1	0	0	0	0	0
−2	1	0	1	0	0	0	0
0	1	−1	0	0	0	0	0
1	0	0	0	0	0	0	0

（d） DCT の結果（b）を量子化行列（c）で割った結果

図 4.29 DCT 符号化による圧縮

（4） DC 成分と AC 成分を分けて別々に圧縮する。一般に DC 成分は AC 成分より値が大きくなり，周りの画素との相関も強くなる。そこで，これをハフマン符号化あるいは算術圧縮により圧縮する。AC 成分は，図 4.29（d）のようにジグザグにスキャンし，ランレングス符号化およびハフマン符号化（または算術符号化）により圧縮を行う。ジグザグにスキャンする理由は，高周波成分には 0 が多いため，ランレングス符号化により高い圧縮率が得られるからである。

データの復元は上記と逆の手順を用いるが，（３）で失われたデータは復元されないため，完全に元の画像とはならない。一般にJPEG符号化では，圧縮率を大きくとれる非可逆符号化方式の方がよく利用される。

［２］ **MPEG**

動画像圧縮に関する国際標準であるMPEGの名称も，JPEGと同様に標準化作業を行うグループであるmoving picture coding experts groupの略称に由来している。MPEGの規格は用途に応じてMPEG 1からMPEG 4まである（**表4.3**参照）。

表4.3 MPEGの種類

MPEG 1	VTR並の品質，記録メディアの再生を前提。 転送レートは約1〜1.5 Mbps．ノンインタレースに対応する。 ビデオCD，テレビ会議，テレビ電話，ビデオ・カラオケ等の規格として採用されている。
MPEG 2	通信や放送メディアへの適用も考慮。HDTV（high-definition television）（ハイビジョン）にも対応する。 転送レートは，約5〜30 Mbps．ノンインタレース，インタレースに対応する。 DVDやBlue-ray，ディジタルテレビ放送等で採用されている圧縮方式。
MPEG 3	当初はHDTV信号の符号化を目標とした規格として検討されたが，MPEG 2により実現可能であることがわかったため，必然的に消滅した。
MPEG 4	もともとアナログ電話，携帯電話等の低い転送速度にも対応できる動画像転送を目標として始まった規格だが，高い圧縮率が得られるためBlue-ray等のハイビジョン動画における符号化等でも利用されている。

MPEG 1の符号化では，時間軸方向については先に述べた動き補償フレーム間予測符号化を用いて圧縮される。つぎに各フレームについては，JPEGと同様に画像をブロックに分割した後にDCTを用いて圧縮される。MPEGでは圧縮時に移動ベクトルを求めるための計算が必要となるため，復号（MPEGの再生）より符号化（MPEGでの記録）に時間がかかる。MPEG 1では，これに加えてオーディオ情報の記録やランダムアクセス機能，リアルタイム伸長機能など，CD−ROMなどに対応するさまざまな機能を含んでいる。MPEG 2はMPEG 1を発展させた規格であるため，基本的な符号化方式はMPEG 1と同様である。MPEG 2では，高品位な動画像を再現できるほか，符号化された一つの動画像データを解像度やフレーム周波数の異なるディスプレイ上で再現できるスケーラビリティ機能や，MPEG 1では扱えなかったインタレース走査（飛び越し走査）画面が扱えるようになるなど，さまざまな改良が加えられている。MPEG 4は当初，6.4 kbps（bit per second：bps，1秒間当りに転送できるビット量）程度の低い転送レートでも，ある程度の画質が得られるように考えられたが，高い転送レートでも使うこともできMPEG 2よりも圧縮率が高いため，同じ転送レートで比較した場合は，MPEG 4の方が高い画質が得られる。Windows Media FormatやQuick Time，H.264などのビデオ規格の一部にもMPEG 4の技術が使われている。

演 習 問 題

【1】 フーリエ変換と離散フーリエ変換の相違点について説明せよ。

【2】 直交変換の意味について説明せよ。

【3】 エリアシングが生じる原因と，生じないようにするための対策について述べよ。

【4】 画像処理におけるフィルタの目的と実現手順を述べよ。

【5】 図4.17(b)の畳み込み計算において，コンボルーションカーネルを180°回転させて図4.21のオペレータ処理による計算をすれば同じ結果が得られることを示せ。

【6】 画像データの圧縮について，可逆圧縮と非可逆圧縮の違いおよび，それぞれの代表的な圧縮法を述べよ。

5. 濃淡画像処理

コンピュータに取り込まれたディジタル画像の画質改善は，フォトレタッチソフト等の画像処理ソフトウェアにより，比較的容易に行うことができる。また，視覚センサ等を用いて画像の認識を行う場合は，その前処理として，コントラストの改善，ノイズの除去，特徴の抽出，画像の幾何学的形状の変換などの処理が重要となる。本章では，濃淡画像に対してよく用いられるこれらの画像処理手法について述べる。

5.1 濃度変換

表示装置が表示できる濃度値に対して，与えられた画像の濃度値の範囲（ダイナミックレンジ）が狭い場合，濃度値の変化がわかりづらくなり，**図5.1**(a)のように**コントラスト**の低い画像となる。このような場合，**濃度変換**（gray scale transformation）によりダイナミックレンジを広げ，表示装置が表示できる濃度値の全領域を利用するようにすれば，同図(b)のようにコントラストが上がり，微妙な濃度の変化が表示できるようになる。また，画像の特徴を視覚的にわかりやすく表現するために濃度値や色の変換を用いた強調処理が用いられることがある。以下では，代表的な濃度変換の手法について述べる。

(a) コントラストが悪い画像

(b) コントラストを改善した画像

図5.1 濃度変換によるコントラストの改善例

5.1.1 コントラスト変換関数を用いた濃度変換

図 5.2 に比較的よく用いられるコントラスト変換関数の例を示す（ただし，原画像の濃度値を $f(x,y)$，変換後の濃度値を $g(x,y)$ とする）。同図(a)のように，傾き一定の直線を用いる場合，その傾きが 1 より大きい場合，その部分に対応する濃度値の濃度差がより大きくなるように変換されるため，コントラストが高くなる。逆に傾きが 1 より小さい場合はコントラストは低くなる。また同図(b)のように，連続的に変化する非線形な変換関数では，グラフの傾きに応じて各濃度値でのコントラストが変化する。特殊な例として同図(c)に示すような，のこぎり波状関数を用いられる場合がある。これはコントラストの強調を周期的に行うもので，連続的に濃度値が変化するような画像では濃淡のパターンが周期状に表れるため，コントラストの変化が一目でわかるという特徴がある。

コラム 7：ガンマ補正による濃度変換

一般に映像機器は，明るさ方向に非線形要素を含んでいるため，濃度変換を行う必要がある。例えば液晶ディスプレイでは，表面の明るさは入力信号には比例せず，**図 C.3** における実線のような曲線となる。このような非線形特性を**ガンマ特性**という。入力の明るさを x，これに対する出力の明るさを y とすれば，ガンマ特性は次式で表される。

$$y = kx^{\gamma}$$

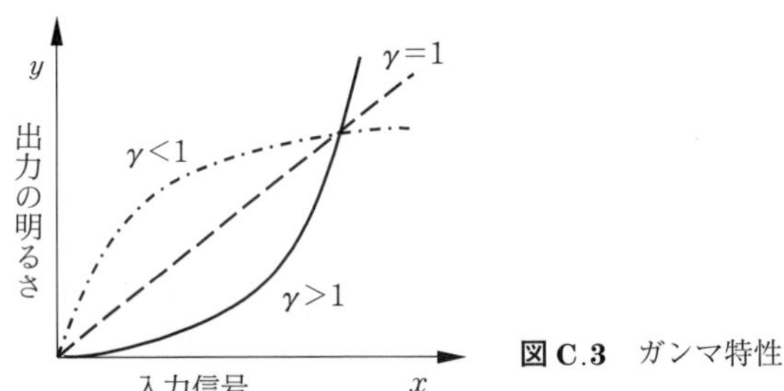

図 C.3　ガンマ特性

γ を**ガンマ値**といい，ガンマ値 γ_1 の CCD で撮影した画像をガンマ値 γ_2 の液晶ディスプレイで表示する場合

$$\gamma = \gamma_1 \times \gamma_2$$

がトータルのガンマ値となる。また，ガンマ値の大きさにより下記のような特性となる。

$\gamma < 1$ のとき全体的に明るくなり，明るい部分の濃度変化が少なくなる。

$\gamma = 1$ のときは適正値（入力と出力が比例する）。

$\gamma > 1$ 全体的に暗くなり暗い部分の濃度変化が少なくなる。

ガンマ特性における非線形な関係を線形（$\gamma=1$）となるように補正することを**ガンマ補正**という。例えば，ガンマ値が $\gamma=2.5$ の液晶ディスプレイの場合，これを線形化するために $\gamma=0.4$（$=1/2.5$）のガンマ補正を行えばよい。また，ガンマ補正機能を組み込んだハードウェアでは，入出力に対する補正値の変換表（ルックアップテーブル）を用意しておき，これを参照しながら補正を行っている。

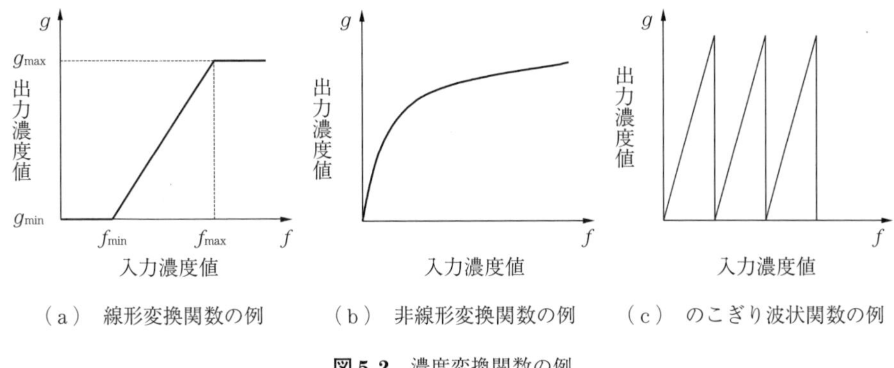

（a） 線形変換関数の例　（b） 非線形変換関数の例　（c） のこぎり波状関数の例

図 5.2　濃度変換関数の例

5.1.2　ヒストグラム変換（histogram transformation）

［1］ ヒストグラム

図 5.3 に示すように，画像の濃度値を横軸に，その濃度値を持つ画素数を縦軸にとったグラフを**濃度ヒストグラム**（histogram）という。画像の基本的性質を調べる上で重要な特性であり，これを用いれば画像がどのような濃度値の画素から構成されているかがわかる。

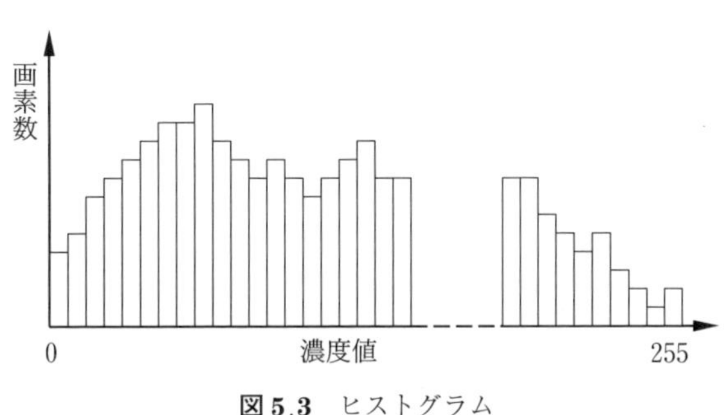

図 5.3　ヒストグラム

［2］ ヒストグラムの均一化（histogram equalization）

図 5.4(a)に示すように，特定の濃度範囲の画素が極端に多い（すなわち濃度値が特定の値に集まりすぎている）ような画像では，画像全体での濃度値の変化がわかりにくいため，コントラストの悪い画像となる。このような場合，同図(b)のように濃度値に対する画素の出現率を均一化することにより，濃度変化がわかりやすい画像に変換できる。ヒストグラムの均一化では，画素数の多い濃度値の範囲で濃度値の間隔を細かくし，画素数の少ない範囲では間隔を粗くする処理を行う。具体的にはすべての画素の数を n，階調数を m とするとき，画素を濃度値が低い方から n/m 個ごとに分割し，それぞれを一つの濃度値に割り当てていく。なおヒストグラムの変換方法には，同図(b)のような平坦な関数の代わりに，ガウス分布状の関数に変換する方法もある。

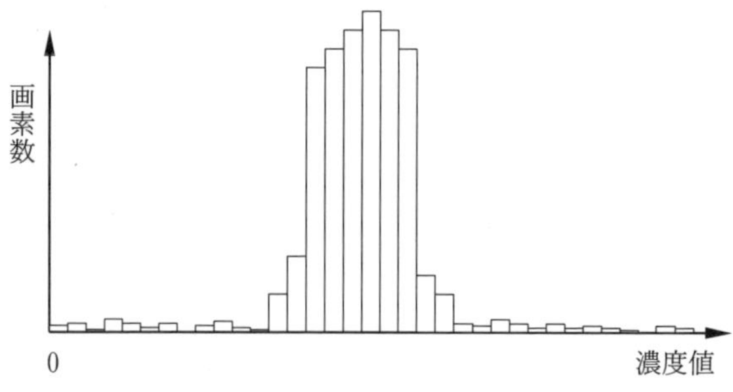

（a） コントラストの悪い画像のヒストグラム

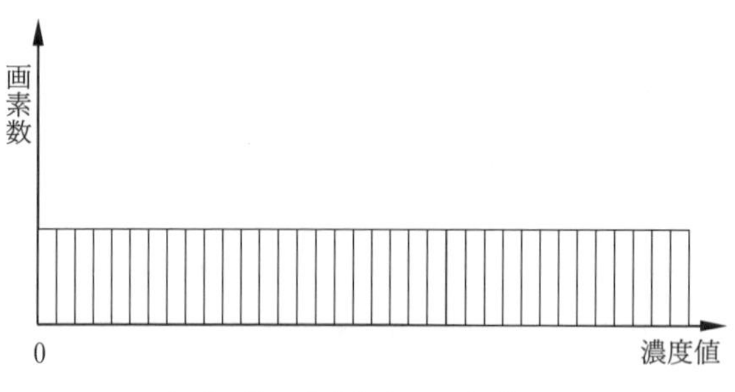

（b） 均一化されたヒストグラム

図 5.4 ヒストグラムの均一化

5.1.3 隣接する画素との濃度差の強調

赤外線カメラにより得られた画像などで，異なる温度ごとに異なる色を割り当てて温度変化を強調させることがある。このように濃淡画像の濃淡を強調して表示する方法を，**疑似カラー**または**シュードカラー**（pseudo color）という。また衛星画像で，地球表面の植生の分布等をわかりやすくした画像があるが，これは，光の周波数ごとにRGBの各色を割り当て，混色して画像を表現している。このような方法を**フォールスカラー**（false color）という。

5.2 平滑化

画像に乗ったランダムなノイズを除去したり，画素ごとの濃度値の細かい変動を少なくし，見やすい画像を得るために，滑らかな画像にする処理を**平滑化**（smoothing）という。平滑化の方法には，ローパスフィルタや移動平均フィルタ，加重平均フィルタのように，すべての濃度値の変動を一様に平滑化するものと，メディアンフィルタやエッジ保存フィルタのようにエッジや線などの大きな濃淡変化（高周波成分）を保存しながら微小変動のみを平滑化するものがある。

5.2.1 線形フィルタによる平滑化

［1］ 移動平均フィルタ

ある画素を中心とした近傍領域内の濃度値の平均を出力する処理をすべての画素について行えば，濃度値の変化が滑らかになり平滑化の効果がある。例えば，4章の図4.21(a)のような3×3のオペレータを用いて演算を行えば，注目画素の周囲3×3の領域の濃淡値の平均値が計算され，平滑化が行われる。

［2］ 加重平均フィルタ

移動平均フィルタでは，オペレータの重み係数がすべて等しかったが，平滑化による画像のぼけを少しでも防ぐために，注目画素近傍の重みを大きくした加重平均フィルタもよく用いられる。**図5.5**に3種類の代表的な加重平均フィルタの例を示す。なおオペレータの大きさは3×3に限らず，用途に応じて各種の大きさのものが使われる。

1/10	1/10	1/10
1/10	2/10	1/10
1/10	1/10	1/10

1/16	2/16	1/16
2/16	4/16	2/16
1/16	2/16	1/16

0	1/5	0
1/5	1/5	1/5
0	1/5	0

図5.5　加重平均フィルタの例

［3］ ガウシアンフィルタ

加重平均フィルタの考え方と同様に，注目画素に近いほどオペレータの重み係数が大きくなり，遠くなるほど重みが小さくなるよう式（5.1）の正規分布型の重み係数を用いた**ガウシアンフィルタ**（Gaussian filter）も，よく用いられる。

$$f(x,y) = \frac{1}{2\pi\sigma^2}\exp\left(-\frac{x^2+y^2}{2\sigma^2}\right) \tag{5.1}$$

上式で，σの値が大きいほど平滑化の効果が大きくなる。**図5.6**に代表的なガウシアンフィルタの例を示す。

$\frac{1}{16}$	$\frac{2}{16}$	$\frac{1}{16}$
$\frac{2}{16}$	$\frac{4}{16}$	$\frac{2}{16}$
$\frac{1}{16}$	$\frac{2}{16}$	$\frac{1}{16}$

（a） 3×3のガウシアンフィルタ

$\frac{1}{256}$	$\frac{4}{256}$	$\frac{6}{256}$	$\frac{4}{256}$	$\frac{1}{256}$
$\frac{4}{256}$	$\frac{16}{256}$	$\frac{24}{256}$	$\frac{16}{256}$	$\frac{4}{256}$
$\frac{6}{256}$	$\frac{24}{256}$	$\frac{36}{256}$	$\frac{24}{256}$	$\frac{6}{256}$
$\frac{4}{256}$	$\frac{16}{256}$	$\frac{24}{256}$	$\frac{16}{256}$	$\frac{4}{256}$
$\frac{1}{256}$	$\frac{4}{256}$	$\frac{6}{256}$	$\frac{4}{256}$	$\frac{1}{256}$

（b） 5×5のガウシアンフィルタ

図5.6　ガウシアンフィルタの例

5.2.2　エッジを保存した平滑化

移動平均や加重平均フィルタは一種のローパスフィルタであるため，高周波成分の情報が失われエッジが鈍るなどの問題がある。つぎに述べるメディアンフィルタやバイラテラルフィルタは，上記のような問題が生じにくいためよく用いられる。

［1］ メディアンフィルタ

$n \times n$ の局所領域における濃度値を小さい順に並べ，真ん中の濃度値を領域中央の画素の出力濃度とするフィルタを**メディアンフィルタ**（median filtering）または**中央値フィルタ**という。**図 5.7** に 3×3 の場合における処理の例を示す。この場合，3×3 の領域にある 9 個の画素の濃度値を小さい順に並べたときの 5 番目（中央値）の値を出力とする。そして，この処理を移動しながら全画素にわたって行えばメディアンフィルタによる出力結果が得られる。

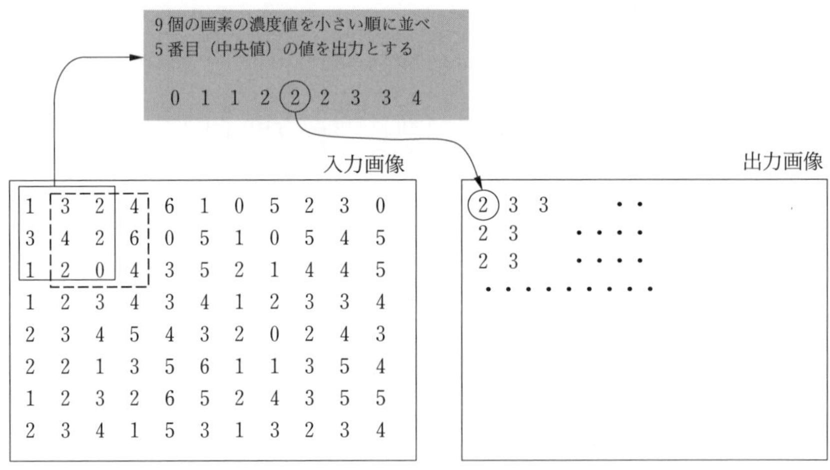

図 5.7　3×3 のメディアンフィルタの処理例

図 5.8 に，ごま塩ノイズを含む画像（同図(a)）に対する，加重平均フィルタによる処理例（同図(b)）とメディアンフィルタによる処理例（同図(c)）との比較結果を示す。図より，ごま塩ノイズのようなスパイク状のノイズは加重平均フィルタでは取り除くことは難しいが，メディアンフィルタでは良好に除去できることがわかる。ただし，メディアンフィルタはデータの並べ替え（ソーティング）の処理に時間がかかるため，線形平滑化フィルタに比べて一般に計算時間は長くなる。

［2］ バイラテラルフィルタ

バイラテラルフィルタ（bilateral filter）は，ガウシアンフィルタで輪郭がぼけるという欠点を改良したものである。ガウシアンフィルタは，注目画素からの距離に応じてガウス分布による重みを付けて平均化を行うフィルタであったが，バイラテラルフィルタではそれに加えて，注目画素との濃度値の差が大きいほどガウス分布の重みが小さくなるように平均化を行う。これは，エッジを除いた部分をガウシアンフィルタで平滑化することに相当する。

（a） ごま塩ノイズを含む画像

（b） 加重平均フィルタによる結果

（c） メディアンフィルタによる結果

図 5.8 フィルタによるノイズ除去

5.3 鮮　　鋭　　化

画像の濃度値が本来は急変しているべき輪郭の部分などで濃度値の変化がゆるやかになっている場合，図形の輪郭がぼやけた画像となる。このような画像に対しては，濃度値の変化を強調することで鮮明な画像が得られる。この処理を画像の**鮮鋭化**（sharpening）（または**鮮明化**）という。鮮鋭化の手法の一つに，原画像の 2 次微分である**ラプラシアンフィルタ**（Laplacian filter）による結果を原画像から差し引く方法がある。**図 5.9** にその原理を示す。同図（a）は，エッジ（急激な濃度値の変化）を持つ原画像に対して x 軸方向の濃度値の変化を取り出したグラフである。同図（a）に対して 1 次微分を行って，濃度変化の傾きを求めたものが同図（b）である。さらにそれをもう一度微分し，2 次微分を求めると同図（c）となる。そして原画像からこの結果を差し引けば，同図（d）のように得られる。図より，原画像にはないくぼみ（**アンダーシュート**）とこぶ（**オーバーシュート**）が生じており，また，エッジの傾斜も大きくなっている。これにより，エッジ部分の濃度値の変化が強調され，鮮明な画像となる。

以下にその具体的な計算法について述べる。ディジタル画像においては，微分は**差分**により代用される。いま，x 方向および y 方向の 1 次微分をそれぞれ $f_x(i,j)$，$f_y(i,j)$ とすると次式のように計算される（**図 5.10**（a），（b））。

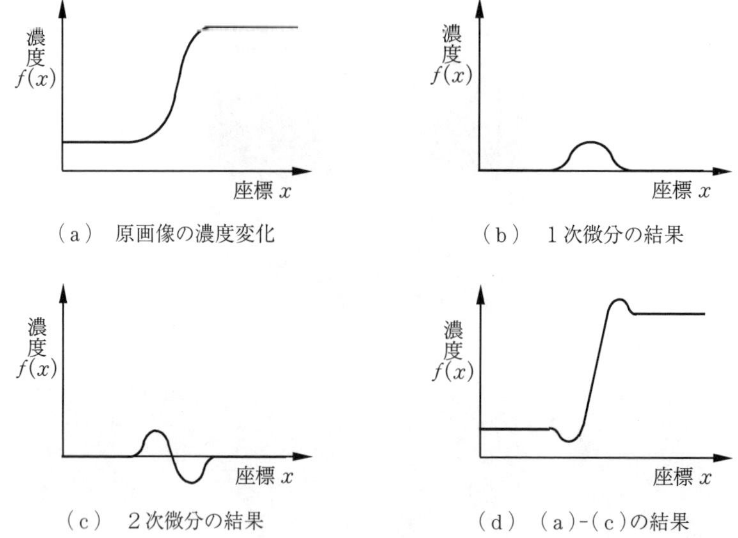

図 5.9　2次微分を用いた鮮鋭化

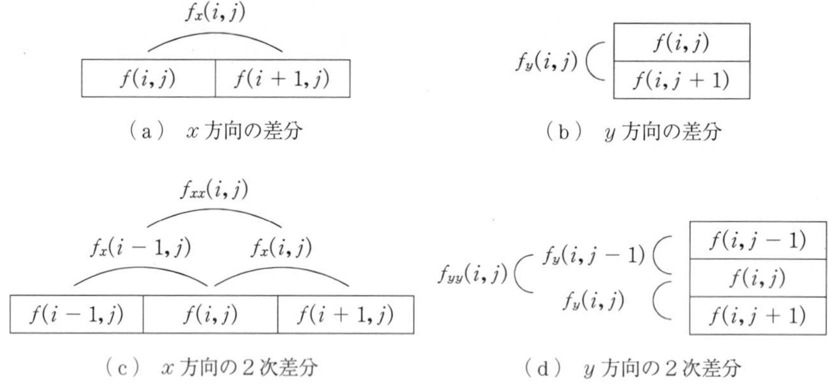

図 5.10　画素の1次微分と2次微分

$$f_x(i,j) = f(i+1,j) - f(i,j) \tag{5.2}$$

$$f_y(i,j) = f(i,j+1) - f(i,j) \tag{5.3}$$

2次微分 $f_{xx}(i,j)$，$f_{yy}(i,j)$ については図5.10（b）のように，もう一度差分をとれば次式のように求まる。

$$\begin{aligned} f_{xx}(i,j) &= \{f(i+1,j) - f(i,j)\} - \{f(i,j) - f(i-1,j)\} \\ &= f(i-1,j) - 2f(i,j) + f(i+1,j) \end{aligned} \tag{5.4}$$

$$\begin{aligned} f_{yy}(i,j) &= \{f(i,j+1) - f(i,j)\} - \{f(i+j) - f(i,j-1)\} \\ &= f(i,j-1) - 2f(i,j) + f(i,j+1) \end{aligned} \tag{5.5}$$

ここで，ラプラシアン $\nabla^2 f(i,j)$ は，以下のように定義される。

$$\nabla^2 f(i,j) = f_{xx}(i,j) + f_{yy}(i,j) = f(i,j-1) + f(i-1,j) - 4f(i,j) + f(i+1,j) + f(i,j+1) \tag{5.6}$$

したがって，原画像 $f(i,j)$からラプラシアン $\nabla^2 f(i,j)$を差し引けば，鮮鋭化された画像 $g(i,j)$が得られる。

$$g(i,j) = f(i,j) - \nabla^2 f(i,j) = -f(i,j-1) - f(i-1,j) + 5f(i,j) - f(i+1,j) - f(i,j+1) \tag{5.7}$$

上式の重み係数に注目すれば，本フィルタのオペレータは**図 5.11**(a)のように得られる。同図は隣接する上下左右の4画素についての2次微分を用いた場合のオペレータ（4近傍鮮鋭化フィルタ）であるが，斜め方向に隣接する画素を含めた8画素における鮮鋭化フィルタ（8近傍鮮鋭化フィルタ）は同図(b)のようになる。

0	−1	0
−1	5	−1
0	−1	0

(a)　4近傍鮮鋭化フィルタ

−1	−1	−1
−1	9	−1
−1	−1	−1

(b)　8近傍鮮鋭化フィルタ

図 5.11　鮮鋭化フィルタのオペレータ

図 5.12(a)の画像に対して8近傍鮮鋭化フィルタにより鮮鋭化を行った例を同図(b)に示す。これは写真分野で従来から使われていた**アンシャープマスキング**（unsharp masking）と同様な処理といえる。なお上記の手法以外に画像をFFTにより変換し，周波数領域で高周波成分を強調し，IFFTにより空間領域に戻すことで鮮鋭化を行う方法もある。

(a)　原画像

(b)　鮮鋭化フィルタによる処理画像（8近傍鮮鋭化フィルタ）

図 5.12　画像の鮮鋭化の例

コラム 8：画 像 超 解 像

動画や静止画の解像度を上げる画像処理技術を**画像超解像**（super-resolution）という。画像超解像を用いることで解像度の低いビデオソフトを大画面テレビなどできれいに表示できる。また，天体観測や衛星写真，顕微鏡写真などの解析などにも応用されている。

画像超解像では画素数を増やすとともに高周波成分を復元する必要がある。その代表的な手法に，画像データベースや学習により復元を行う事例ベースによる方法や，複数枚の低解像の画像から高解像度の画像を推定する複数フレームによる方法がある。

事例ベースによる方法では，高解像度画像と低解像度画像の対応関係を事前に学習（深層学習が使われる場合もある）しておき，その対応関係に基づき高解像度画像を復元する。この方法は1枚の画像からでも復元が可能であるが，事前に大量のパターンをデータベースとして蓄積する必要がある。一方，複数フレームによる方法では，1枚では得られない情報が他のフレームに存在している可能性が高いことを利用し，それらの情報を寄せ集めることで画像の情報量を増やし高解像度画像を復元する。この方法は，結果画像の破綻が少なく解像度の向上を行いやすいという特長があり，大画面テレビなどで使われている。

5.4 エッジ・線の検出

画像中に表示された物体の輪郭（**エッジ**（edge））や線では，一般に濃淡が急激に変化しており，これらは画像中の物体のなんらかの構造を反映していることが多い。このようなエッジや線の検出処理は，画像理解や認識のための前処理として重要である。

5.4.1 差分型によるエッジ検出

［1］ 差　　分

エッジ部分においては，一般に濃度が急激に変化しているため，5.3節でも述べた差分によりエッジを検出できる。すなわち，図5.9(a)に示すような濃度値の変化を持つ画像に対して1次微分を行えば，エッジ部分は同図(b)のように取り出される。x方向およびy方向の1次微分$f_x(i,j)$，$f_y(i,j)$はそれぞれ式（5.2），（5.3）により計算される。これらの重み係数を取り出せば，オペレータは**図5.13**(a)，(b)のようになる。このとき，微分の強度（すなわちエッジの強度）は次式で定義される。

$$|\nabla f(i,j)|=\sqrt{f_x^{\,2}(i,j)+f_y^{\,2}(i,j)} \tag{5.8}$$

−1	1

（a） x 方向の差分

−1
1

（b） y 方向の差分

図 5.13 差分によるエッジ検出オペレータ

また，濃淡の変化が最大となる向きは次式で求まる。

$$\theta=\tan^{-1}\frac{f_y}{f_x} \tag{5.9}$$

なお，式（5.8）は計算に時間がかかるため，高速化のためつぎの式（5.10）あるいは式（5.11）で代用されることもある。

$$|\nabla f(i,j)|\approx|f_x(i,j)|+|f_y(i,j)| \tag{5.10}$$

$$|\nabla f(i,j)|\approx\max(|f_x(i,j)|,\ |f_y(i,j)|) \tag{5.11}$$

ただし，$\max(A,\ B)$ は，A および B のうち大きい方の値をとるものとする。なお，式（5.8），（5.10），（5.11）は非線形フィルタであり，オペレータの形で表すことはできない。

［2］ Roberts

上記では水平および垂直方向の差分を求めたが，同様にして斜め方向の差分オペレータも**図 5.14**（a），（b）のように考えられ，これを**Roberts のエッジ検出オペレータ**という。この場合，式（5.8）に相当する微分の大きさは次式となる。

$$g(i,j)=\sqrt{\{f(i,j)-f(i+1,j+1)\}^2+\{f(i+1,j)-f(i,j+1)\}^2} \tag{5.12}$$

0	1
−1	0

（a） 右上-左下方向の差分

1	0
0	−1

（b） 左上-右下方向の差分

図 5.14 Roberts のエッジ検出オペレータ

また，式（5.10），（5.11）と同様にその簡易的な計算法として，次式も用いられる。

$$g(i,j)\approx|f(i,j)-f(i+1,j+1)|+|f(i+1,j)-f(i,j+1)| \tag{5.13}$$

$$g(i,j)\approx\max(|f(i,j)-f(i+1,j+1)|,\ |f(i+1,j)-f(i,j+1)|) \tag{5.14}$$

［3］ Prewitt / Sobel

以上のように隣り合う画素同士の微分を行う場合，その差分値は実際には二つの画素の中間の位置（例えば $f_x(i,j)$ の場合，実際は $f_x(i+0.5,j)$）における差分値を求めていることになる。そこで**図 5.15** に示すような 3×3 のフィルタを用いて，注目画素の両側の濃度値の差分を行うようにすれば，差分値の位置は注目画素の位置と一致する。この方法は離れた画素間の差分を求めることになるため，ノイズの影響が小さくなるという利点もある。上記に対して差分をとる画素を増やし，さらに平滑化の効果を高めたフィルタとして，**図 5.16** に示す **Prewitt のエッジ検出オペレータ**や**図 5.17** に示す **Sobel のエッジ検出オペレータ**が提案されている。それぞれのフィルタにおいて微分の大きさおよびその簡易的な計算法は，式（5.8），（5.10），（5.11）と同様な方法で求めることができる。

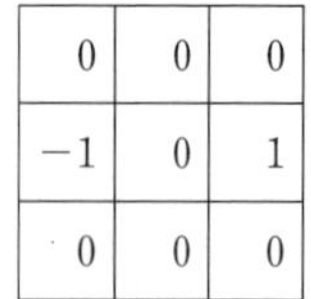

0	0	0
−1	0	1
0	0	0

（a）x 方向の差分

0	−1	0
0	0	0
0	1	0

（b）y 方向の差分

図 5.15　3×3 の差分によるオペレータ

−1	0	1
−1	0	1
−1	0	1

（a）x 方向の差分

−1	−1	−1
0	0	0
1	1	1

（b）y 方向の差分

図 5.16　Prewitt のエッジ検出オペレータ

−1	0	1
−2	0	2
−1	0	1

（a）x 方向の差分

−1	−2	−1
0	0	0
1	2	1

（b）y 方向の差分

図 5.17　Sobel のエッジ検出オペレータ

図 5.18(a)の原画像に対して，上記のそれぞれのエッジ検出オペレータによる処理を行った例（ただしエッジの強度）を同図(b)～(e)に示す。なお，1 方向のオペレータ出力（例えば図 5.14(b)の Roberts オペレータ）による処理結果の濃度値に適当な定数を加えると，図 5.18(f)のように斜めから光をあてたような効果（浮き彫り効果）が得られる。これは**エンボス**（emboss）**効果**と呼ばれ，フォトレタッチ等のグラフィックソフトでよく用いられる。

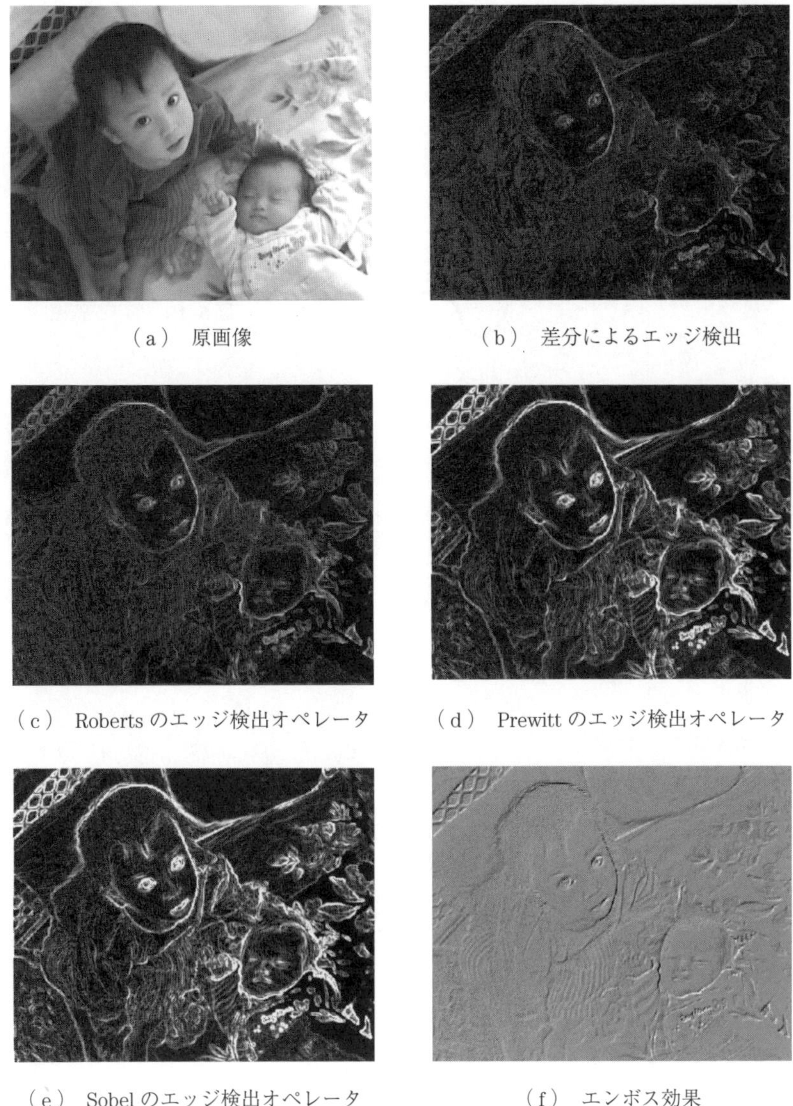

（a） 原画像　（b） 差分によるエッジ検出

（c） Roberts のエッジ検出オペレータ　（d） Prewitt のエッジ検出オペレータ

（e） Sobel のエッジ検出オペレータ　（f） エンボス効果

図 5.18　各種フィルタによる処理例

5.4.2　零交差法によるエッジ検出

5.3 節の強調処理で述べた式（5.6）の 2 次微分（ラプラシアン）を用いてエッジを検出する方法もよく用いられる。エッジ部分における 2 次微分の結果を表した図 5.9(c)を**図 5.19** に再度示す。2 次微分を行うと，図のようにエッジの下端と上端でそれぞれ正と負のピークを生じる。この性質を利用して，正から負へとピークが変化する途中で出力レベルが 0 となる位置をエッジの中央位置として検出できる。これを**零交差**（zero-crossing）**法**という。なお，上記の処理でノイズを低減するために，ガウシアンフィルタ（5.2.1 項[3]）で平滑化した後，ラプラシアンフィルタを適用する **LoG**(Laplacian of Gaussian）フィルタが使われることも多い。

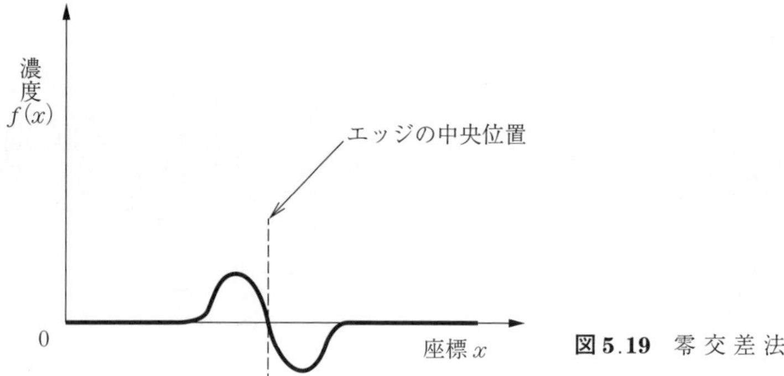

図 5.19 零 交 差 法

5.4.3 レンジフィルタ

レンジフィルタ（range filter）は注目画素の近傍において，濃度値の最大値と最小値の差を出力とする非線形フィルタであり次式のように計算される。濃度値が変化している部分で値が大きくなるため，線や縁が強調される。

$$g(i,j) = \max\{f(i+m, j+n) | -1 \leq m, n \leq 1\} - \min\{f(i+m, j+n) | -1 \leq m, n \leq 1\} \tag{5.15}$$

5.4.4 Canny エッジ検出器

誤検出が少なく連続したエッジが得られるエッジ検出法に **Canny エッジ検出器**（Canny edge detector）がある。本手法では，まずガウシアンフィルタで画像を平滑化した後，x，y 方向について微分を計算し，式（5.8），（5.9）により勾配の大きさと方向の計算する。ここで，式（5.8）により得られた濃淡の変化（勾配の大きさ）を式（5.9）で得られた勾配の方向（エッジの法線方向）に沿って調べ，勾配が極大となる位置をエッジの候補とする（これは零交差法と同様の処理といえる）。そして，途切れた輪郭をつなげ，誤検出した輪郭を削除するなどの処理を行い最終的なエッジを求める。

5.5 画像表示のための処理

画像機器の制限により表示できる色や濃度値に制約がある場合，ソフトウェア的に工夫することで，画像品質を改善する手法がある。以下では，表示できる色に制限がある場合における限定色表示と濃度値に制限がある場合における疑似濃淡表示について述べる。

5.5.1 限 定 色 表 示

画像表示のためのメモリ容量などの制約で，表示できる色数や濃度値に制限がある場合，2.5.2 項で述べたインデックス方式による画像表現が用いられることが多い。この場合，限られた色で高品質な画像を表現するためのカラーテーブルの選び方が重要となる。以下では，代表的なカラーテーブルの選定法について述べる。

［1］ 均等量子化法

入力画像の色空間を N 個の代表色数に均等分割し，各領域の中央値などを代表色とする方法。アルゴリズムは単純である反面，色の頻度分布を考慮しないため，入力画像の色分布により色の再現性が左右される。

［2］ 頻 度 法

出現頻度の最も高い色から順次代表色として選定していく方法。アルゴリズムは単純であるが，比較的色再現性が良い。しかし出現頻度の低い色は無視されることや，色の分布領域が広くかつ代表色数が少ない場合は，あまりうまく機能しない場合もある。

［3］ メディアンカット量子化法

画像の色分布から代表色を選定する方法。例えば，**図 5.20**(a)に示すヒストグラムを持つモノクロ 256 階調の画像を 4 階調に変換する場合，まず同図(b)のように画素の存在しない両側の領域をカットし，つぎに残った領域での中央値（median）を求め，同図(c)のように二つの領域に分ける（このとき二つの領域の画素数は等しくなる)。同様に各領域について中央値を求めて同図(d)のように二つの領域に分割する。最後に，得られた各領域の中央値を代表色とする。カラー画像においても基本的に同様な考え方で量子化が行われる。

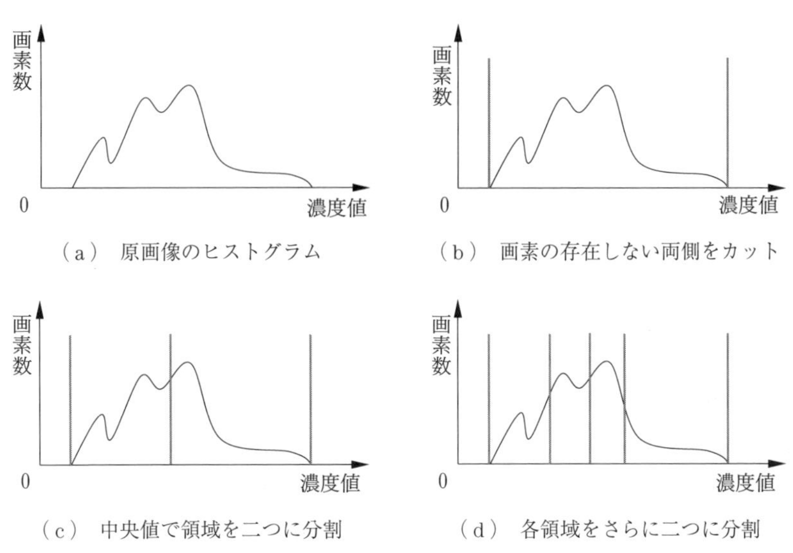

(a) 原画像のヒストグラム　(b) 画素の存在しない両側をカット

(c) 中央値で領域を二つに分割　(d) 各領域をさらに二つに分割

図 5.20 メディアンカット量子化法

5.5.2 疑似濃淡表示

コピー機などで写真などの濃淡画像を複写すると，絵がつぶれて見づらい画像となることがある。これは，コピー機が基本的に白と黒の 2 値の濃度値しか表現できないことに起因する。このような階調数が少ない表示装置で，高い濃淡画像の表示をするために，いくつかの方法が考えられている。

[1] 濃度パターン法

入力濃淡画像の1画素の濃度値に合わせて，出力側のサブマトリックスと呼ばれる$N \times N$画素内の白と黒の画素数を増減させることで濃淡を再現することができる。この方法を**濃度パターン法**という。2×2のサブマトリックスを用いた例では，**図5.21**に示すように5段階の階調再現ができる。サブマトリックスの大きさが大きいほど濃度値を大きくとることができるが，出力画像の大きさが入力画像の$N \times N$倍に拡大されるという欠点がある。

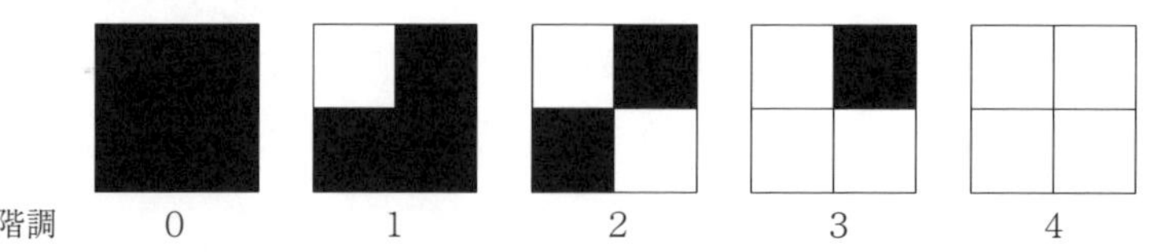

図5.21　濃度パターン法におけるパターンの例（5階調の場合）

[2] ディザ法

ディザ（dither）**法**は，2値化におけるしきい値（6.1節参照）を画素ごとに変化させ，擬似的に濃淡画像を再現する方法である。レーザプリンタで濃淡画像を表現する場合や新聞の写真，カラープリンタ等でも使用されている。しきい値の決め方により以下のような方法がある。

（a） ランダムディザ法　ランダムディザ法では，入力画像の各画素に対するしきい値を，乱数を発生させて与える。画素の階調値がしきい値より高い場合は1，低い場合は0として2値化する。しきい値の値として等確率で発生するさまざまな値が使用されるため，濃度値の高い（低い）ものは高い確率で1（0）となり，中間レベルの濃度値のものは同じくらいの確率で0または1となるため全体として濃淡画像を再現できる。この方法では，出力画像はしきい値に用いた乱数の影響で，雑音が入ったざらついた画像となるという欠点がある。**図5.22**(a)にこの方法による出力画像の例を示す。

（a） ランダムディザ法による画像

（b） 組織的ディザ法による画像（4×4のBayer型ディザマトリックスを使用）

図5.22　ディザ法による濃淡画像の2値化

（b） 組織的ディザ法 組織的ディザ法では，$N\times N$ 個のしきい値からなるディザマトリックスと呼ばれるサブマトリックスを入力画像に重ね合わせ，各マトリックスのしきい値に基づいて2値化を行う。画素単位では濃淡の表現はできないが，画像全体としては $N\times N$ 個のしきい値が均等に利用されるため濃淡が再現できる。**図 5.23** に 2×2 のディザマトリックスを用いた場合の処理手順を示す。図のように，ディザマトリックスのしきい値との比較により2値化を行い，順次ディザマトリックスの位置をずらして処理を行っていく。ディザマトリックスのしきい値は任意に設定可能であるが，4×4 画素における代表的なディザマトリックスを**図 5.24** に示す。また図 5.22（b）に，4×4 の Bayer 型ディザマトリックスを用いて2値化した例を示す。

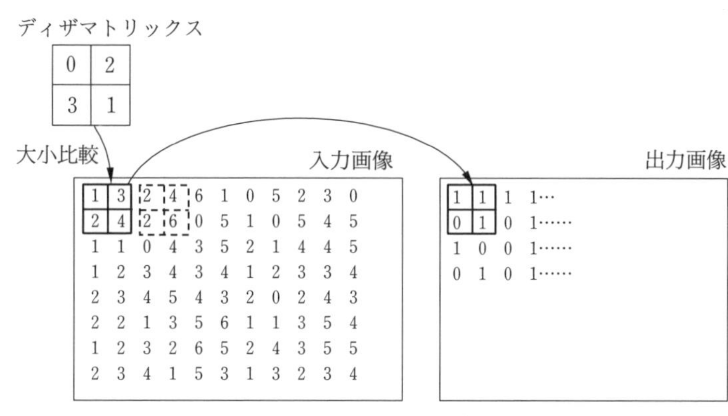

図 5.23 組織的ディザ法の処理手順

0	8	2	10
12	4	14	6
3	11	1	9
15	7	13	5

（a） Bayer 型

6	7	8	9
5	0	1	10
4	3	2	11
15	14	13	12

（b） 渦巻型

11	4	6	9
12	0	2	14
7	8	10	5
3	15	13	1

（c） 網点型

図 5.24 4×4 画素における代表的なディザマトリックス

5.6 幾何学的変換

画像の変換には濃淡情報の変換以外に，座標の変換を行う**幾何学的変換**（geometric transformation）がある。幾何学的変換には画像の拡大・縮小，回転や，歪みの補正などの処理がある。

5.6.1 アフィン変換

変換前の画像の座標系を(x, y)，変換後の座標系を(x^*, y^*)とすると，座標変換は

$$x^* = g(x, y) \tag{5.16}$$

$$y^* = h(x, y) \tag{5.17}$$

で表される。特に

$$x^* = ax + by + c \tag{5.18}$$

$$y^* = dx + ey + f \tag{5.19}$$

すなわち

$$\begin{bmatrix} x^* \\ y^* \end{bmatrix} = \begin{bmatrix} a & b \\ d & e \end{bmatrix} \begin{bmatrix} x \\ y \end{bmatrix} + \begin{bmatrix} c \\ f \end{bmatrix} \tag{5.20}$$

と表せるときを，**アフィン変換**（affine transformation）といい，最もよく用いられる。平行移動，回転，拡大縮小等の処理に対応する，a～fの値はそれぞれ**表5.1**のようになる。表中で，平行移動におけるt_x，t_yは，それぞれx軸，y軸方向への移動量を表す。また，拡大・縮小におけるs_x，s_yはそれぞれx軸，y軸方向への拡大（あるいは縮小）率を表す。回転におけるθは座標原点を中心とする回転角を，反転における$2a_x$，$2a_y$は，点(a_x, a_y)に関して反転することを表す。さらにスキュー（skew）は，画像を平行四辺形につぶす処理であり，スキュー角θ_hで水平方向に変形し，スキュー角θ_vで鉛直方向に変形を行う。

表5.1　幾何学的変換のパラメータ

	平行移動	拡大・縮小	回　転	反　転	スキュー
a	1	s_x	$\cos\theta$	-1	1
b	0	0	$\sin\theta$	0	$\tan\theta_h$
c	t_x	0	0	$2a_x$	0
d	0	0	$-\sin\theta$	0	$\tan\theta_v$
e	1	s_y	$\cos\theta$	-1	1
f	t_y	0	0	$2a_y$	0

アフィン変換の式（5.20）は，次式のように3×3行列を用いて表すこともできる。

$$\begin{bmatrix} x^* \\ y^* \\ 1 \end{bmatrix} = \begin{bmatrix} a & b & c \\ d & e & f \\ 0 & 0 & 1 \end{bmatrix} \begin{bmatrix} x \\ y \\ 1 \end{bmatrix} \tag{5.21}$$

上記の表記法を**同次座標**（homogeneous coordinate）と呼び，表5.1の変換を組み合わせて行う場合は，単純に上記マトリックスを掛け合わせて演算すればよい。

5.6.2 疑似アフィン変換

アフィン変換以外の幾何学的変換法として，次式のような変換がある。式中にxyの項が入っており，**疑似アフィン変換**（pseudo affine transformation）あるいは**共一次変換**とも呼ば

れる。この変換により，xy 平面上の座標軸に平行な直線は uv 平面上の直線に変換され，それ以外の直線は uv 平面上の 2 次曲線に変換される。

$$u=axy+bx+cy+d \tag{5.22}$$

$$v=exy+fx+gy+h \tag{5.23}$$

5.6.3　画像の再配列と補間

アフィン変換等の幾何学的変換により出力画像を求めるには，画素の位置を格子状配列に配列し直す**再配列**（resampling）（もしくは**再標本化**）が必要となる。例えば画像を 2 倍に拡大する処理では，**図 5.25**（a）のように画素の座標が変換される。このとき，変換後の画素の間にすき間があくという問題が生じる。これを避けるためには，同図（b）のように出力画像の各画素に対応する入力画像の座標値を逆変換により求め，そこから画素を持ってくるようにすればよい。このとき，逆変換により計算された入力画像の座標は必ずしも整数値とはならない（格子状配列の画素の座標は整数値をとる）ため，求めたい点の濃度値をその周辺の画素の濃度値から**補間**（interpolation）して近似的に求める必要がある。以下では，その代表的な手法について述べる。

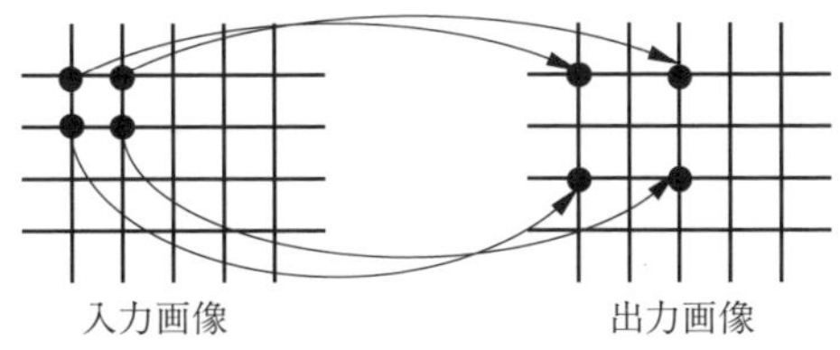

（a）順変換による画素の再配列

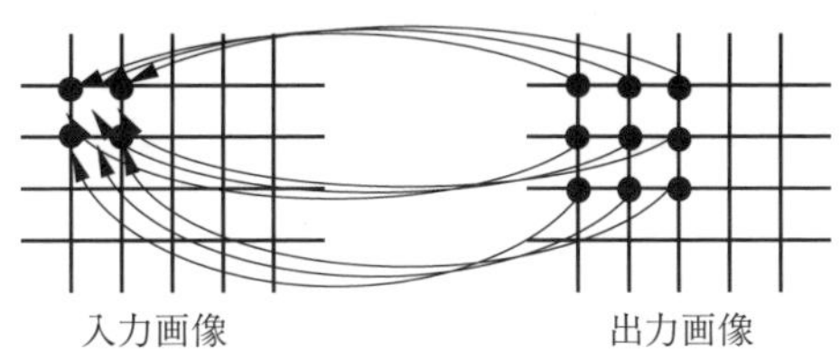

（b）逆変換による画素の再配列

図 5.25　再　配　列

［1］ 最近隣補間法（nearest neighbor interpolation）

図 5.26（a）のように，補間したい点 $f(u,v)$ に最も近い格子点の画素値を求める点の画素値とする。処理アルゴリズムが簡単であり，オリジナルの画素値のデータが破壊されないという利点がある。ただし位置誤差が最大 1/2 画素生じ，変換後の画像の境界線等に細かいギザギザが生じることがある。

［2］ バイリニア補間法（bi-linear interpolation）

図 5.26（b）のように，周囲の 4 画素の濃度値を $f(u,v)$ からの距離の比率により線形補間し

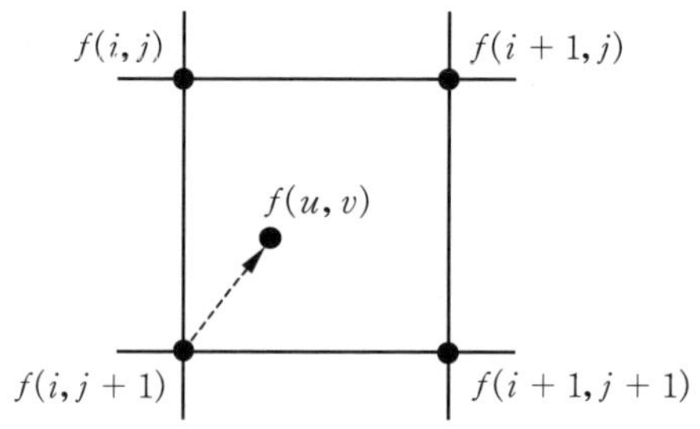

（a）最近隣内挿法

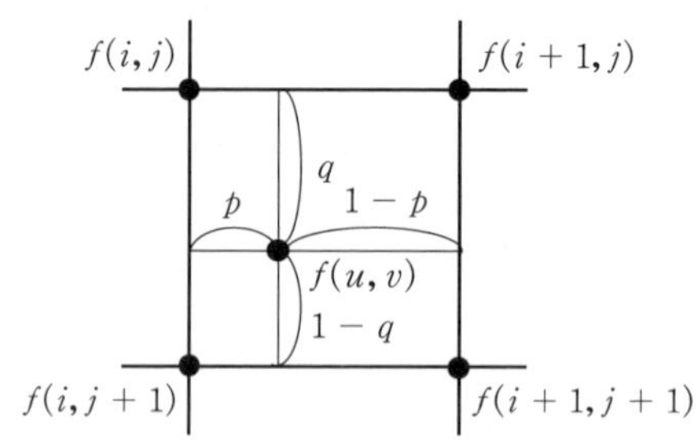

（b）共一次内挿法

図 5.26　内　挿　法

て濃度値を求める。i，j を u，v の値を超えない最大の整数とし，$p=u-i$，$q=v-j$ とすれば次式により濃度値が求められる。

$$f(u,v) = [1-q \quad q]\begin{bmatrix} f_{i,j} & f_{i+1,j} \\ f_{i,j+1} & f_{i+1,j+1} \end{bmatrix}\begin{bmatrix} 1-p \\ p \end{bmatrix} \tag{5.24}$$

この方法では変換後の画像に平滑化の効果があるが，画像がぼやけた感じになることがある。

なお，上記以外の補間法として，近傍の 9 点や 16 点を用いて行う高次の補間法（**バイキュービック補間法**（bi-cubic interpolation）など）もある。高次の補間法を用いれば，より精度の高い補間が可能となるが，計算アルゴリズムが複雑となり処理には時間がかかる。

5.6.4　圧縮された画像データからの拡大・縮小

上記では原画像が直接与えられた状態から，そのサイズを変換する方法を述べたが，ここではJPEG圧縮などにより圧縮されたデータから直接画像のサイズを変換する方法について述べる。画像の圧縮処理では，4.4 節で述べたようにDCT符号化が用いられることが多い。いま，ある画像のDCT係数が**図 5.27**（a）のように 8×8 であったとき，画像のサイズを原画像の縦横 1/2 のサイズに縮小したい場合は，同図（b）のように高周波領域のデータを捨て，4×4 のデータを用いてIDCTを実行すれば画像のサイズは縦横 1/2 となる。このとき，高周波成分がカットされることでエリアシングの発生を抑える効果も得られる。ただし，この場合輝度値が

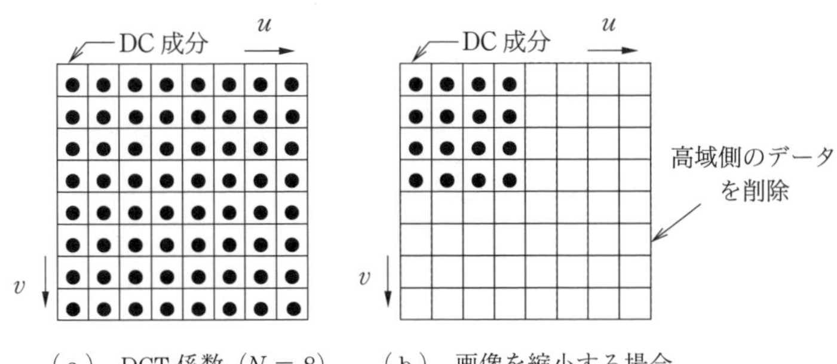

（a） DCT 係数（$N = 8$）　（b） 画像を縮小する場合

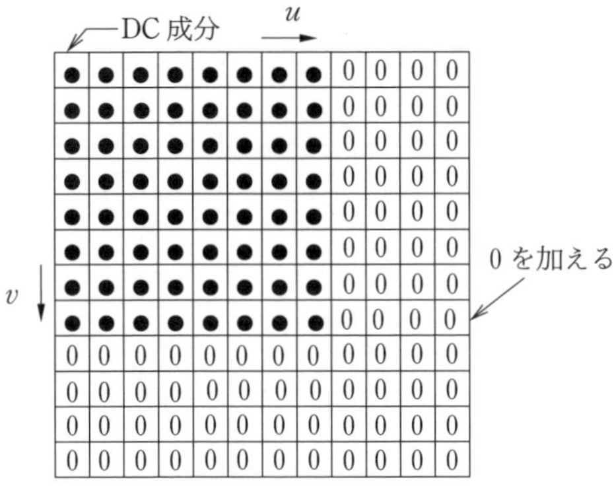

（c） 画像を拡大する場合

図 5.27 DCT 符号化された画像データからの拡大・縮小

原画像の 2 倍となるため，各画素値について輝度値を 1/2 倍とする必要がある。逆に画像を縦横 1.5 倍に拡大したい場合は，同図(c)のように DCT 係数にゼロの値を付加してデータサイズを 12×12 となるようにして IDCT を行えば，画像は拡大される。この場合は輝度値が原画像の 2/3 となるため，各画素値について輝度値を 1.5 倍にする必要がある。このように DCT 係数が $N \times N$ の場合，そのサイズを上記のように $P \times P$ にして IDCT を行えば，P/N 倍の拡大または縮小画像が得られる。ただし，このとき各画素の濃度値を P/N 倍する必要がある。

演　習　問　題

【1】 ヒストグラムを求めるためのプログラムの手順を考えよ。

【2】 斜め方向に隣接する画素を含めた鮮鋭化オペレータが図 5.11(b)となることを導け。

【3】 Sobel のエッジ検出オペレータにおいて，微分の大きさおよびその簡易的な計算法を求めよ。

【4】 ある画像上の点（x，y）の位置をアフィン変換により，$t_x=2$，$t_y=3$ だけ平行移動した後，原点周りに 30° 回転させたときの位置を求めよ。

6. 2値画像処理

2値画像は，画素当り 1 bit すなわち 0 と 1（黒と白）の情報を持つ単純な画像である。文字や CAD 図面などは通常は 2 値画像である。また，画像の認識処理を行う場合，いったん濃淡画像を 2 値画像に変換してから処理を行う場合もある。これは，2 値画像は濃淡画像に比べ情報量が少なく高速処理が可能であることや，処理に関する理論面での体系化が進んでいることなどの理由による。

6.1 2 値 化 処 理

濃淡画像を 2 値化する場合，それぞれの画素について適当に決めた濃度値の基準より明るいか暗いかで画素値を白(1)あるいは黒(0)にする必要がある。この濃度値の基準値を**しきい値**（threshold value）という。また，しきい値を決定する処理を**しきい値処理**（thresholding）といい，以下のような方法がある。

［1］ モ ー ド 法

モード法（mode method）は，**図 6.1**(a)のようにヒストグラムが谷を持っている（文書や図面画像のように対象物と背景との二つの成分から成り立っているような場合はこのような特性を持つことが多い）場合に，その谷の濃度値をしきい値とする方法である。図のように明確な谷ができる場合は良いが，ノイズの多い画像や，自然画像などのようにヒストグラムに谷が生じないような画像に対しては適用が難しい。

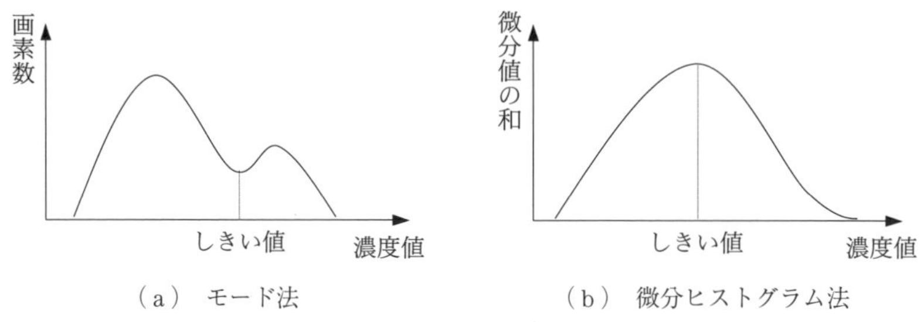

（a） モード法　（b） 微分ヒストグラム法

図 6.1 2 値化処理

［2］ P-タイル法

P-タイル法（p-tile method）では，画像の中から切り出したい対象物の面積を S_0，画像全体の面積を S とし，その比率を $p=S_0/S$ とする。そして，濃度ヒストグラムの濃度の低い方

（あるいは高い方）からの画素数と，画像全体の画素数の割合が p となる濃度値をしきい値とする。この手法は，切り出すべき図形の面積がある程度わかっている場合によく用いられる。

［3］ 微分ヒストグラム法

微分ヒストグラム法は，濃度値の変化の大きいところが対象図形の輪郭である可能性が強いことを利用する方法である。微分ヒストグラム（図 6.1(b)のように，横軸を画素の濃度値，縦軸をその濃度値を持つすべての画素における微分値の和としたグラフ）の値が最大値となる濃度値が濃度の変化率が最も高い濃度値であるから，これをしきい値とする。この手法は境界付近の濃度値が一定範囲に収まっている画像に対して有効である。

［4］ 判別分析法

判別分析法（discriminant analysis method）は，統計的処理により，しきい値を決定する方法である（**大津の 2 値化**とも呼ばれる）。しきい値 t で画像を二つのクラス（グループ）に分けたとき，分散を用いたクラス同士の分離が最も良くなるように t を決める。ヒストグラムが図 6.1(a)のように明確な谷を持たず，モード法が使えない場合でも比較的良好な 2 値化が可能である。以下に，濃度値が 1～256 の階調を持つ場合を例にその手順を説明する。

まず，しきい値を t とするとき，原画像において濃度値が $0\sim t-1$ の範囲にある画素のグループ（クラス 1）と濃度値が $t\sim 255$ の画素のグループ（クラス 2）に分ける。このとき，クラス 1，2 におけるそれぞれの画素数を n_1，n_2，濃度値の平均を $\bar{f_1}$, $\bar{f_2}$，分散を ${\sigma_1}^2$，${\sigma_2}^2$ とする。分散は濃度分布の「ばらつき」を表現する統計量であり，それぞれ次式により計算される。

$$ {\sigma_1}^2 = \frac{\sum_{f=0}^{t-1} n_f (f-\bar{f_1})^2}{n_1} \tag{6.1} $$

$$ {\sigma_2}^2 = \frac{\sum_{f=t}^{255} n_f (f-\bar{f_2})^2}{n_2} \tag{6.2} $$

ただし，上式中の n_f は濃度 f を持つ画素の数である。このとき，クラス内分散 ${\sigma_W}^2$ およびクラス間分散 ${\sigma_B}^2$ は，次式で与えられる。

$$ {\sigma_W}^2 = \frac{n_1{\sigma_1}^2 + n_2{\sigma_2}^2}{n_1+n_2} \tag{6.3} $$

$$ {\sigma_B}^2 = \frac{n_1(\bar{f_1}-\bar{f_F})^2 + n_2(\bar{f_2}-\bar{f_F})^2}{n_1+n_2} \tag{6.4} $$

ただし，$\bar{f_F}$ は全画素の濃度値の平均である。同じクラス内の濃度分布のばらつき ${\sigma_W}^2$ が小さく，クラス間のばらつき ${\sigma_B}^2$ が大きいほど両者を良好に分離できることから，分散比 ${\sigma_B}^2/{\sigma_W}^2$ が最大となるように t の値を求めることにより最適なしきい値が求まる。

［5］ 可変しきい値法

照明のあたり方などの問題で，画像の平均的な濃度が場所により均一でない場合，画面全体を一定のしきい値で 2 値化しても良好な 2 値画像が得られない場合がある。このような場合，画像中の部分ごとの性質に合わせてしきい値を変える**可変しきい値法**（variable threshold selection method）（あるいは**動的しきい値法**（dynamic thresholding）ともいう）が有効である。この手法では，画像を適当な大きさの小領域に分割し，それぞれの領域ごとに上記で述べたいずれかの2値化手法を用いてしきい値を決定する。

6.2 連結性と幾何学的性質

6.2.1 連 結 と 近 傍

注目する画素同士が幾何学的につながっているか離れているかを判断する基準として，**連結**（connectivity）や**近傍**（neighbour）（あるいは**隣接**（adjacency））という考え方が用いられる。

図6.2(a)に示すように，中央の注目画素に対して上下左右方向の画素を**4近傍**（4-neighbour）という。また，ある画素の4近傍中にほかの同じ色の画素が存在する場合，それらの画素は**4連結**（4-conneted）しているという。一方，同図(b)のように，中央の注目画素の周囲の八つの画素を**8近傍**（8-neighbour）と呼ぶ。また，ある画素の8近傍中にほかの同じ色の画素が存在する場合を**8連結**（8-connected）という（**表6.1**）。たがいに連結している同じ値を持つ画素の集まりを**連結成分**（connected component）という。特に2値画像における連結成分を**図形成分**（figured component）と呼ぶ。図形成分の数は，4連結で見るか8連結で見るかによって異なる場合がある。例えば，**図6.3**に示す2値画像において，連結性を8連結で見ると図形成分は一つであるが，4連結で見ると，三つの図形成分が存在していることになる。

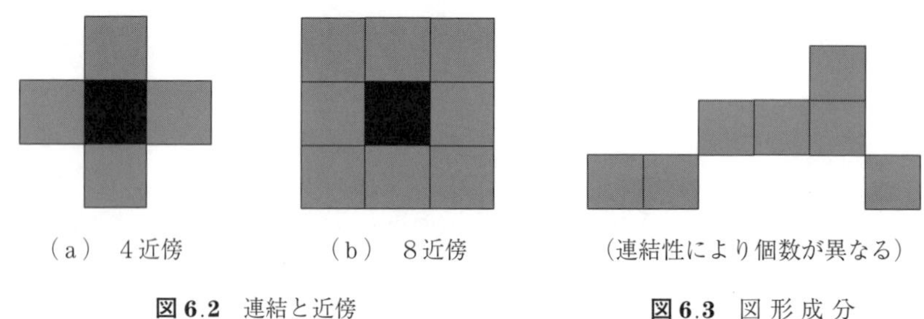

(a)　4近傍　　(b)　8近傍

図6.2　連結と近傍

(連結性により個数が異なる)

図6.3　図 形 成 分

表6.1　近傍と連結

4近傍	注目画素の上下左右方向の画素
4連結	4近傍中に画素が存在する場合
8近傍	注目画素の上下左右斜め方向の画素
8連結	8近傍中に画素が存在する場合

図6.4に示すように，ある連結成分がほかの色の連結成分を内部に含むとき，それを**孔**（hole）という。ただし，この図で図形画素（黒画素）を8連結で考えれば，孔はこの連結成分に取り囲まれているが，背景画素（白画素）も8連結で考えれば孔は外部とつながっていることになり矛盾が生じる。したがって，背景画素については4連結で考える必要がある。この

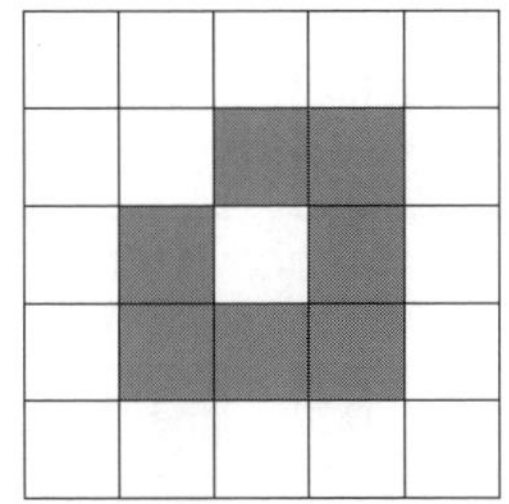

図 6.4 孔

ように，異なる図形画素同士の連結性はたがいに逆のものを用いる必要がある。

6.2.2 幾何学的性質

以下では，2 値画像処理において幾何学的性質を表すために用いられる代表的な用語と，その意味をまとめて示す。

［1］ 単連結成分（simply connected component）

孔を含まない連結成分のことを指す。

［2］ 多重連結成分（multiply connected component）

孔を一つ以上含む連結成分を指す。

［3］ 輪 郭 線

連結成分の画素列のうち，**図 6.5** に示すような境界点の画素を抽出した画素列を**輪郭線**（contour line）あるいは**境界線**（border line）という。

［4］ オイラー数（Euler number）

連結成分の個数から孔の個数を引いた数。粒子画像の解析等で，粒子の数や重なりの度合いを表すときなどに利用される。

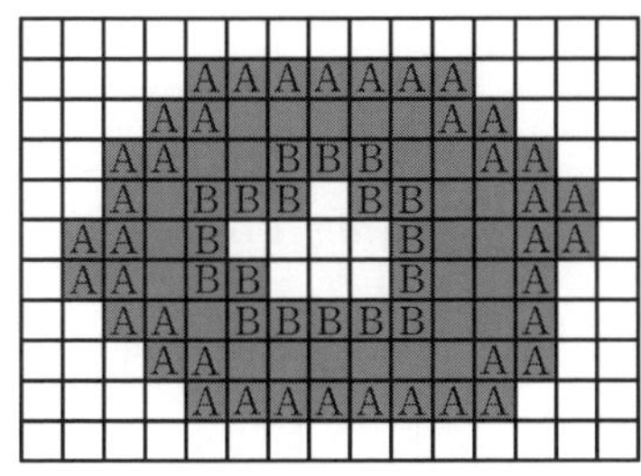

図 6.5 境 界 線

［5］ 消去可能（deletable）

一つの画素を消去したときに，連結成分が分離・結合したり，孔が消滅したり生成したりといった，画像全体の連結性が変化しない場合，この画素は消去可能であるという。

［6］ 連結数（connectivity number）

画素が結合している連結成分の個数を表す数であり，8 連結における連結数の例を**図 6.6** に

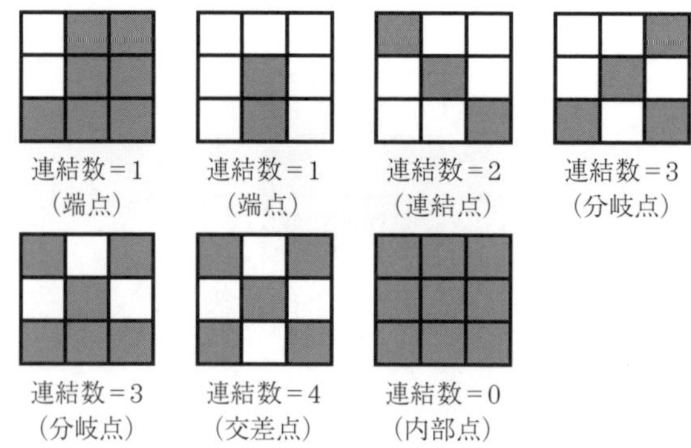

図 6.6　3×3 画素の中央の画素の連結数

示す。ただし，図中では 3×3 画素の中央の画素についての連結数を示している。連結数が 1 となる画素は消去可能である。

［7］ 距離（distance）

画素間の遠近の程度を表す尺度として，以下のような距離の定義がある。画素 $A(i,\ j)$ と $B(k,\ h)$ に対して

・**ユークリッド距離**（Euclidean distance）

$$\sqrt{(i-k)^2+(j-h)^2} \tag{6.5}$$

・**4 近傍距離**（4-neighbor distance）

$$|i-k|+|j-h| \tag{6.6}$$

・**8 近傍距離**（8-neighbor distance）

$$\max(|i-k|,\ |j-h|) \tag{6.7}$$

ユークリッド距離は画素間の実際の直線距離である。4 近傍距離（**市街地距離**（city-block distance）ともいう）は，縦または横のみに移動できる条件で，画素 A から B に移動するために何画素移動する必要あるかで距離を表す方法である。また，8 近傍距離（**チェス盤距離**（chess-board distance）ともいう）は，縦横斜めの 8 方向に移動できる条件で何画素移動する必要があるかで距離を表す方法である。**図 6.7** に中央画素からのそれぞれの距離の例を示す。

$\sqrt{8}$	$\sqrt{5}$	2	$\sqrt{5}$	$\sqrt{8}$
$\sqrt{5}$	$\sqrt{2}$	1	$\sqrt{2}$	$\sqrt{5}$
2	1	0	1	2
$\sqrt{5}$	$\sqrt{2}$	1	$\sqrt{2}$	$\sqrt{5}$
$\sqrt{8}$	$\sqrt{5}$	2	$\sqrt{5}$	$\sqrt{8}$

（a） ユークリッド距離

4	3	2	3	4
3	2	1	2	3
2	1	0	1	2
3	2	1	2	3
4	3	2	3	4

（b） 4 近傍距離

2	2	2	2	2
2	1	1	1	2
2	1	0	1	2
2	1	1	1	2
2	2	2	2	2

（c） 8 近傍距離

図 6.7　画素間の距離

6.3 2値画像に対する処理

6.3.1 ラ ベ リ ン グ

2値化された画像では，通常**図6.8**のように，背景画像に対して図形成分がいくつか点在している。これらの図形をコンピュータで処理するためには，それぞれの連結成分に固有の名前を付ける必要がある。この処理を**ラベリング**（labeling）という。ラベリングを行えば，図形成分の個数や，それぞれの図形成分の面積などを計算することができるようになる。

			A											
	A	A	A	A						B	B			
	A	A	A				B	B	B	B	B	B		
		A			B	B	B	B		B	B	B		
				B	B					B	B			
			B	B			C	C		B	B			
		B	B			C	C			B	B			
		B	B	B					B	B			D	
	B	B	B	B	B	B	B	B	B			D	D	
		B	B		B	B	B				D	D	D	
											D	D		

図6.8 連結成分に対するラベリング

ラベリングの手法にはいくつかの方法が提案されているが，以下ではその一例として，8連結における2回の走査による方法について述べる。**図6.9**のように，まず画像の左上から走査しながら画素の値を調べ，その画素の値が$f_{i,j}=1$（図形画素）であったとき，その画素の上および左に隣接する四つの画素$f_{i-1,j-1}$，$f_{i,j-1}$，$f_{i+1,j-1}$，$f_{i-1,j}$の画素の値とラベルを調べ，以下の処理を行う。

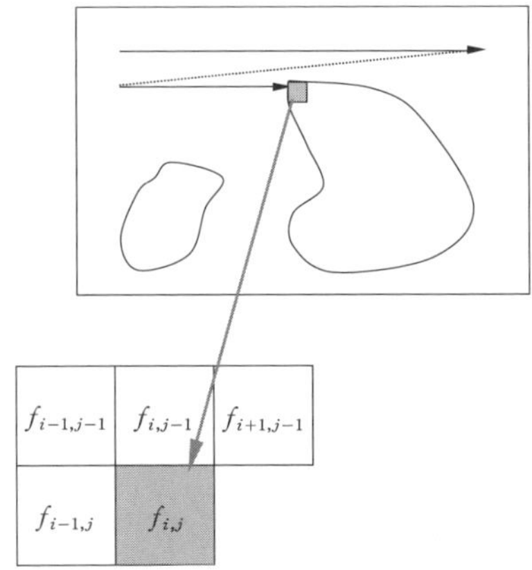

図6.9 ラベリングの手順

（1） 四つの画素すべてが0（背景画素）のとき，$f_{i,j}$に新しいラベルを付け，つぎの走査に移る。

（2） 四つの画素のうち，値が0のもの以外に1種類のラベルが付いている場合は，$f_{i,j}$に同じラベルを付け，つぎの走査に移る。

（3） 四つの画素のうち，値が0のもの以外に2種類以上のラベルが付いている場合は，その中で最も小さい番号のラベルを$f_{i,j}$に付けるとともに，これらのラベルが同じ連結成分であることを記憶しておき，つぎの走査に移る。

（4） 最後まで走査が終わったら，左上から2回目の走査を行い，一つの連結成分に対して同一のラベルが付くようにラベルを付け直す。

図6.10(a)，(b)にこの方法による1回目および2回目の走査の結果の例を示す。

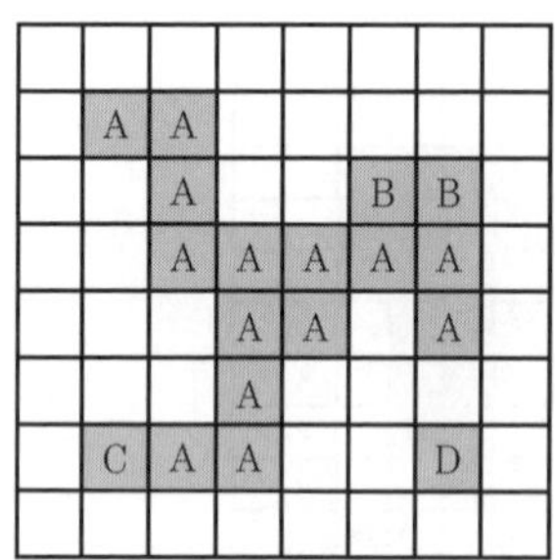

（a） 1回目の走査の結果

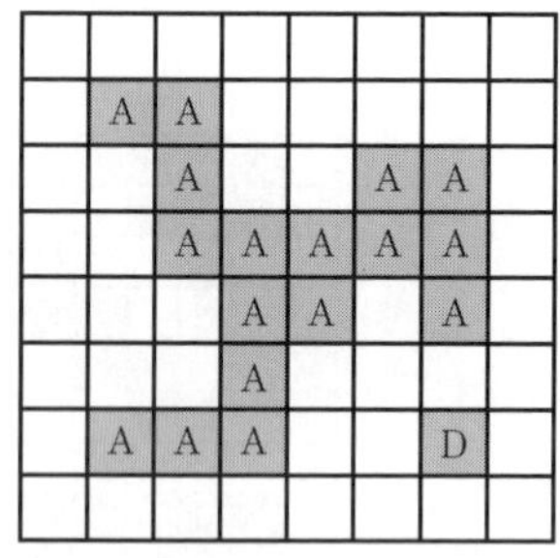

（b） 2回目の走査の結果

図6.10 ラベリング結果の例

6.3.2 膨張・収縮処理

膨張・収縮処理は，おもに2値画像における図形のノイズを除去する目的で行われる。**膨張**（expansion）は図形を外側に1画素分広げる処理であり，**拡張**（dilatation）あるいは**伝播**（propagation）とも呼ばれる。また，**収縮**（contraction）は1画素分細くする処理であり，**浸食**（erosion）とも呼ばれる。以下に，膨張・収縮処理の手順を示す。なお，これらの処理は**モルフォロジ演算**（morphological operation）ともいう。

[1] 膨張処理

ある画素$f_{i,j}$あるいはその8近傍（または4近傍）のいずれかに少なくとも一つの図形画素“1”がある場合，出力画素$g_{i,j}$を“1”とする。その他の場合には“0”とする。

[2] 収縮処理

ある画素$f_{i,j}$あるいはその8近傍（または4近傍）のいずれかに少なくとも一つの背景画素“0”がある場合，出力画素$g_{i,j}$を“0”とする。その他の場合には“1”とする。

図6.11(a)に示すように，膨張処理の後に収縮処理を行うことにより，孔や亀裂などをふさいだり切れた図形をつなぐことができる。これを**クロージング**という。また，同図(b)に示すように収縮処理の後に膨張処理を行うことにより，ヒゲなどのノイズをとることができる。これを**オープニング**という。

（a）　膨張と収縮の組み合わせ処理の例

（b）　収縮と膨張の組み合わせ処理の例

図 6.11　膨張・収縮処理の例

6.3.3　線・点図形化処理

与えられた図形の位置関係をはっきりさせたり，線図形を折れ線で近似したり抽出したりする際には，図形を線図形や点図形に変換する線・点図形化処理が重要となる。以下にその代表的アルゴリズムをあげる。

［1］　細　線　化

画像中の細長い図形を途切れることなく線幅が1の図形に変換する処理を**細線化**（thinning）という。先に述べた収縮処理との違いは，細線化処理を行っても図形の連結関係が保存されることである。

細線化のアルゴリズムには，多くの方法が提案されているが，基本的には以下のような方法による。すなわち，図形画像の輪郭部分の中から図形の連結関係が変化しないかどうかを調べ（例えば，分岐点を消去すると，幾何学的性質が変化するため消去しない），消去可能要素をすべて消去する処理（黒画素を白画素に変える）を行う。この処理を繰り返し行い，周辺部の画素から徐々に削っていき，消去する画素がなくなるまで繰り返し行う。**図 6.12** に細線化を行った例を示す。

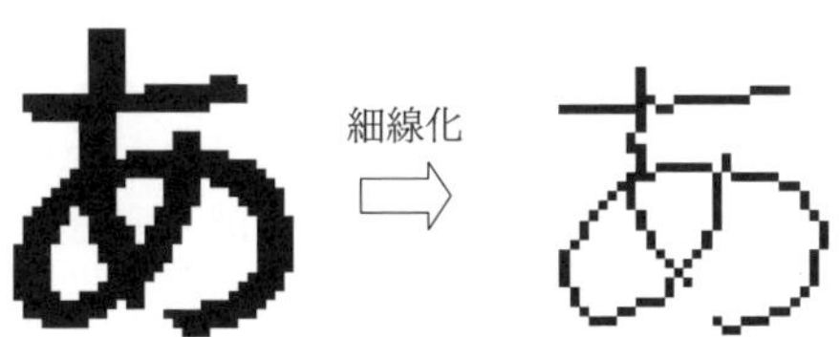

図 6.12　細線化の例

［2］　距離変換と骨格化

図形画像のそれぞれの画素について，周辺部からの距離の大きさを画素の値とする変換を**距離変換**（distance transformation）という。また，距離変換された図形から4近傍（または8近傍）での値が最大となる画素の集合を求める操作を**骨格化**（skeletonization）という。距離変換や骨格化は，図形の形状特徴を求めたり，重なり合った塊状図形の分離等に用いられる。また，骨格からは，その位置と距離の値が与えられれば，元の図形を復元できるため画像の圧縮にも利用できる（ただし，骨格化された図形は細線化により得られる線図形とは異なるため，線図形化処理そのものに用いられることは少ない）。なお，距離変換で用いられる距離には，一般的に計算の簡単な 4 近傍距離や 8 近傍距離が用いられる。**図 6.13** に 4 近傍距離を用いた距離変換と骨格化の例を示す。

	1	1	1	1	1		1	1	1	
	1	1	1	1	1		1	1	1	
	1	1	1	1	1			1	1	
	1	1	1	1	1					
	1	1	1	1	1	1	1	1	1	
	1	1	1	1	1	1	1	1	1	
	1	1	1	1	1	1	1	1	1	

（a）　2 値画像

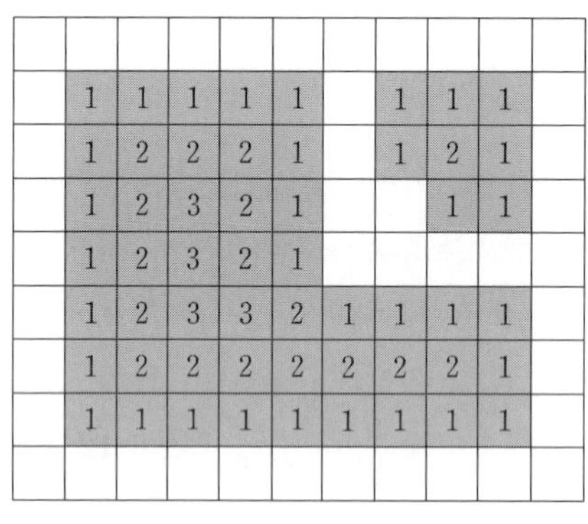

	1	1	1	1	1		1	1	1	
	1	2	2	2	1		1	2	1	
	1	2	3	2	1			1	1	
	1	2	3	2	1					
	1	2	3	3	2	1	1	1	1	
	1	2	2	2	2	2	2	2	1	
	1	1	1	1	1	1	1	1	1	

（b）　距離変換

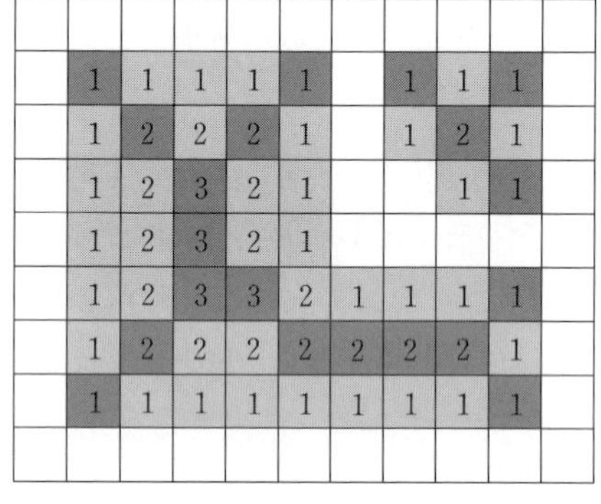

	1	1	1	1	1		1	1	1	
	1	2	2	2	1		1	2	1	
	1	2	3	2	1			1	1	
	1	2	3	2	1					
	1	2	3	3	2	1	1	1	1	
	1	2	2	2	2	2	2	2	1	
	1	1	1	1	1	1	1	1	1	

（c）　抽出された骨格

図 6.13　距離変換と骨格化（4 近傍型）

［3］ 縮　　退

連結成分が最終的に 1 点になるまで図形を周囲から削り取る処理を**縮退**（shrinking）という。最終的に残す点の位置や孔のある図形に対する扱い方の違いなどにより，いくつかの方法が提案されている。縮退により得られた点の数は，図形の数を表すため粒子の数の自動カウントなどに用いられる。

［4］ 輪郭線追跡

細線化処理は，おもに線状の図形の形状を解析するのに用いられるが，広がりのある塊状図形の形状を解析する際には，図形境界が作る輪郭線（境界線）を抽出する**輪郭線追跡**（border following）が役立つ。以下に 8 連結における輪郭線追跡のアルゴリズムの例を述べる。

（1）　**図 6.14** の右図に示すように，図形画素の連結成分の最上最左の境界点を追跡開始点 P_1 として選ぶ。

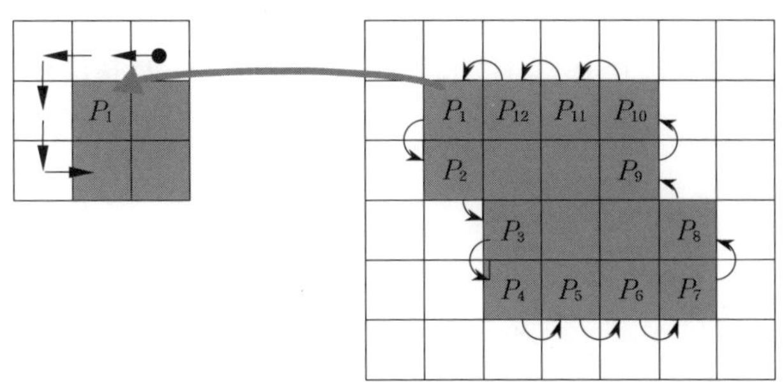

図 6.14　輪郭線追跡（8 近傍）

（2）　P_1 を中心に P_1 の 8 近傍を左図のように反時計回りに調べ，背景画素から初めて図形画素に変わったときの図形画素をつぎの境界点 P_2 とする。

（3）　P_2 周りに（1）と同様の操作を繰り返し行い，$P_n=P_1$ となったときに処理を終了する。

以上の手順で求まった P_1～P_{n-1} が輪郭線の画素列である。

［5］　直線の検出

本来は直線として検出したい部分が，ノイズや物体の重なりなどの影響で，**図 6.15**（a）に示すように散在した点として与えられているとき，これらの点から直線成分を検出する有効な方法に**ハフ変換**（Hough transform）がある。

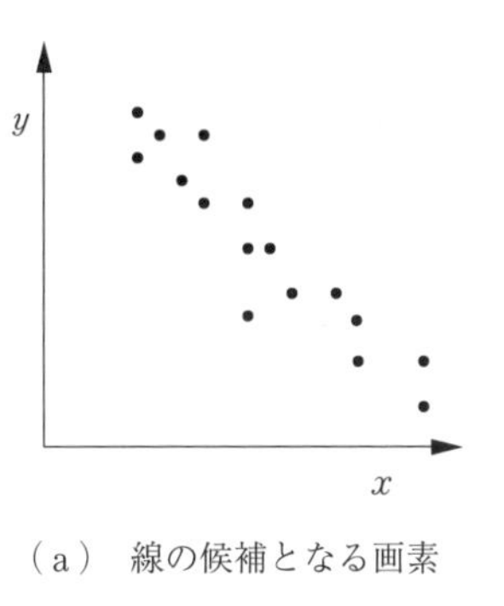

（a）　線の候補となる画素

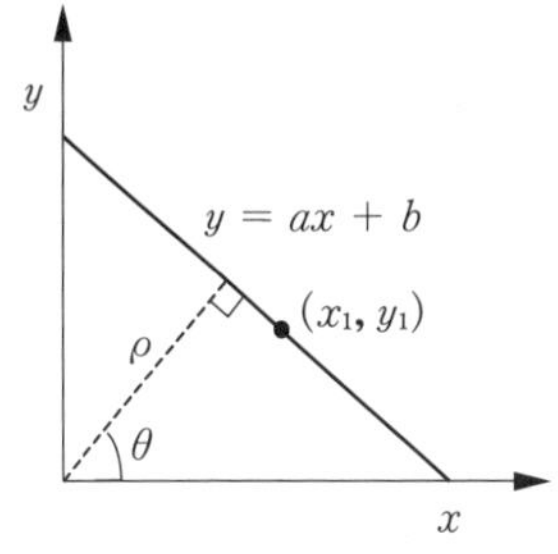

（b）　点（x_1，y_1）を通る直線

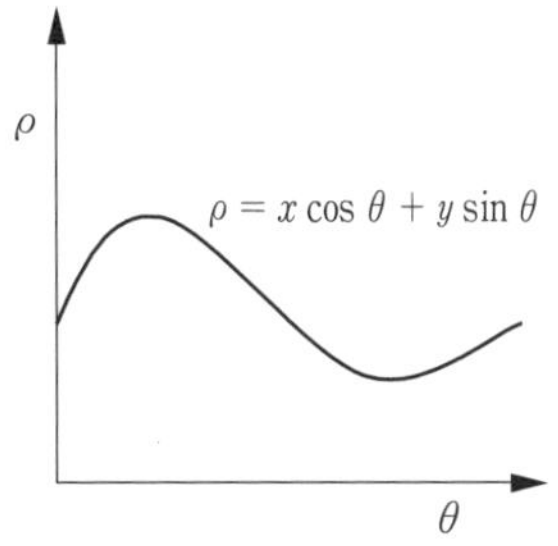

（c）　ある点での θ の変化に対する ρ の変化

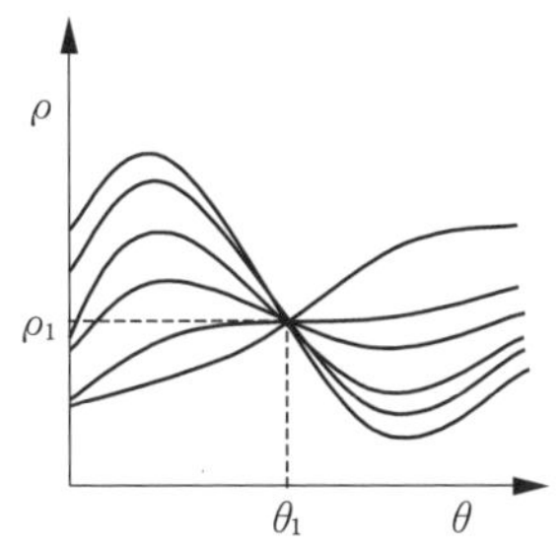

（d）　直線の候補の決定

図 6.15　ハフ変換の原理

xy 座標上のある 1 点 (x_1, y_1) が与えられたとき，これを通る直線は a（傾き）と b（切片）の二つのパラメータを用いて，次式により表される。

$$y = ax + b \tag{6.8}$$

いま，a と b の代わりに図 6.15(b)に示すように，原点から直線におろした垂線の長さ ρ と垂線が x 軸となす角 θ という二つのパラメータを用いれば，直線の式は次式のように表すこともできる。

$$\rho = x\cos\theta + y\sin\theta \tag{6.9}$$

上式を y について解けば

$$y = -\frac{\cos\theta}{\sin\theta}x + \frac{\rho}{\sin\theta} \tag{6.10}$$

となり，式 (6.8) と同じ形式となる。

さて，式 (6.9) より，ある点 (x_1, y_1) が与えられたとき，θ の変化に対する ρ の値の変化（点 (x_1, y_1) を通るすべての直線における (ρ, θ) の集合）は，図 6.15(c)に示すような曲線で与えられる（このように，パラメータが作る空間を**パラメータ空間**という）。与えられたすべての点についても，同様にこの曲線を描けば同図(d)のようになる。ここで，曲線が最も多く交わる点 (ρ_1, θ_1) を見つければ，1 本の直線を特定することができる。

本手法は，同時に複数の直線を検出することもでき，ノイズを含む 2 値画像からも図形を抽出することができるため，きわめて有用である。しかし，アルゴリズムの計算に時間がかかることや，短い線がたくさんあるような図形に対しては不向きであるなどの欠点もある。

なお，ハフ変換は本来，線の検出を目的として考えられたものであるが，任意図形を検出できるように拡張された**一般化ハフ変換**（generalized Hough transform）も提案されている。

6.4 図形の形状特徴

図形の幾何学的な特徴を数量化する処理を**特徴抽出**（feature extraction）といい，画像処理を用いた計測や認識を行うための前処理として重要となる。以下では，2 値化された図形に対する代表的な形状特徴とその数量化の方法について述べる。

[1] 面　積

図形の面積 S は，連結成分に含まれる画素数を数えることで求められる。

[2] 周 囲 長

図形の周囲の長さ（周囲長）は，前節で述べた輪郭線追跡における画素数を調べることで得られる。ただし，垂直・水平方向に対して，斜め方向に隣り合う画素間の距離は $\sqrt{2}$ 倍となるため以下の補正が必要となる。すなわち，垂直・水平方向に隣り合う画素数を N_1，斜め方向に隣り合う画素数を N_2 とすれば，周囲長 L は次式により得られる。

$$L = N_1 + \sqrt{2}N_2 \tag{6.11}$$

［3］ 円 形 度

図形が円に近いかあるいは，扁平な形をしているかについての特徴を示す円形度 F は図形の面積 S と周囲長 L を用いて次式で表される。図形が円に近いとき F は 1 に近づき，扁平になるほど小さな値となる。

$$F = 4\pi S/L^2 \tag{6.12}$$

［4］ 複 雑 度

図形の複雑さを表す特徴量である複雑度 E は，図形の面積 S と周囲長 L を用いて次式で表される。図形が複雑になるほど E の値は大きくなり，円形に近づくほど小さくなる。真円の場合は $E = 4\pi$ となる。

$$E = L^2/S \tag{6.13}$$

［5］ モーメント特徴

図形の形状特徴を表す場合，以下のような**モーメント**（moment）が用いられることがある。図形 S の pq 次のモーメントは次式で表される。

$$m(p,q) = \sum_{(i,j)\in S} i^p j^q \tag{6.14}$$

モーメントは，p，q の値によってそれぞれ以下のような意味を持つ。

$m(0,0)$：図形 S の面積

$m(1,0)$：図形 S の x 軸に対するモーメント

$m(0,1)$：図形 S の y 軸に対するモーメント

したがって，図形 S の図形の中心を表す重心の座標は，$(\bar{x},\ \bar{y}) = (m(1,0)/m(0,0),\ m(0,1)/m(0,0))$ で与えられる。また，**図 6.16** に示されるように図形の幅が大きい方向に対する主軸方向 θ は，次式を解くことにより得られる。

$$\tan^2\theta + \frac{m(2,0) - m(0,2)}{m(1,1)}\tan\theta - 1 = 0 \tag{6.15}$$

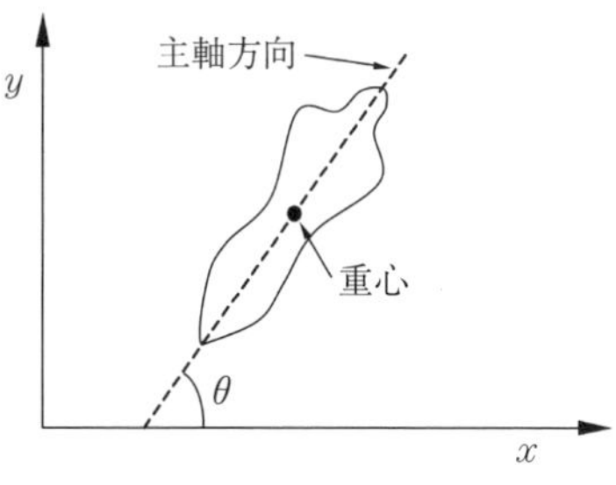

図 6.16 モーメント特徴

［6］ フーリエ記述子

前節の輪郭線追跡によって得られた図形の輪郭線を記述する方法の一つに**フーリエ記述子**（Fourier descriptor）がある。いま，ある図形の輪郭線が**図 6.17** のように与えられていると

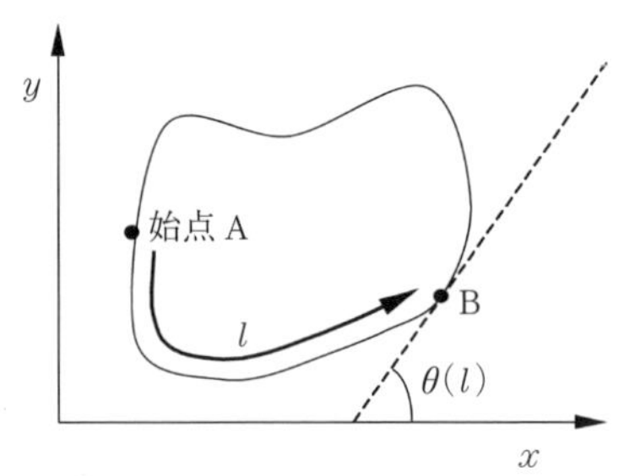

図 6.17　偏 角 関 数

き，閉曲線上の 1 点 A から曲線上を l だけ進んだ点 B における接線と x 軸がなす角度（偏角という）は，l の関数 $\theta(l)$ で表される。点 A における偏角を θ_0 とすれば，関数 $\theta(l)$ は θ_0 から $\theta_0+2\pi$ まで変化する周期的な関数となる。いま，曲線の全長を L とするとき，関数 $\theta_N(l)$ を次式のように定義する。

$$\theta_N(l)=\theta(l)-2\pi\frac{l}{L} \tag{6.16}$$

ここで，$\theta(l+L)=\theta(l)+2\pi$ であるから，$\theta_N(l)$ は周期 L の周期関数となることがわかる。

上式をフーリエ級数展開すれば次式となる。

$$\theta_N(l)=\sum_{k=1}^{\infty}\left\{a_k\cos\left(2\pi k\frac{l}{L}\right)+b_k\sin\left(2\pi k\frac{l}{L}\right)\right\} \tag{6.17}$$

上式におけるフーリエ係数 a_k，b_k をフーリエ記述子といい，輪郭線の形状を表す特徴量となる。すなわち，おおまかな図形形状は a_k，b_k の低周波成分（k の低い項）に反映され，微細な構造についての情報は高周波成分に反映される。したがって，フーリエ記述子は図形の識別などに利用できる。また，始点での偏角 θ_0 がわかっていれば，a_k，b_k から元の輪郭線を再現できる。

［7］ チェイン符号化

線図形化された線分を記述する方法として，**図 6.18**(a)に示すように注目画素から隣り合う画素へ向かう方向を表す**チェインコード**（chain code）（**方向コード**（direction code）ともいう）を用いる方法がある。例えば，同図(b)に示すような線分を記述する場合，点 A から点 B に至る経路をチェインコードにより（100765555600002）と表すことができる。このように，チェインコードを用いて線図形を記述する操作を**チェイン符号化**（chain coding）という。チェインコードは線図形の方向性や線の曲がり方などの情報を含んでいるため，線図形の修正（凹凸の平滑化，枝の除去など）や特徴解析に用いることができる。また，任意の線図形を開始点の座標とチェインコードにより記憶できるため，ビットマップデータで記憶するよりはるかに少ない情報量でデータを表すことができる。このデータは，4.4 節で述べたランレングス符号化を用いてさらに圧縮することもできる。

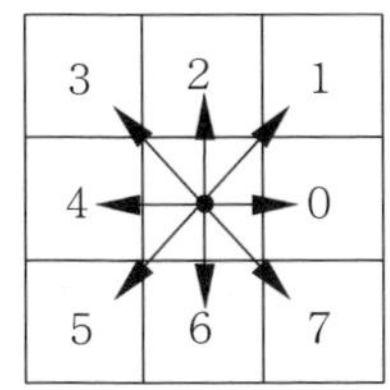

（a） チェインコード

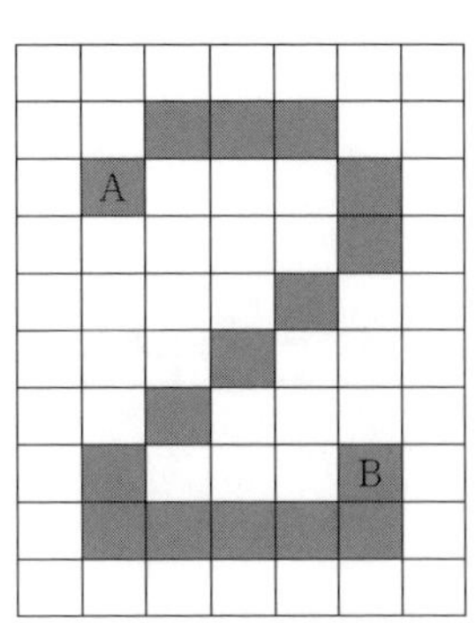

（b） チェインコード（100765555600002）

図 6.18 チェイン符号化

演　習　問　題

【1】 2 値画像を用いる目的と 2 値化処理の手法を述べよ。

【2】 ラベリングはどのような場合に必要となるのか。

【3】 膨張処理の後に収縮処理を行う場合と収縮処理の後に膨張処理を行う場合では，結果にどのような違いが生じるか述べよ。

【4】 ハフ変換により線の検出を行う場合，処理対象画像としてどのような画像を用いればよいか。

【5】 2 値画像の図形における代表的な形状特徴とその数値化の方法についてまとめよ。

7. コンピュータグラフィックス

コンピュータを用いて2次元あるいは3次元の画像や映像を作成したり処理したりする技術のことを**コンピュータグラフィックス**（computer graphics：**CG**）と呼ぶ。CGの代表的な利用分野としては，科学的（あるいは工学的）な計測データや計算結果の**可視化**（scientific visualization）や，工業分野における**CAD**（computer-aided design）システム等がある。また，**マルチメディア**（multi-media）や**バーチャルリアリティ**（virtual reality：VR）などの分野においても，重要な技術となっている。以下では，2次元および3次元CGにおける基本的なCGの手法について概説する。

7.1 2次元グラフィックス

2次元CGにおける手法の多くは，画像処理における手法と共通している。ここでは2次元CGにおいて基本となる図形の描画手法について述べる。

7.1.1 線図形の描画

［1］ 直線の描画

直線の描画を行う場合，以下のような簡単なアルゴリズムにより描画が可能となる。直線の始点の座標を（x_s, y_s），終点の座標を（x_s+n, y_s+m）（ただし，$m>n>0$とする）とするとき，初期値を（x_s, y_s）として，つぎの（1）～（3）の処理を$x=x_s+n$になるまで繰り返す。

（1） 画素（x，$round(y)$）を直線の色にする。

（2） $x=x+1$

（3） $y=y_s+(m/n)(x-x_s)$

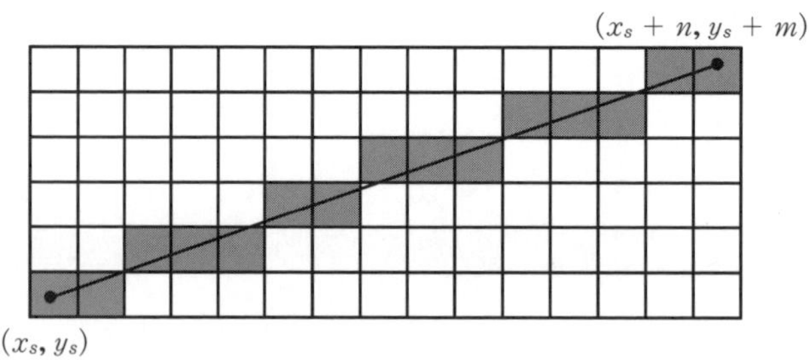

図7.1 直線の描画

ただし，$round(y)$は，実数値 y を四捨五入により整数値に変換する関数である。本手法により，直線を描画した例を**図 7.1** に示す。

［2］　円弧の描画

原点を中心とする半径 γ，中心角 θ の円の座標は**図 7.2** のように（$\gamma \cos \theta$，$\gamma \sin \theta$）で表されることから，$\theta=0$ から 2π まで $\Delta\theta$ ずつ変化させながら（$round(\gamma \cos \theta)$，$round(\gamma \sin \theta)$）をプロットすることによってディジタル画像中に円弧を描画することができる。ただし，この方法では半径 γ が大きい場合，$\Delta\theta$ を十分小さくとらないと発生される点列が連結しないという問題を生じる。そこで，注目画素に対して 4 連結（または 8 連結）で接続し，実際の円と位置誤差が最も少なくなる画素を逐次探索することにより円弧を描画する手法も提案されている。

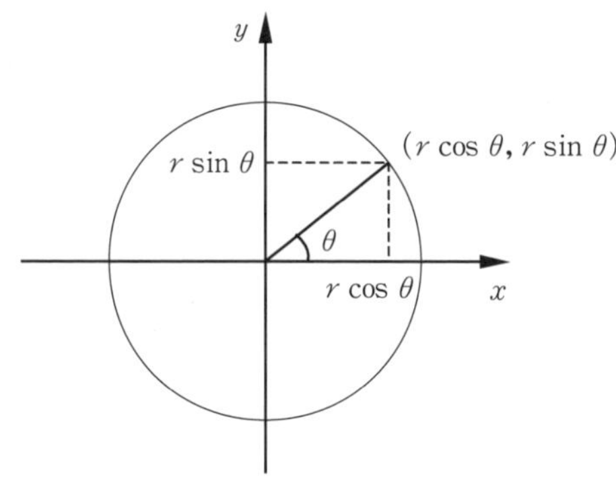

図 7.2　円弧の描画

［3］　自由曲線の描画

人間が手で描いたような自由な曲線を表現する場合，微小線分と曲線を組み合わせて表現することが可能であるが，そのほかに，曲線のおおまかな形状を決める点列を定め，それに基づく滑らかな曲線を発生させる方法がある。その代表的なものに，あらかじめ与えられた点から多項式を用いて内挿法により曲線を発生させる**スプライン曲線**（spline curve）や，与えられた点を必ずしも通らないが，自由な曲線を発生できる**ベジェ曲線**（Bezier curve）による方法などがある。

7.1.2　面の生成と処理

CG において面を生成する方法としては，描画された輪郭線の内部をペイントする塗りつぶし処理（ペイント処理）やペイントソフト等で仮想的な筆やブラシを画面内で移動させることによって生成するブラシ処理などがある。また面を扱う処理としては，画像の中の特定の色を持つ領域を抜き出し，そこに他の画像を埋め込むクロマキー合成法などの処理がある。

［1］　塗りつぶし

塗りつぶしのアルゴリズムには線図形の内部の任意の点を指定し，その点からラベリング（6.3.1 項参照）の手法を用いて塗りつぶす方法や，輪郭線を水平方向にスキャンしたときに輪郭線が現れるごとに図形の内部と外部が交代に現れることを利用して，図形の内部の座標を求めて塗りつぶす方法などがある。

［2］ ブラシ処理

ブラシ処理を用いれば，筆や絵の具により紙に絵を描くのと同様な操作感覚でマウスやディジタイザなどを使って対話的に画面を生成できる。ブラシの形状には，異なる線の太さや，エアブラシ的な効果を持つブラシなどのさまざまな種類が考えられている。

［3］ クロマキー合成法

クロマキー（chroma-key）**合成法**は，2次元画像から，ある特定の色（クロマ）を持つ面だけを切り出して，その面を他の画像に重ねることによって合成画像を生成する手法であり，テレビジョンや映画などでよく用いられている。例えば，人間の肌色と補色関係にある青色や緑色を背景として人物などを撮影し，人物画像を抽出して他の画像にはめ込むといった処理がある。

7.1.3 アンチエリアシング

4.2節でも述べたように，画像をディジタル表示することに起因して，斜めの直線や曲線の境界部分などに，階段状のギザギザである**ジャギー**（jaggy line）が生じたり，細い線や物体が寸断されたり，また，存在しないはずのパターンが生じたりする**エリアシング**が発生することがある。例えば，**図7.3**(a)では，斜めの線が階段状となりジャギーが生じている。このようなエリアシングを目立たなくする処理を**アンチエリアシング**（anti-aliasing）処理といい，いくつかの方法が提案されている。例えば，同図(b)のように境界部の画素について，その

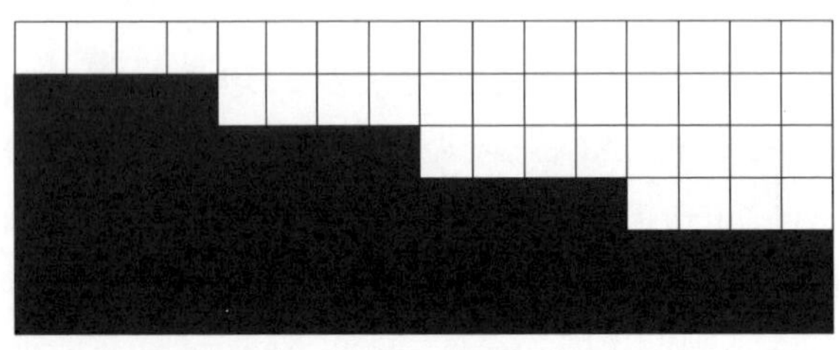

（a） 処理前

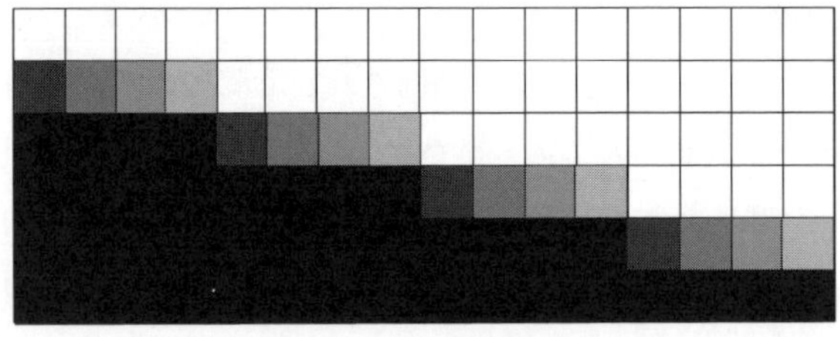

（b） 処理後

図7.3 アンチエリアシング

画素に本来含まれるべき図形部分の面積と背景部分の面積の比率に応じて，表示すべき明るさや色を決定し，中間階調の明るさを持つ画素で置き換えれば，擬似的に境界部が滑らかな図形を表示することができる。

また，5.2節で述べた平滑化フィルタを用いても，線や領域の境界部のジャギーを低減することができる。ただし，エッジを保存しないタイプの平滑化フィルタを用いた場合，保持されるべきエッジ部分までもが，ぼかされることになるため注意を要する。なお，アンチエリアシングは3次元グラフィックスにおいても用いられる。

7.2 3次元グラフィックス

3次元CGにおける画像の生成は，まずコンピュータ内部に対象とする立体のデータを構築する**モデリング**（modeling）と，これに基づいて画面上に画像を生成する**レンダリング**（rendering）により行われる。3次元CGソフトウェアには，形状データを作成する**モデラ**（modeller）と，画像を生成する**レンダラ**（renderer）に分割されているものも多い。本節では，まず3次元空間内での図形の幾何学的変換および，3次元空間内の図形を2次元平面に投影する投影変換について述べ，つぎにモデリングおよびレンダリングに関する手法について述べる。

7.2.1 3次元図形の幾何学的変換

3次元の図形を移動したり，表示を行うためには図形の変換を行う必要がある。このとき，行列演算を用いれば，これらの変換を簡潔に扱うことができる。

［1］ 図形の幾何学的変換

5.6節で述べた2次元図形の幾何学的変換（式（5.21））と同様に，3次元図形の移動，拡大・縮小，回転等の変換は**同次座標**を用いて，つぎのように表現できる。

いま，変換前の図形の3次元座標を，$[x,\ y,\ z]^t$ 変換後の座標を $[x^*, y^*, z^*]^t$ とすれば，次式により変換できる。

$$\begin{bmatrix} x^* \\ y^* \\ z^* \\ 1 \end{bmatrix} = \begin{bmatrix} a & b & c & d \\ e & f & g & h \\ i & j & k & l \\ 0 & 0 & 0 & 1 \end{bmatrix} \begin{bmatrix} x \\ y \\ z \\ 1 \end{bmatrix} \tag{7.1}$$

このとき，変換に応じて $a \sim l$ の値は**表7.1**のようになる。

表7.1の変換を組み合わせて行う場合は，単純に上記マトリックスを掛け合わせて演算すればよい。

表 7.1　幾何学的変換のパラメータ

	平行移動	拡大・縮小	x 軸周りの回転	y 軸周りの回転	z 軸周りの回転
a	1	s_x	1	$\cos\theta$	$\cos\theta$
b	0	0	0	0	$-\sin\theta$
c	0	0	0	$\sin\theta$	0
d	t_x	0	0	0	0
e	0	0	0	0	$\sin\theta$
f	1	s_y	$\cos\theta$	1	$\cos\theta$
g	0	0	$-\sin\theta$	0	0
h	t_y	0	0	0	0
i	0	0	0	$-\sin\theta$	0
j	0	0	$\sin\theta$	0	0
k	1	s_z	$\cos\theta$	$\cos\theta$	1
l	t_z	0	0	0	0

［2］ 投影変換

3 次元空間上の図形を 2 次元平面上に表すためには，**図 7.4**（a）のように**投影**（projection）を行う必要がある。この変換を**投影変換**という。図中で 3 次元空間上のある点(x, y, z)は，xy 平面上の点(x^*, y^*)に投影される。投影中心$(0, 0, f)$は，人間の目の位置（視点）であり，xy 平面がディスプレイなどの画像平面であると考えてよい。このとき，同図（b）のように xz 平面上で相似則を用いれば，$f : x^* = (f-z) : x$ が成り立つことより次式が得られる。

$$x^* = \frac{fx}{f-z} \tag{7.2}$$

同様に，yz 平面上での相似則を用いて次式が得られる。

$$y^* = \frac{fy}{f-z} \tag{7.3}$$

これを，同次変換座標を用いて表せば次式となる。

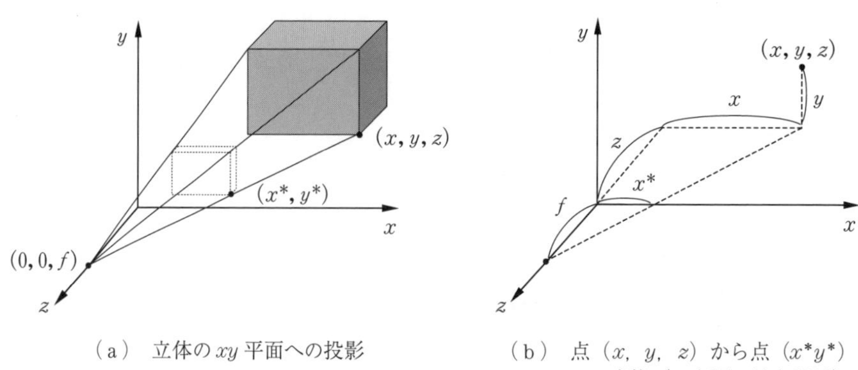

（a）　立体の xy 平面への投影

（b）　点（x，y，z）から点（x^*y^*）への変換（x 座標の対応関係）

図 7.4　投影変換（透視投影）

$$\begin{bmatrix} X^* \\ Y^* \\ Z^* \\ w \end{bmatrix} = \begin{bmatrix} 1 & 0 & 0 & 0 \\ 0 & 1 & 0 & 0 \\ 0 & 0 & 1 & 0 \\ 0 & 0 & -1/f & 1 \end{bmatrix} \begin{bmatrix} x \\ y \\ z \\ 1 \end{bmatrix} \tag{7.4}$$

ただし，$x^* = X^*/w$，$y^* = Y^*/w$

なお，上記のように，3次元図形と2次元図形とを結ぶ視線が視点という1点に集まる投影を**透視投影**（perspective projection）という。これに対して，視点と xy 平面との距離 f を無限大にすると，それぞれの視線は平行となる。このような場合の投影法を**平行投影**（parallel projection）という。

7.2.2　モ デ リ ン グ

コンピュータ内部で立体を表現するためには，一般に物体の形についてのデータ（形状データ）を用いてモデリングがなされる。以下に代表的なモデリングの手法を示す。

［1］ ワイヤフレームモデル

ワイヤフレームモデル（wireframe model）は，**図7.5**に示すように，立体の骨組み構造だけを直線や曲線で表現したモデルである。立体の面の表示がないため高品質な画像表現は行えないが，データ量が少なく立体の表示や移動が高速にできるため，サーフェスモデルを作成する前のシミュレーションとしても利用される。

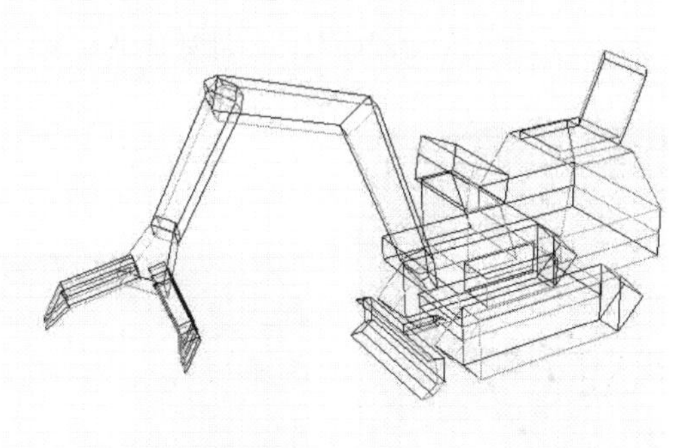

図7.5　ワイヤフレームモデルの例

［2］ サーフェスモデル

図7.6のように，立体の面データだけを表現したモデルを**サーフェスモデル**（surface model）という。サーフェスモデルにおける面は一般に**ポリゴン**（polygon）と呼ばれる多角形の集合により表現される。サーフェスモデルは，与えられるデータは表面の情報のみとなるため，面の形状が重要な意味を持つ場合に利用される。面が不透明な場合には，中身の情報がないことは問題にならないが，面を透明化した場合や物体の一部をカットした場合，中が空洞で

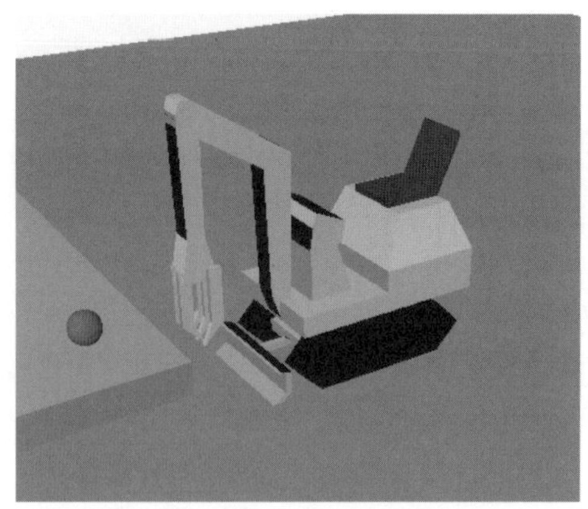

図 7.6　サーフェスモデルの例

あるという問題が生じる。なお，このように多角形の集合で表された形状データを**メッシュ**（mesh）と呼ぶこともある。

〔3〕 ソリッドモデル

ソリッドモデル（solid model）は，実物と同じように物が詰まった立体としての完全な立体データを表現したものである。ソリッドモデルの中でも，**CSG 表現**（constructive solid geometry representation）と呼ばれる表現法では，**図 7.7**(a)に示すような球，立方体，円筒等の**プリミティブ**といわれる基本的な立体を用いて和，差，積などの論理演算により複雑な形状を作成していく。同図(b)に立方体から球を差し引いた場合の例を示す。ソリッドモデルは，CAD やレイトレーシング（7.2.3 項〔4〕参照）における立体データによく用いられるが，他の表現方法と比較して，データの生成や処理のための計算量が大きくなるという欠点がある。

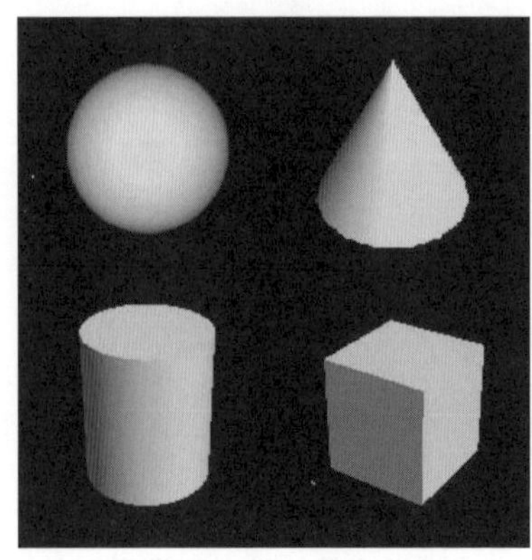

(a)　プリミティブの例

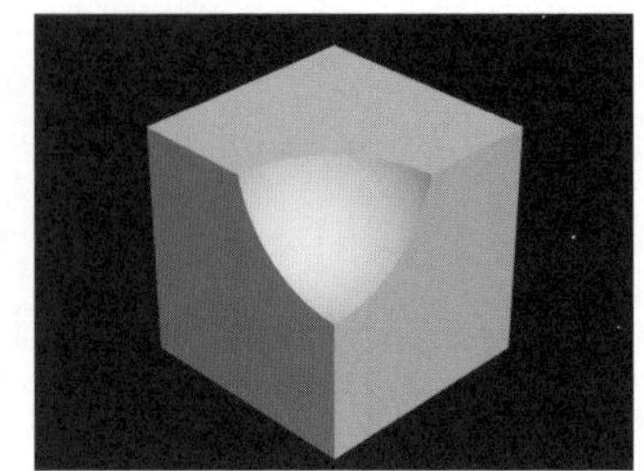

(b)　立方体から球を切り取った例

図 7.7　ソリッドモデル

〔4〕 メタボール表現

メタボール（meta-ball）（あるいは**ブロブ**（blob）ともいう）は，滑らかな自然物形状のモデル化のために開発された手法である。空間中に複数の点電荷（重み）を配置し，それらの等電位面によって物体の表面を表す。負の電荷を持つメタボールを定義することで，正のメタボールに凹みを付けることも可能である。人体や生体組織などの有機的形状を表現するのによく用いられる。

［5］ ボクセル表現

2次元画像におけるピクセル（画素）に対し，3次元空間上で格子点を構成する**ボクセル**（voxel）と呼ばれる微小立方体の集合を用いて3次元の物体を表現する方法をボクセル表現という。これは，医療用3次元画像などのように，測定量の空間分布を表示する場合にも用いられる（なお，ボクセルは後に述べるレイトレーシングの高速化アルゴリズムとして，空間分割に用いられるボックスを意味する場合もある）。

［6］ パッチによる表現

サーフェスモデルにおける平面多角形（ポリゴン）の代わりに**パッチ**（patch）と呼ばれる自由曲面を用いて，自由な形状の物体を表現する方法。隣接するパッチが滑らかにつながるようにパッチを接続する。パッチとしてはベジェ曲面やBスプライン曲面などを用いた曲面がよく使用される。

［7］ ポイントベーストモデリング

RGB-D カメラ（12.4節）などによって得られた各画素を3次元空間上にプロットすると，点の集合で表された3次元**点群**（point cloud）として表現できる。点群データでは，法線方向やラベル，RGBなどの情報を点群に追加して表現することができる。このように点の集まりによって境界面が明確な物体を表現する方法を**ポイントベーストモデリング**（point-based modeling）という。

［8］ フラクタル

フラクタル図形は自己相似であり，どこを拡大しても同じ形状が繰り返し得られる。フラクタル的な性質を持つ形状・現象は，雲，樹木，河川，山脈，海岸線など，自然界に数多く見られる。例えば，リアス式海岸を航空写真で見ると，海岸線は不規則で複雑な形をしているが，実際に海岸に立って見渡せる狭い範囲でも同様な不規則な地形が見られる。さらに近づいて，海岸を形作っている岩石を見ると，これも同じような複雑さの形状を持っている。このような自然の造形は，不定型できわめて複雑な表面を持っているため，通常の関数で表現することは困難である。そこでフラクタルを応用することにより，わずかなパラメータで対象物体に自然さを付与することが可能となる。

7.2.3 レンダリング

対象物体のモデルが定義された後，光源の種類と位置，視点，視野範囲等の環境に基づいて，質感を持った可視画像を生成する過程を**レンダリング**（rendering）と呼ぶ。レンダリングでは，光源から出た光がどのようにモデルにあたって目に入るのかを，コンピュータによるシミュレーション計算によって再現する。以下では，レンダリングにおける代表的な手法について述べる。

［1］ 隠線・隠面消去法

3次元画像を表示したとき，人間の目に映るのは物体の最も手前の稜線や面であるから，隠れた線や面を検出して表示しないようにする処理が必要となる。ワイヤフレームモデルにおける隠れ線の消去を**隠線消去**（hidden line removal）という。またサーフェスモデルにおける隠れ面の消去を**隠面消去**（hidden surface removal）という。以下では，隠面消去において代表的な手法を述べる。

（a） スキャンライン法　**スキャンライン法**（scanline algorithm）では，スキャンライン（走査線）を含み画面に垂直な平面を作り，その平面とポリゴンの交差する点を求め，それらの奥行きを比較し，視点と最も近い面の明るさを計算して画素の色を決定する。処理が高速であり，アンチエリアシングやマッピング，透明化等の処理も容易に行えるなどの特長がある。

（b） Zバッファ法　**Zバッファ法**（Z-buffer algorithm）では，物体を表示する際，各画素ごとの奥行き（Z軸方向）の情報を**Zバッファ**（Z-buffer）（あるいは**デプスバッファ**）と呼ばれるメモリに書き込んでいく。以後，新たなポリゴンを表示するごとにZバッファと比較し，手前になる画素のみについて画面とZバッファの情報を新しいものに置き換えていく方法である。比較的アルゴリズムが簡単であり，ポリゴン数に制限がないこと，またハードウェア化が容易で，高速処理に向いているといった長所を持つ。一方で，アンチエリアシングや透明化，影の表現が困難であるという欠点がある。

（c） Zソート法　**Zソート法**（Z-sort algorithm）は，各ポリゴンごとに奥行きを調べ，ソーティング（並べ替え）を行い一番奥になるポリゴンから先に表示し，その上に手前のポリゴンを上塗りしていく方法である。計算自体は簡単であるが，大きなポリゴンや複雑に交差した物体を表示する場合，異常が生じることがあるという問題がある。

［2］ 陰影処理

3次元グラフィックスにおいて，より写実的な表示を行うためには，光源の効果が重要となる。すなわち**図7.8**に示すように，ある光源の元に物体をおくと，面の向きと光の照射方向

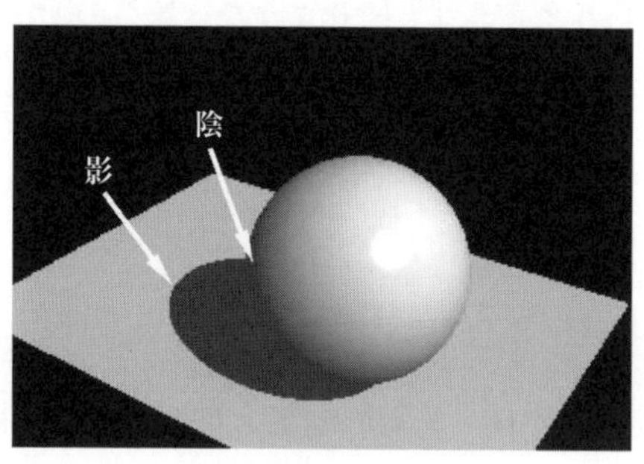

図7.8　影　と　陰

により面の明るさが変化し，光があたらずに暗くなっている**陰**（shade）を生じる。このような陰の表現を行う手法を**シェーディング**（shading）という。また，物体によりほかの物体上に光があたらない**影**（shadow）が生じる。この影を付与する手法を**影付け**（shadowing）という。以下では，立体の表現上特に重要なシェーディングの計算手法について述べる。

（a）シェーディングモデル　シェーディングを行う上で採用される光の物理モデルを**シェーディングモデル**といい，光源の種類（直接光や間接光また，点光源や面光源等）や物体の反射特性等から構成される。物体の反射光には基本的に以下の2種類があり，ほとんどの物体は両成分を含んでいる。

1）拡散反射光　**拡散反射**（diffuse reflection）光は，石膏や素焼きの陶器のように表面がざらざらしたものに見られ，入射した光があらゆる方向に同じ強さで反射するという性質を持つ。拡散反射における反射光の強度は，光の入射角のみに依存し，見る方向には依存しないためモデル化は比較的簡単である。

2）鏡面反射光　**鏡面反射**（specular reflection）光は，鏡やよく磨かれた金属の表面のように物質の表面での直接反射によって生じる。鏡面反射光は，入射角と反射角が等しい正反射の方向に光が最も強く反射されるため，物体表面の一部に強く光った**ハイライト**を生じる。反射モデルとしては，**図7.9**に示す**フォン**（Phong）**のモデル**がよく用いられる。これは，視線と正反射方向のずれ角γによる反射光強度の減少割合を$\cos^n\gamma$で近似する方法であり，鏡面反射光の強さをIとすると，次式により得られる。

$$I = I_i W \cos^n \gamma \tag{7.5}$$

ここで，I_iは入射光の強さ，Wは鏡面反射率，nはハイライトの特性を示すもので，nが大きいほどシャープなハイライトが得られる。

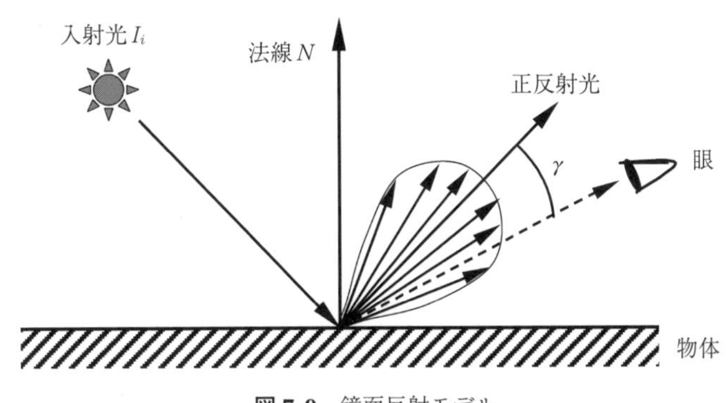

図7.9　鏡面反射モデル

（b）スムースシェーディング　3次元物体の表現には，計算時間の短縮のため**図7.10**（a）のようなポリゴンを用いた多面体で近似する場合が多いが，この場合，多角形のエッジが目立ち，滑らかな曲面の表現が難しくなる。そこで，陰影の計算を工夫することにより，陰影

(a) ポリゴンによる表現

(b) スムースシェーディングを行った例

図 7.10　スムースシェーディング

が滑らかに変化し，見かけ上の曲面にすることができる（同図(b)）。この手法を**スムースシェーディング**（smooth shading）といい，以下の二つのアルゴリズムがよく用いられる。

1）グーローのスムースシェーディング　**グーローのスムースシェーディング**（Gouraud shading）は，多角形の頂点のみにおいて明るさを計算し，多角形内では補間処理により明るさを内挿することによって各画素の滑らかな明るさの変化を計算する方法である。例えば，**図 7.11**(a)に示すポリゴンに対して，まず頂点A，B，Cの明るさを求める。つぎに多角形の各辺が走査線と交わる点D，Eの明るさを線形内挿により求める。さらに点D，E間の任意の画素Fの明るさを補間により求める。この手法は，比較的計算が簡単であるため広く使用されている。ただし，明るさのみを補間することから，ハイライトの計算が正しくできないという欠点がある。

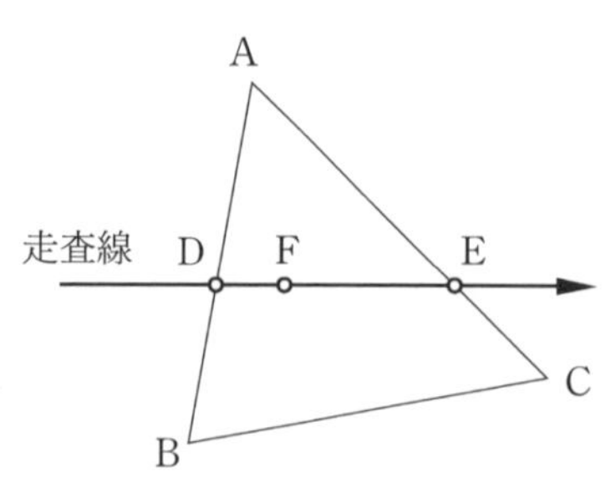

(a) グーローのスムースシェーディング

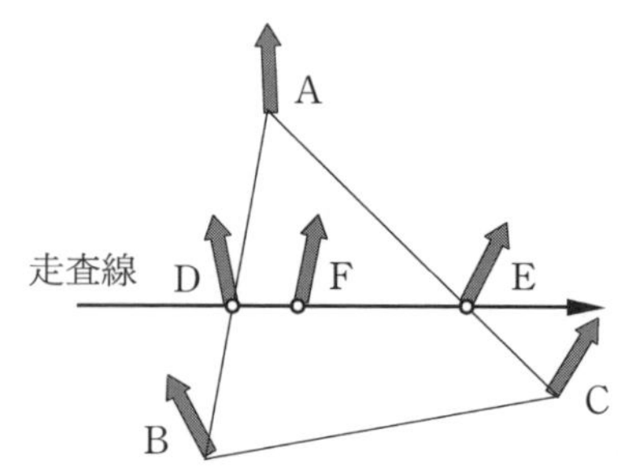

(b) フォンのスムースシェーディング

図 7.11　スムースシェーディング

2）フォンのスムースシェーディング　上記の方法では，各画素の明るさを内挿により補間したが，**フォンのスムースシェーディング**（Phong shading）では各画素の法線ベクトルを内挿により求め，これに基づく陰影の計算を行う。図 7.11(b)にその例を示す。法線ベクトルを求める手順は先と同様である。本手法では，法線ベクトルの補間を行うため計算時間は長くなるが，ハイライトの計算ができリアルな表現が可能となる。

〔3〕 マッピング

2次元の画像データを3次元オブジェクトの表面に貼り付けることで，さまざまな質感を表現する技法を**マッピング**（mapping）という。比較的簡単に写実性の高いCG画像が得られる。

（a） テクスチャマッピング　**テクスチャマッピング**（texture mapping）は，絵柄や写真などの2次元のテクスチャを3次元の物体表面に貼り付けて，質感をより豊かにする手法である。テクスチャ上の1点を曲面上の1点に対応付け，陰影計算に組み込むことにより，物体表面の場所に応じて陰影が変化してテクスチャが表現される。

（b） バンプマッピング　**バンプマッピング**（bump mapping）は，物体表面にテクスチャの凹凸をマッピングし，法線データを操作することにより反射計算において擬似的に細かな凹凸を表現する手法である。貼り付ける凹凸のデータは，波紋などのように規則的なものをプログラムで作る方法や画像データから求める方法などがある。

（c） 環境マッピング　**環境マッピング**（environment mapping）は，物体周囲の環境の物体表面への映り込みを，マッピングにより表現する手法である。具体的には，物体の外に設定した半径無限大の仮想球の内面に環境のテクスチャを貼り付けておき，物体表面にそのテクスチャが反射しているように表示を行う。後述するレイトレーシングで反射を求めるよりも高速であり，金属的な材質感を比較的簡単に表現できる。環境マッピングは物体表面での反射を扱うため，**リフレクションマッピング**（reflection mapping）ともいう。これに対して，屈折や透明効果を同様の方法で表現し，透明あるいは半透明な物体を表示する**リフラクションマッピング**（refraction mapping）も提案されている。

（d） ソリッドテクスチャ　**ソリッドテクスチャ**（solid texture）は，3次元空間中の模様（テクスチャ）を与え，ここから物体を切り出すことにより，物体表面に表れる模様を表現する方法である。したがって，厳密には2次元データを3次元物体表面へ座標変換させるマッピングとは異なる。木材や大理石などでは，隣接する面同士の模様がつながっており，通常のテクスチャマッピングを用いても，面の境界で模様が不連続となるという問題があるが，ソリッドテクスチャでは任意の断面で切断しても連続した模様が表現できる。

〔4〕 レイトレーシング

レイトレーシング（ray tracing）は，光線追跡法とも呼ばれ，きわめてリアルな立体像が得られる手法である（**図7.12**）。具体的な手順は，まず視点からスクリーン上の一つの画素を通って物体に向かう光線を考え，この光線がぶつかる物体表面の点について，その光線の反射，透過，屈折を追跡して求めていく。そしてこれらの物体の属性とその環境から注目画素の色を決定する。この作業を全画素に対し繰り返し行う。この方法は，アルゴリズムが比較的簡単であり，隠面消去，シェーディングや鏡面反射，屈折透過，影等の光学現象も求められる。また各種曲面，メタボール等もポリゴンを用いずに表現可能である。しかし，多くの計算時間を必要とし，また，アンチエリアシングの処理が難しい等の欠点がある。

図 7.12　レイトレーシングによる画像の例

［5］ボリュームレンダリング

これまで述べた3次元物体のデータは，主としてポリゴンとして面単位で与えられていた。これに対し3次元空間内の点ごとに，ある物理量が与えられたデータに対して，直接可視化する方法として，**ボリュームレンダリング**（volume rendering）がある。これは，物体内部の立

コラム 9：CG と画像処理技術の融合

画像処理を応用することで高品質な CG を比較的手軽に作成する手法が開発されている。例えば，複数枚の2次元の実写画像から3次元形状を求め（12章参照），それをモデリングに応用する**イメージベーストモデリング**と呼ばれる手法がある。これを用いることでモデリングの手間が大幅に省略できる。また，画像から得られた情報に基づき CG による3次元的な表現を可能にする**イメージベーストレンダリング**という手法も開発されている。例えば，実写画像とその奥行き情報を用いることで視点位置や物体の方向などを変えたときの CG を生成できる。また，実写画像から得られた照明環境を用いて3次元形状モデルのシェーディングを行う**イメージベーストライティング**と呼ばれる手法もある。

一方，カメラによる撮影時の光の方向や角度，被写体までの距離などのさまざま情報を撮影と同時に記録しておき，後で画像処理により所望の画像を生成する**コンピュテーショナルフォトグラフィ**（**計算写真学**）という分野の研究・開発も活発に行われている。例えば，スマートフォンなどのカメラでは，シャッターを切ると**露出**（イメージセンサにあてる光の量）が異なる複数枚の画像を一度に取得し，それらの画像を合成してダイナミックレンジが広い **HDR**（high dynamic range）画像を作ったり，ノイズが少ない画像を作ったりすることができる。また，微小なレンズの集合体であるマイクロレンズアレイにより光の明暗だけでなく入射方向に関する情報も取得し，撮影後の画像処理により焦点を変えた画像や立体画像などを得ることができる**ライトフィールドカメラ**も開発されている。

このように，CG と画像処理技術は密接に結びつきながら発展しているといえる。

体構造の表現や，気体，液体，固体の温度や歪み，流速，密度などの状態量を可視化する場合等に用いられる。また，大気中の水蒸気の濃度分布を用いて雲を表示したり，医療分野においてCTスキャン画像のデータを利用して立体レントゲン画像を作成する場合等にも用いられる。

［6］ ラジオシティ

ラジオシティ（radiosity）**法**は，光の相互反射を熱力学の熱輻射を応用して計算することによって，柔らかで現実感のある環境光の描写を可能にする方法である。相互反射の計算法としては，物体の構成面をいくつかの面素と呼ばれるエレメントに分割して，連立方程式を解く方法やレイトレーシングを拡張した方法などがある。レイトレーシングによるシャープな画像に比べて，間接光がもたらす柔らかい雰囲気の表現ができるという特長があり，インテリアデザインやライティングデザイン等に適している。

演　習　問　題

【1】 アンチエリアシング処理の目的と方法について述べよ。

【2】 3次元空間上の物体のモデルを2次元平面上で表現するための方法を述べよ。

【3】 よりリアルな3次元CGを表現するための手法について述べよ。

8. 領 域 分 割

画像をある一定の特徴を持つ小領域ごとに分割する処理を，**領域分割**（region segmentation）といい，物体認識や画像合成などに用いられる重要な処理の一つである。例えば，**図 8.1**（a）のような原画像に対して，同図（b）のように領域を分割しラベルを付けることができれば，その後の認識処理が容易となる。また，細胞組織の顕微鏡写真に対して領域分割により細胞質，核，背景などの領域を区別して抽出できれば，核の形状や細胞の面積等の計測が可能となる。一方で，ノイズやその他の原因で画像の質が悪く，同図（c）のように正確な領域分割が行われなかった場合，その後の認識処理が難しくなる可能性がある。このように精度の良い領域分割を行うことが必要となる。以下では，代表的な領域分割の手法について述べる。

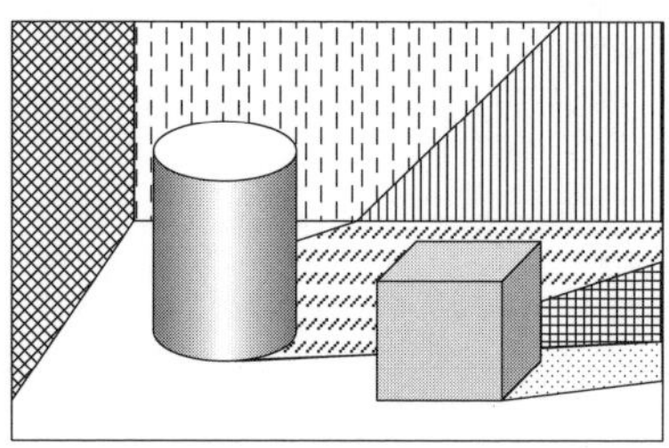

（a） 原画像

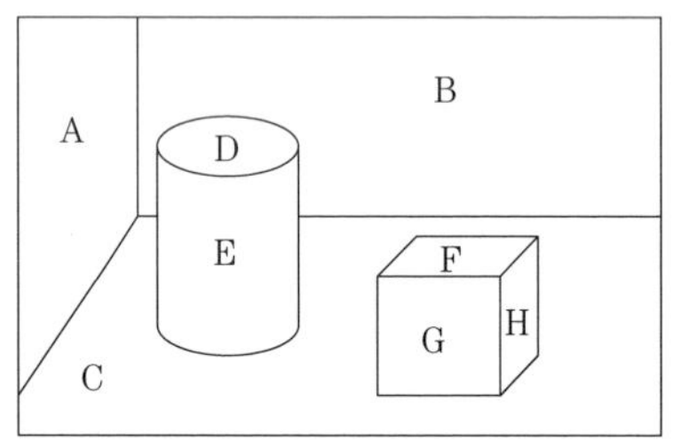

（b） 領域分割結果の例

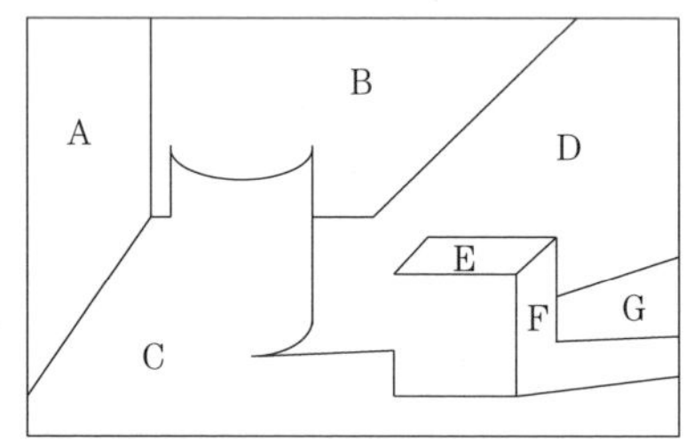

（c） 望ましくない領域分割結果の例

図 8.1 領域分割の例

8.1 原画像中のエッジを用いる方法

領域分割の最も簡単な方法は，5.4節で述べた方法により，原画像のエッジを抽出し，閉曲線で囲まれた領域を均一領域とすればよい。しかし，これは2値画像のように単純な画像に対しては有効な方法であるが，一般的な濃淡画像に対しては，明確な閉曲線が得られるとは限らないため適用が難しい場合が多い。なお，対象領域が比較的明確で滑らかなエッジで囲まれている場合は，領域の特性をエネルギー関数で表し，それを最小化させる**スネーク**（snaks）と呼ばれる手法を用いて領域分割をすることができる。

8.2 領域拡張法

領域拡張法（region growing）は，注目している小領域とそれに隣接する小領域（あるいは画素）がたがいに同じ特徴を持つとき，一つの領域に統合する処理を順次実行していくことで領域分割を行う方法である。このとき用いられる特徴量としては，小領域における濃度値の平均や濃度勾配の大きさ等が考えられ，隣接する小領域間でそれらの特徴量の差が，あるしきい値以下となる場合に領域を統合していく。しかし，この方法では，特徴量の値がゆるやかに変化していくような場合には誤った領域分割をしてしまう可能性がある。そこで，その対策としてつぎのような方法が考えられている。まず，隣接する領域を統合するとともに，これまで統合された領域に属する全画素の特徴量の平均値を求めておく。そして，この値とつぎの統合対象となる小領域の特徴量の平均値との差分が，あるしきい値以下でない場合は，たとえ隣接部における差分が小さくても統合を行わないようにする。このようにすれば，領域の統合を途中で停止することができる。

なお，上記とは逆に画像全体から均一でない領域を細分化していく**分割法**や，中間レベルの分割画像から処理を開始し，隣接領域の統合と部分画像への分割処理を並列に実行する**分割統合法**（split and merge method）などの手法もある。

8.3 特徴空間におけるクラスタリングを用いた方法

前項までに述べた方法は，隣接する小領域間での特徴量を用いた手法であるが，10.3.3項で述べるK-means法やミーンシフト法などの**クラスタリング**の考え方を用いた領域分割法もある。これは，まず小領域が持つ特徴量を**特徴空間**に写像し，特徴空間上でのクラスタリングを行う。つぎに，それぞれのクラスに属する小領域にラベルを与え，これを画像空間に戻すことにより領域分割を行う。この方法によれば高い分類精度が得られるが，隣接しているという情報を考慮しにくいという欠点がある。そこで，領域拡張法とクラスタリングを組み合わせた方法も提案されている。これは，まず画像を領域拡張法を用いて通常よりも細かい小領域に分割しておき，つぎに，得られた小領域ごとにクラスタリングの手法を用いて，より精密な領域分割を行う方法である。

8.4 テクスチャ解析

図 8.2 のように，繰り返し模様のような規則性を持つ周期的なパターンによって構成される画像を**テクスチャ**（texture）という。人間には，テクスチャに基づいて画像の中から対象物を識別したり，遠近感などの空間知覚を得たりする能力がある。そこで，テクスチャに基づいた分類や領域分割処理を行おうとする**テクスチャ解析**（texture analysis）の手法が研究されている。以下では，テクスチャ解析のおもな手法について述べる。

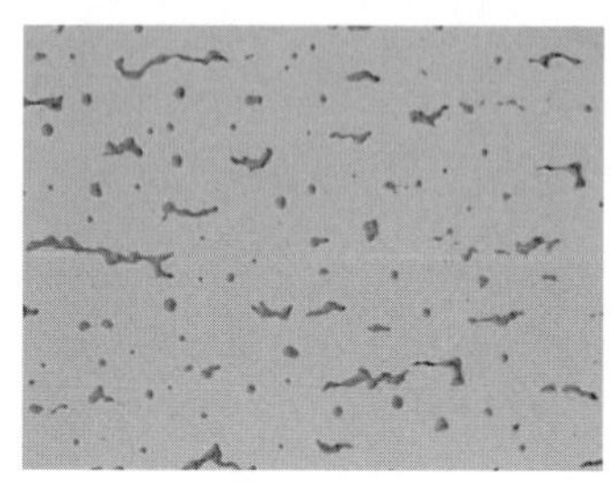

（a） 石

（b） 木目

（c） 布

図 8.2　テクスチャの例

［1］ 統計的特徴量による解析

テクスチャにおけるパターンの統計的性質を利用してテクスチャ解析を行う方法として，以下のような手法がある。

（a） 濃度ヒストグラムを用いる方法　濃度ヒストグラムから得られる平均・分散等の統計量を用いれば，テクスチャの類似性を調べることができる。すなわち，特徴量が二つの領域で同じ（あるいは，あるしきい値以下）であれば同じテクスチャ領域であると見なされる。ただし，この方法ではテクスチャの 2 次元的な濃度変化をとらえることが難しいという欠点がある。そこで，エッジの大きさや方向に関するヒストグラムを作り，濃度ヒストグラムから得られる統計量と組み合わせてテクスチャの類似性を調べる方法もある。

(b) 濃度共起行列を用いる方法　**濃度共起行列**（gray-level cooccurrence matrix）は，画像内の濃度 i の画素から一定の距離 $\delta=(\theta, r)$（ただし，θ，r は極座標表示のパラメータ）だけ離れた画素の濃度が j である確率 $P_\delta(i, j)$ を求めたものである。これに対していくつかの統計量をあてはめて，テクスチャの特徴量を計算することにより類似性を調べることができる。この方法は，二つの画素の組における濃度の配置具合を特徴づけることができるため，各画素の濃度が独立に扱われる濃度ヒストグラムを用いた方法と比較して，テクスチャの特徴をうまく表現できる。

〔2〕 パワースペクトルによる解析

図 8.2 のそれぞれのテクスチャに対して FFT を用いてパワースペクトルを求めた結果を**図 8.3** に示す。図よりわかるように，パワースペクトルはテクスチャの特徴をよく反映している。いま，FFT により得られたパワースペクトルを**図 8.4**(a)に示すように，$(u, v)=(0, 0)$の原点を中心に極座標形式を用いて$|F(r, \theta)|^2$で表せば，パワースペクトルの r 方向成分はテクスチャの粗さを表す。すなわち，$|F(r, \theta)|^2$ の中心部付近（r が小さい領域）だけが大きくなる場合は，低周波成分が大きいことに相当するため，テクスチャの密度が粗く，逆に周辺部分のみ（r が大きい領域）で$|F(r, \theta)|^2$が大きい場合は密度が高いことに相当する。したがって，次式のように，ある r において θ 方向にパワースペクトルの積分を行った $P(r)$ をテクスチャ解析に用いることができる。

(a) 石

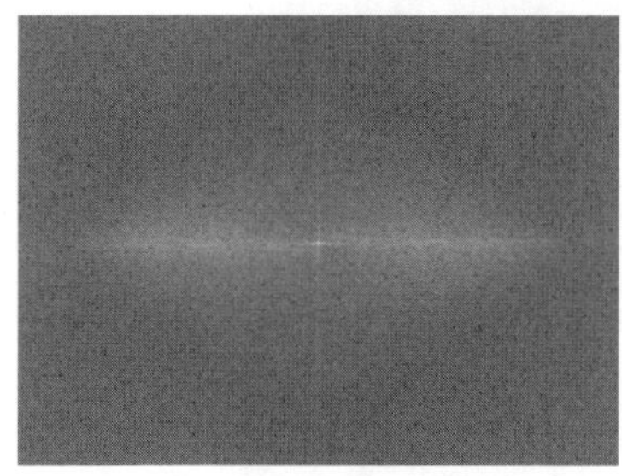

(b) 木目

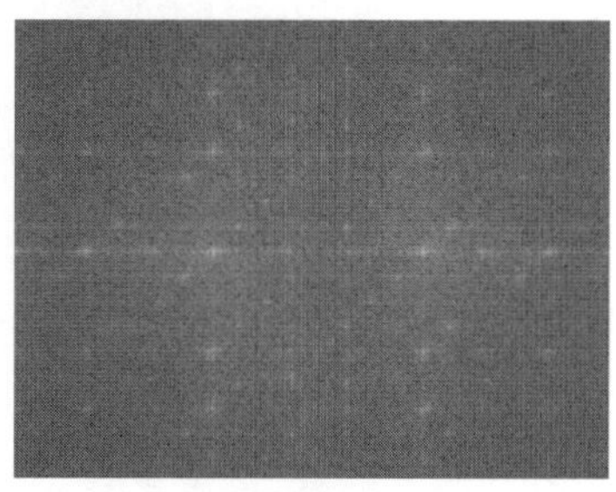

(c) 布

図 8.3 テクスチャのパワースペクトル

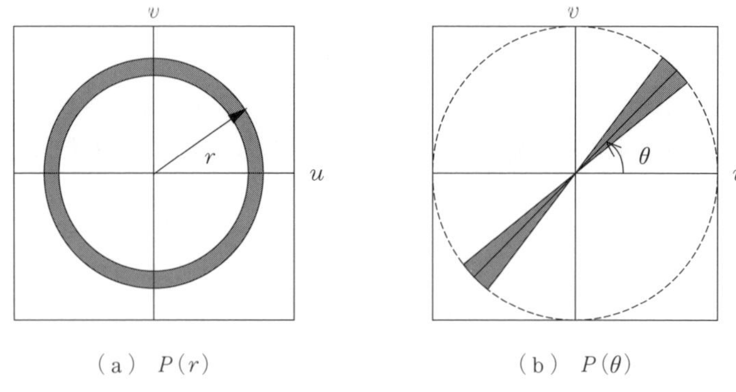

（a）$P(r)$　（b）$P(\theta)$

図 8.4　パワースペクトルによるテクスチャ解析

$$P(r)=\int_0^{2\pi}|F(r,\theta)|^2 d\theta \tag{8.1}$$

同様に，図 8.4（b）に示すように，ある θ 方向について，その方向の $|F(r,\theta)|^2$ が大きい場合，その方向における濃淡変化が大きいことに相当する。したがって，パワースペクトル $|F(r,\theta)|^2$ の θ 方向の成分 $P(\theta)$ はテクスチャの方向性の解析に用いられる。

$$P(\theta)=\int_0^{r\mathrm{max}}|F(r,\theta)|^2 dr \tag{8.2}$$

ただし，r_{max} は通常，画像の x あるいは y 方向のナイキスト周波数（標本化周波数の 1/2）とする。

［3］ ガボールフィルタを用いる方法

ガボールフィルタ（Gabor filter）は**図 8.5** に示すような形をしたフィルタであり，エッジの検出などに用いることができる。三角関数とガウス関数を掛け合わせることで得られ，ウェーブレット変換（4.4.2 項）の一種といえる。異なる周波数，方向を持つガボールフィルタで構成されるフィルタバンクを畳み込んでテクスチャの特徴量を求めることで，テクスチャ解析に

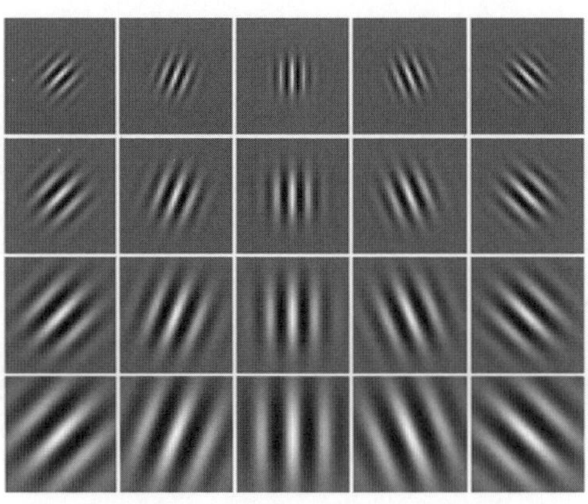

図 8.5　ガボールフィルタの例

用いることができる。なお，脳の一次視覚野（1.1 節）における単純型細胞の活動はガボールフィルタで近似できることが知られている。

8.5 グラフカット法

グラフカット（graph cut）法は，画像の各領域を対象図形あるいは背景の一部としてラベル付けし，適切に領域分割がされたときにコストが最小となる問題として定式化し，それを「エネルギー最小化」という枠組みでとらえ，数学分野の一手法であるグラフ理論により解く手法である。グラフカットを用いた手法では，ユーザが対象物体を含む矩形領域を大まかに指定し，さらにその外側を背景領域，内側を前景候補領域として指定して計算を行うことが多い。

8.6 深層学習を用いた領域分割

深層学習の性能向上により，従来の手法では難しかった領域分割が容易に実現できるようになった。特に，**図 8.6** に示すように，個体ごとに領域分割をする**インスタンスセグメンテーション**（instance segmentation）と，物体の種類ごとに領域分割する**セマンティックセグメンテーション**（semantic segmentation）が可能となっている．

図 8.6（a）の入力画像に対して，図（b）のインスタンスセグメンテーションでは，人物やテーブルが個体ごとに領域分割されている。これに対して，図（c）のセマンティックセグメンテーションでは，人の領域とテーブルの領域が領域分割されており，物体の種類ごとに領域分割がされていることがわかる。なお，深層学習の詳細については 11 章で述べる。

（a）　入力画像

（b）　インスタンスセグメンテーション

（c）　セマンティックセグメンテーション

図 8.6　深層学習を用いた領域分割（セグメンテーション）の例

演　習　問　題

【1】　領域分割における分割統合法について，その処理手順を考えよ。
【2】　代表的なテクスチャ解析の手法についてまとめよ。
【3】　インスタンスセグメンテーションとセマンティックセグメンテーションの違いを説明せよ。

9. 特徴・パターンの検出

画像の中から特定のパターンを検出したり，特徴点，線，円などの基本的図形要素を検出したりすることは，画像認識の基本技術としてよく行われる。また，特定の画像パターンを検出する場合，テンプレートマッチングが用いられることが多い。本章ではまずテンプレートマッチングについて説明した後，パターン認識でよく用いられる図形の形状特徴である局所特徴とその求め方について述べる。

9.1 テンプレートマッチング

ある画像の中に存在するパターンと同じものが，他の画像中のどの部分に存在するかを対応付ける処理のことを**パターンマッチング**（pattern matching）という。パターンマッチングの手法のうち代表的なものとして，**テンプレートマッチング**（template matching）がある。これは，**図 9.1** に示すように，あらかじめ**テンプレート**（template）と呼ばれるパターンを画素単位で表現したものを用意し，これを移動（スキャン）しながら画像と重ね合わせて，パターンと対象画像との相関を調べる方法である。

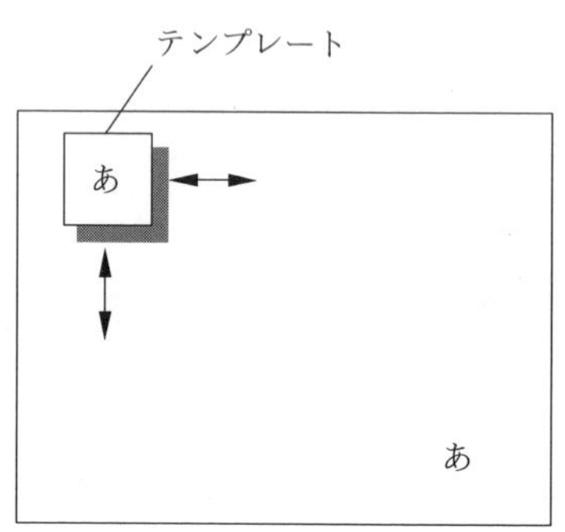

図 9.1 テンプレートマッチング

テンプレートマッチングにおいて，二つの画像の違いを測る尺度として，以下に述べる残差 R（sum of absolute diffence：SAD ともいう）がよく用いられる。いま，対象画像を $I(m,n)$（画像サイズを $M\times N$），テンプレートを $T(m,n)$ とすると

$$R=\sum_{j=1}^{M}\sum_{i=1}^{N}|I(i,j)-T(i,j)| \tag{9.1}$$

このとき，残差 R が小さいほど画像間の相関が大きい。また，つぎの**相互相関係数**（normalized cross correlation：NCC ともいう）C が用いられることもある。

$$C=\frac{\sum_{j=1}^{M}\sum_{i=1}^{N}\phi(i,j)\varphi(i,j)}{\sqrt{\sum_{j=1}^{M}\sum_{i=1}^{N}\phi(i,j)^2\sum_{j=1}^{M}\sum_{i=1}^{N}\varphi(i,j)^2}} \tag{9.2}$$

ただし，$\phi(i,j)=I(i,j)-\left(\sum_{j=1}^{M}\sum_{i=1}^{N}I(i,j)\right)/NM,\ \ \varphi(i,j)=T(i,j)-\left(\sum_{j=1}^{M}\sum_{i=1}^{N}T(i,j)\right)/NM$

このとき，相互相関係数 C の値が大きいほど画像間の相関は大きい。これを用いた方法は，**相関マッチング**（correlation matching）とも呼ばれる。

なお，テンプレートマッチングは，人や顔，動物などの一般的画像よりも，工業製品のような背景が単色で対象物体以外の背景領域に外乱やノイズが少ない場合の検出に適している。

さて，図 9.1 の例で，「あ」という文字を画像の全領域から探索するには多くの処理時間を要する。そこで，**画像ピラミッド**（image pyramid）を使うことで高速にマッチングを行う手法がよく使われる。画像ピラミッドは，**図 9.2** のようにさまざまなスケールのフィルタを画像に適用したもの（つまりさまざまな解像度を持つ画像）をピラミッド状に並べたもので，**多重解像度表現**とも呼ばれる。図では，最も解像度の高い画像を下に置き，5.2 節で述べたガウシアンフィルタによりぼけ具合を段階的に高めた（つまり解像度を下げた）画像を順に並べた形となっている。テンプレートマッチングでは，まず最も低解像度の画像を用いて探索し，おおまかに一致する候補位置を求める（その際，テンプレート画像も解像度を下げたものが使われる）。解像度が低ければ（画素数が少ないので）探索に必要な計算時間が短縮できる。

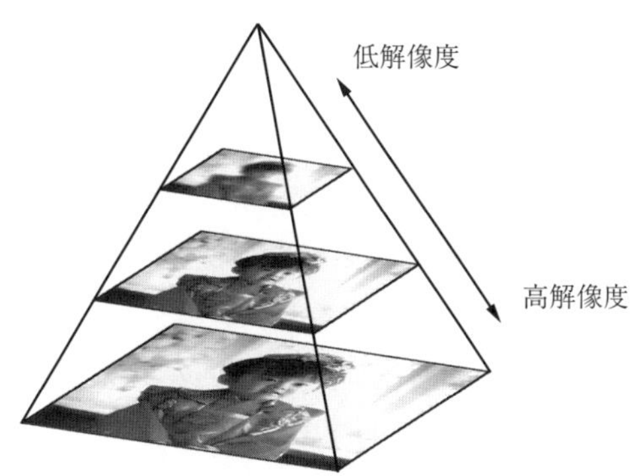

図 9.2 画像ピラミッドの例

つぎに 1 段高い解像度の画像を用いて，先に求めた候補位置の周辺のみを再探索してマッチングの精度を高めていく。再探索は部分的に行えばよいので，トータルの計算時間を短縮することができる。なお，高速化の手法には，上記に加えてマッチングの途中で，設定したしきい値よりも類似度が低いと判断された段階で計算を中断し，つぎのエリアのマッチング処理に進む**残差逐次検定法**（sequential similarity detection algorithm：**SSDA**）が組み合わせて使われることが多い。

9.2　局所特徴

画像認識に用いられる特徴には6.4節で述べたような図形の形状特徴をはじめとしてさまざまな特徴がある。その一つに，画像中の小領域に見られるパターンや際立つ構造を持つ特徴である**局所特徴**（local feature）を用いる方法がある。局所特徴は，画像の局所的な小領域から計算される量であり，抽出された特徴点のことを**キーポイント**（keypoint）ともいう。

図9.3(a)のように，図形の輪郭線の中では直線部分よりも曲がったコーナのほうが周辺との自己相似性が低く特徴的な構造を持つため，局所特徴として適している。また，図(b)のような周辺領域に対して中心部分の領域の濃度値が小さい（もしくは大きい）ような小領域も局所特徴として適しており，これを**ブロブ**（**blob**）という（ただし，必ずしも図(b)のような同心円状の特徴画像とは限らない）。

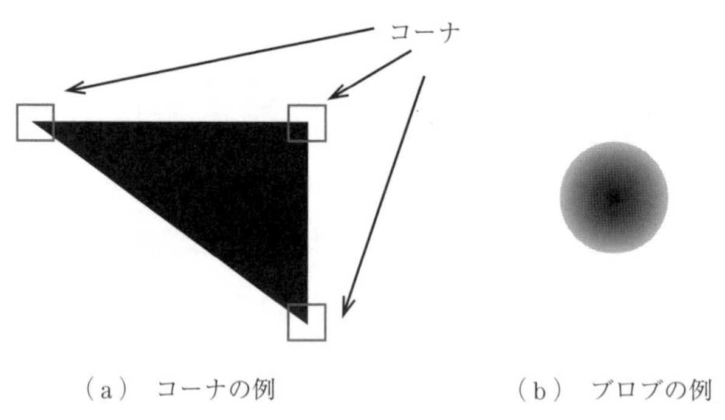

（a）　コーナの例　　　　（b）　ブロブの例

図9.3　局所特徴の例

9.2.1　Harrisのコーナの検出

コーナ検出の代表的方法に**Harrisのコーナ検出**がある。本手法では小領域における濃度値の勾配の曲率が極大値となるところをコーナとして検出する。まず入力画像に平滑化処理を行った後，入力画像の濃度値$I(x,y)$に対してx，y方向の濃度勾配をそれぞれIx，Iy（5.3節参照）とし，ある小領域における濃度値の勾配の総和を要素に持つ行列Mを求める。

$$M=\sum_{x,y}\begin{pmatrix} I_x^{\,2} & I_xI_y \\ I_xI_y & I_y^{\,2} \end{pmatrix} \tag{9.3}$$

図9.4のように行列Mの2個の固有値λ_1，λ_2がともに大きいときは勾配の曲率が大きくなりコーナと判定される。実際には$C=\lambda_1\lambda_2-k(\lambda_1+\lambda_2)$で定義される$C$が適当に設定したしきい値よりも大きければコーナと判定される。ただし，kはパラメータであり，0.04〜0.06の値がよく使われる。**図9.5**にHarrisのコーナの検出例を示す。

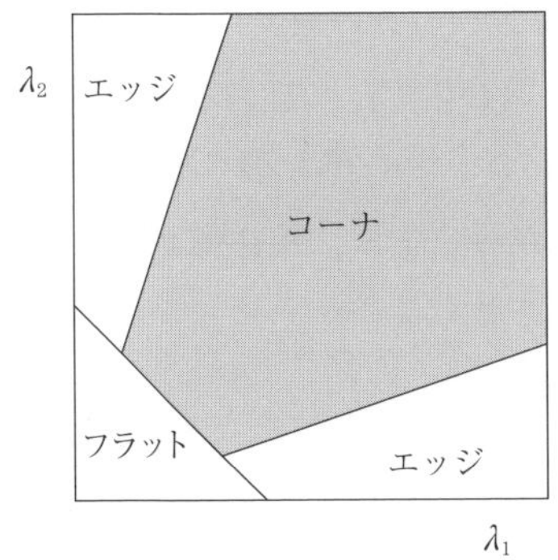

図 9.4　固有値 λ_1, λ_2 によるコーナの判定

図 9.5　Harris のコーナ検出例

9.2.2　FAST によるコーナ検出

画像中のコーナを高速に検出する実用的な手法に **FAST**（features from accelerated segment test）がある。FAST は**決定木**（10.3.2 項［4］参照）と呼ばれる木構造を持つ機械学習の一種を用いてコーナの判定を行う。

コーナの判別には**図 9.6** に示すように，入力画像の画素 p を注目画素として，周囲の 16 画素と注目画素の明暗を比較して，「明るい」，「類似」，「暗い」のいずれかに応じて決定木の分岐ノードに従い上から下に向かって分岐していく。ノードと呼ばれる丸印の中の数字は着目すべき周辺の画素番号を示す。そして着目している画素が「明るい」，「類似」，「暗い」のどれか

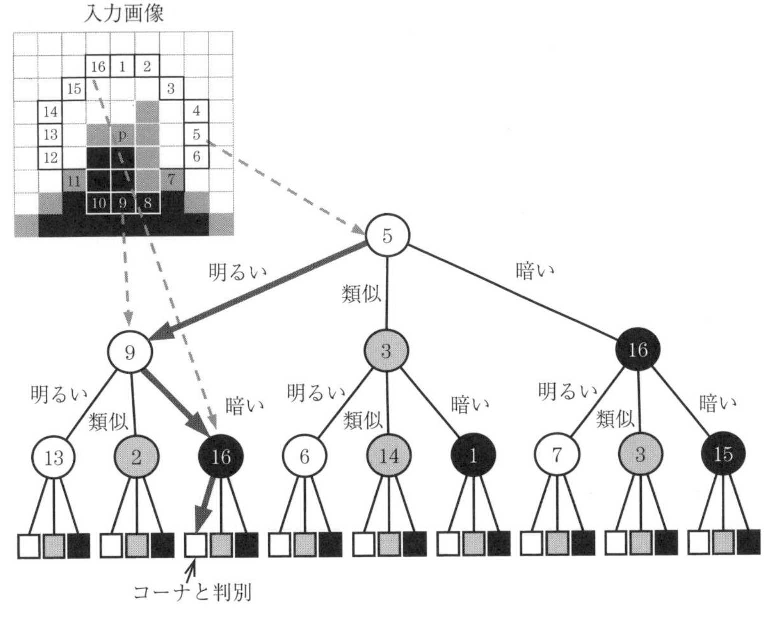

図 9.6　決定木によるコーナ検出

によって，つぎに見るべき画素が決まる。図の例では最初の 5 の画素は注目画素 p よりも明るいのでつぎに 9 番に着目する。画素 9 は画素 5 より暗いので，つぎは 16 番に着目する。画素 16 は画素 9 より明るいので末端に到達する。末端には，コーナもしくは非コーナのラベルがついている。最終的に，この例ではコーナと判別される。なお，決定木は事前に大量のコーナ画像と非コーナ画像を用いて機械学習により作成しておく。

9.2.3 ブロブの検出

9.2 節の初めに述べたように，ある小領域とその周囲の領域の状況が異なる部分をブロブという。ブロブの検出には，画像のスケール（拡大縮小）に対して検出精度が劣化しないようにすること（これを**スケール不変**という）が望ましい。**図 9.7** に検出の過程を示す。まず，原画像 $I(x, y)$ に対してガウシアンフィルタ（5.2 節）をさまざまな σ の値で適用したものを作成する。

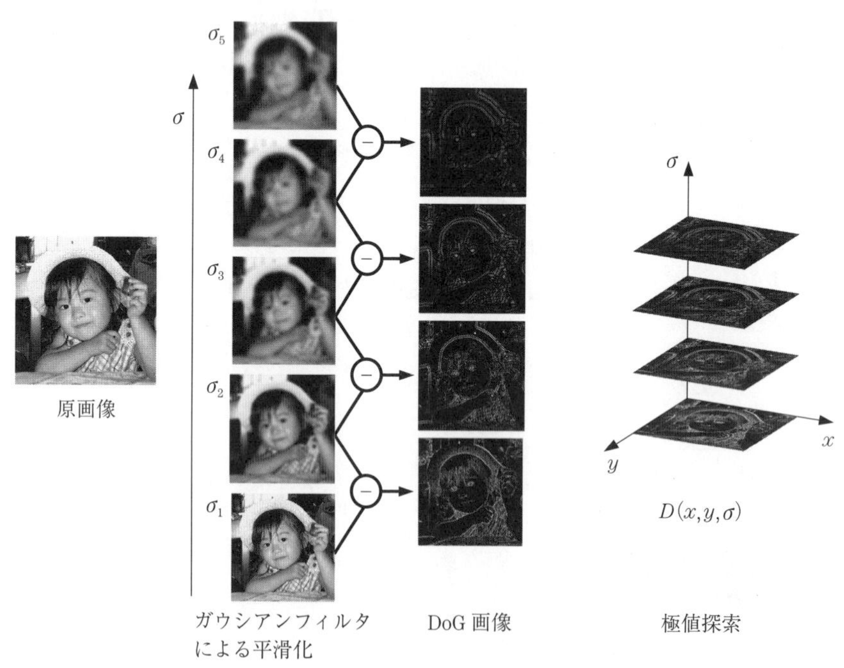

図 9.7　ブロブの検出過程

これは 9.1 節で述べた画像ピラミッドに相当するものである。ガウシアンフィルタの式 (5.1) において，σ の値が大きいほど強く平滑化されぼけた画像となる。画像をぼけさせると小さなブロブは消え，サイズの大きいブロブだけが検出できるようになる。このように σ はスケールに対応し，さまざまなスケールのブロブが検出可能となる。つぎに，図 9.7 の上下に隣接したそれぞれのスケールの画像に対して，差分画像を求める。これを **DoG**（difference of Gaussian）という。なお，DoG は LoG（5.4.2 項）を近似したものである。

さらに，画像平面の x，y 軸に σ を加えた3次元空間 $D(x, y, \sigma)$ の特定領域（注目画素を中心とした3×3×3の近傍）ごとに，濃度値の変化量が極大となる点をブロブの候補として求める。その後，対応付けに適さないエッジ上の点やコントラストの低いキーポイントを除外し，最終的なブロブの位置とスケール（σ）を求める。

図9.8にDoGによるブロブの検出例を示す。○の中心がブロブの位置，○の半径がスケール情報を表し，どのくらいのスケールで特徴が存在するのかがわかる。

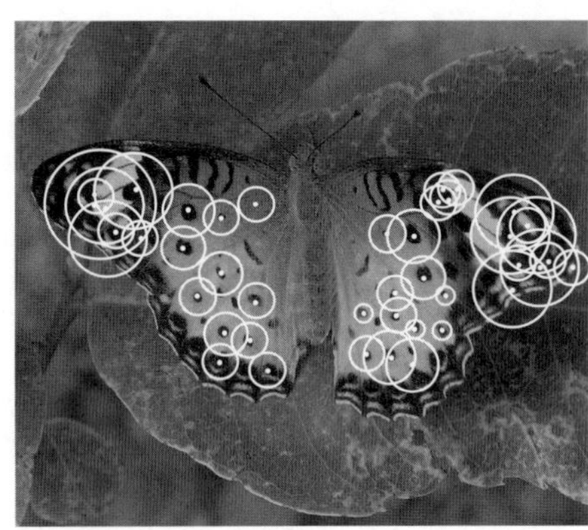

図9.8　ブロブの検出例

9.2.4　SIFT

先に述べた局所特徴を，画像認識がしやすくなるようにベクトルなどの形で表現したものを**記述子**（descriptor）という。ここでは記述子の例としてSIFTについて説明する。SIFTは画像のスケールの変化（つまり拡大・縮小）だけでなく画像が回転した場合でも対応付けができる記述子である。具体的には，先に述べたブロブの検出でスケールが決定した特徴点（キーポイント）（**図9.9**(a)）の領域内の各画素の勾配強度と傾き方向を式（5.8），（5.9）と同様な計算（ただし特徴点の中心に近いほど高く重み付けする）により求める。そして，その分布から勾配強度の和が最も大きい角度を特徴点における支配的な方向（これを**オリエンテーション**という）とする。つぎに，求まったオリエンテーションの方向にあわせて矩形領域を同図(b)のように回転させ，勾配情報に基づく特徴量を記述する。ここで，特徴を記述する矩形領域は，16個（=4×4）の領域に分割する。そして，各領域における勾配方向の分布を6.4節で述べた方向コード（図6.18(a)）と同様の考え方で8方向に量子化し，それらを加え合わせることで特徴量を得る（同図(c)）。これにより，16領域×8方向=128次元の特徴量となる。

SIFTによる処理イメージを**図9.10**に示す。図中で円の中心から伸びる線分が特徴点における方向（オリエンテーション）を示す。図より，画像が回転しても同じキーポイントに対しては，オリエンテーションも適切な方向に表示され，拡大・縮小や回転の影響を受けずに異なる画像同士で対応点のマッチングが可能となる。図の例にあるように，異なる画像におけるキー

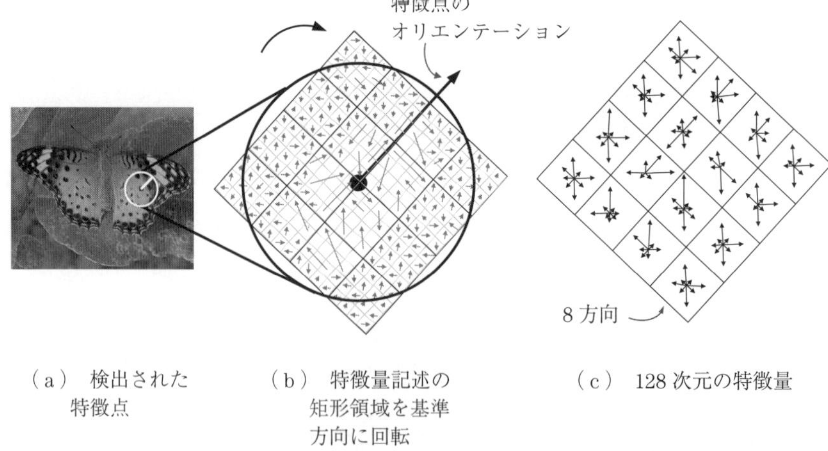

（a） 検出された特徴点　（b） 特徴量記述の矩形領域を基準方向に回転　（c） 128次元の特徴量

図9.9　SIFT特徴量の記述方法

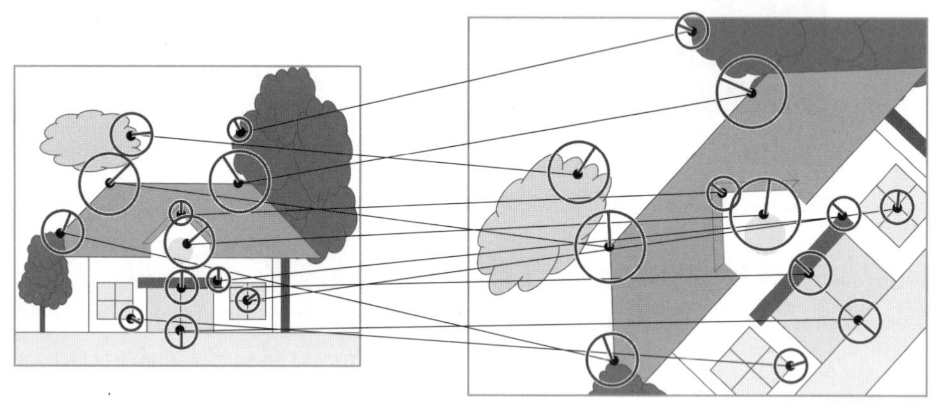

図9.10　SIFTによる対応点の検出

ポイントのマッチングには，各特徴量のユークリッド距離が小さいものをマッチさせればよいが，すべてのキーポイントに対して距離を計算するのには時間がかかる。そこで，特徴量を一種の空間的なデータ構造に格納しておき，木構造を用いて探索する**Kd-tree法**や，類似したデータをハッシュ表（インデックス）にまとめておき探索する**ハッシング**（hashing）を用いてマッチングの計算時間を短縮する手法がよく使われる。このようなキーポイントのマッチングは，ステレオカメラでの特徴点対応の計算（12.3.2項参照），パノラマ画像などを作成する際の**画像位置合わせ**（image registration），特定物体の同定などに応用できる。

9.2.5　HOG

HOG（histograms of oriented gradients）は，物体や人物の検出でよく使われる特徴量（記述子）である。SIFTは検出された特徴点のみに対して特徴量を記述するのに対し，HOGでは画像全体を格子状に分割して特徴量の記述を行う。そのため，画像内の大まかな物体形状を表

コラム 10：さまざまな記述子

上記の SIFT や HOG 以外にも多くの局所特徴が，検出器と記述子のセットで提案されている。以下にその代表的なものをあげる。

SURF（speeded up robust features）

SIFT ではブロブの検出に DoG を使うが，SURF は平滑化フィルタの一種であるボックスフィルタを使うことで処理が高速化されている。

BRIEF（binary robust independent elementary features）

SIFT は大量のメモリが必要でマッチングに時間がかかるが，BRIEF は特徴量記述子を使わず 2 値ベクトルを用いることで省メモリ化を実現している。計算，マッチングを高速に行え，平面内の回転に対しても高い認識率を実現できる。ただし，BRIEF は特徴量記述子であるため特徴点検出器を別途組み合わせて使う必要がある。

ORB（oriented-BRIEF）

FAST（9.2.2 項）による特徴点検出と先に述べた BRIEF による特徴量記述子を組み合わせたものである。SIFT や SURF より高速に動作し，SURF より精度が良いとされている。

AKAZE（accelerated-KAZE）

AKAZE の前に作られた KAZE は，SIFT や SURF において，画像の平滑化により重要な特徴が消えるという欠点を改善したものだが，計算に時間がかかるという問題があった。AKAZE はアルゴリズムを工夫して KAZE を高速化したものである。また，商用・非商用を問わず利用できる。

現することが可能である。HOG では画像の局所的なブロックごとに SIFT の場合と同様に濃度値の勾配方向の分布を方向コード（ただし 9 方向）で量子化し，それらの分布から記述子を求める。SIFT のように対象物の回転や大きさの変化へ対応することは難しいが，ある程度大きさが定まっている物体や，対象が一定の枠内に写っている画像等では，照明の変化などに強いという特長がある。

9.2.6 bag-of-visual words

1 枚の画像からは複数の局所特徴量が求まるが，これらを統合して画像全体としての特徴量を構成する手法に **bag-of-visual words**（**BoVW**）がある。これは，自然言語処理でよく使われる bag-of-words（単語の袋詰めの意味）を画像に応用したもので **bag-of-features** とも呼ばれる。bag-of-words では文章を単語の集合と見なし，単語の語順を無視し，その頻度分布をヒストグラムで表すことで文章の分類を行う手法である。これに対して，BoVW では画像をキーポイントの集合と見なし，その位置情報を無視して画像の認識を行う。**図 9.11** に bag-of-visual words における処理の流れを示す。本手法では，まず複数の画像から SIFT（あるいは，SURF，HOG など）により局所特徴量を抽出し，求まった特徴ベクトルを K-means 法（10.3.3 項）を用いて K 個のクラスタにクラスタリングする。このとき，各クラスタの重心（セントロイド）を求める（これを visual word と呼ぶ）。また，visual word の集合を**コードブック**（あるいは**辞書**）と呼ぶ。そして，全画像中のそれぞれの局所特徴量をそれに一番近い visual

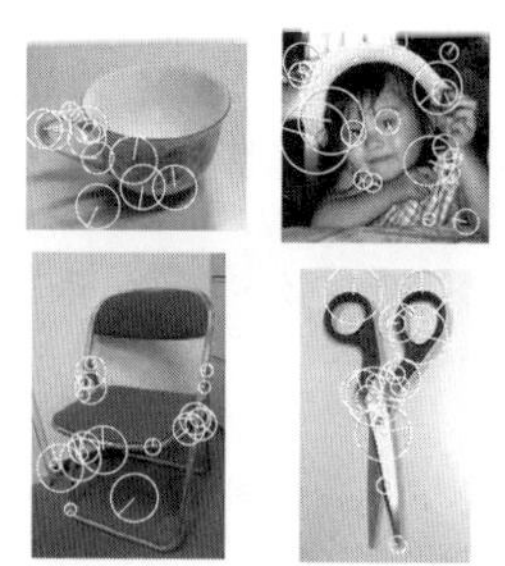

（a） さまざまな画像から局所特徴を抽出

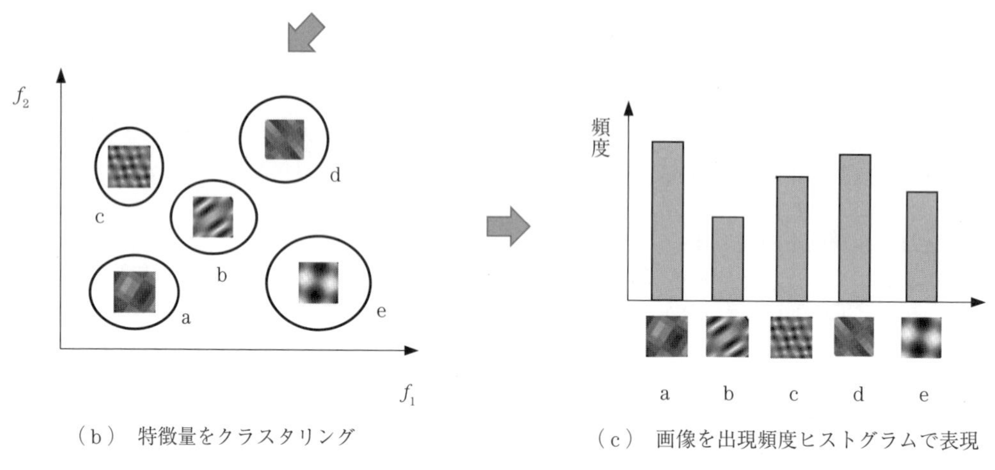

（b） 特徴量をクラスタリング

（c） 画像を出現頻度ヒストグラムで表現

図 9.11　bag-of-visual words による処理の流れ

word で代表させる。これは，各クラスタから代表ベクトル（visual word）を決めて，それに近い他のベクトルを代表ベクトルに置き換えて符号化する**ベクトル量子化**（4.4.2 項）に相当する。特定の画像を分類するときは，図 9.11（c）のようにその画像に visual word がいくつ出現するかを表現した出現頻度ヒストグラムを作成し，それを特徴量とする。こうして求まった特徴量に対して SVM（10.3.2 項）などを用いることで，画像の中にある物体がなんであるかを識別することができる。本手法は画像の変形や位置変化に強く，画像カテゴリ分類や類似画像の検索などに使われる。

演　習　問　題

【1】 テンプレートマッチングにおいて画像ピラミッドを用いて高速にマッチングを行う手法について説明せよ。

【2】 代表的な局所特徴とその検出手法についてまとめよ。

【3】 SIFT が画像の拡大縮小および回転に強い理由を述べよ。

【4】 bag-of-visual words による画像の分類や検索手法について説明せよ。

10. 画像認識

画像認識（image recognition）は，画像の中から必要なものを見つけたり，対象とする画像がなにを意味するか，あるいはなにを含んでいるかについて解析・判断を行う処理であり，**パターン認識**（pattern recognition）の一種といえる。パターン認識は，画像や音声などの認識対象がいくつかの概念（**クラス**（class）あるいは**カテゴリ**（category）ともいう）に分類できるとき，データから一定の規則や意味を持つ対象（パターン）として識別し，特定の概念に対応付けする処理のことである。画像のパターン認識では対象物の画像データを用いて学習し，新たな画像を識別する。本章では画像認識に関する概要およびパターンの識別手法について述べる。ただし，ニューラルネットワークと深層学習については次章で述べる。

10.1 画像認識のタスクとプロセス

画像認識には**シーン認識**（scene ricognition）と**物体認識**（object recognition）がある。シーン認識は，複数の物体が存在する場合に全体としてどんなシーンであるのか（例えば「街中」,「浜辺」など）を認識させるものである。これに対して，物体認識には**特定物体認識**（**インスタンス認識**（instance recognition）ともいう）と**一般物体認識**（**クラス認識**（class recoginition）ともいう）がある。例えば犬には秋田犬，チワワ，ブルドッグなど多くの犬種があるが，秋田犬などの特定の犬種だけを認識するタスクが特定物体認識である。これに対して，単に犬かどうかを認識するタスクが一般物体認識である。また，画像認識のその他のタスクに，画像中の物体に対して登録パターンと同一かどうかを照合する**画像照合**（image matching）や，ある物体が画像中のどこにあるかを求める**物体検出**（object detection）などがある。画像認識のタスク解決には機械学習による手法がよく用いられる。従来は画像の特徴量に基づき統計的パターン認識（10.3節）により識別する機械学習が主流であったが，近年は深層学習（11.2節）の性能向上により一般物体認識などが可能となっている。

画像認識の過程は一般的に以下に示すプロセスにより行われる（**図 10.1**）。

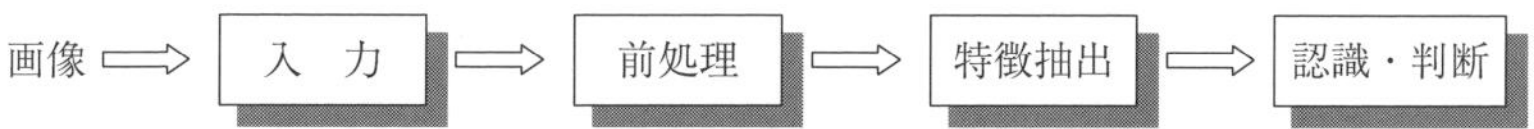

図 10.1　画像認識のプロセス

［1］ 入　　力

カメラ，ビデオカメラ等により，画像を2次元信号として取得する。撮影時の照明や，画像をディジタル信号に変換する際の，量子化誤差等による画質の劣化に注意する必要がある（2章参照）。

［2］ 前 処 理

画像に含まれるノイズの除去や，画像の強調処理，歪みの補正等を行う（5章参照）。また，対象となる図形の拡大・縮小・回転等の幾何学的変換や図形の切り出し，領域分割等を必要に応じて行う。これらの処理により，後の処理の実行が容易になる（コラム11参照）。

［3］ 特徴抽出

対象とする画像の解析・判断を行うための特徴を計測し抽出する。特徴としては，形状に関する特徴量や画像の色・濃淡に関する特徴量などがある。特徴抽出の手法は画像認識のアルゴリズムによって異なる。9.2節で述べた局所特徴も機械学習で使われる重要な特徴といえる。なお，11章で述べる深層学習ではニューラルネットワークにより自動的に特徴抽出が行われる。

［4］ 認識・判断

計測された特徴量を用いて判断の結果を導く。機械学習の学習フェーズでは訓練データ（学習データともいう）の画像を用いて学習を行い，認識フェーズではその結果を用いて認識・判断を行うことになる。統計的パターン認識を用いた機械学習における認識（識別）については10.3節で述べる。また，深層学習に関しては次章で述べる。

10.2 ルールベースに基づく画像認識

1.4節で述べたように，知識ベースを人間がルールとして記述し，そのルールに従ってコンピュータに処理させようというルールベースを活用した画像認識がある。画像認識研究の初期に検討された古典的な方法として，パターンに存在するなんらかの構造に基づいて認識を行う**構造的パターン認識**（syntactic pattern recognition）と呼ばれる方法がある。例えば，**図10.2**（a）のような情景（シーン）が与えられたとする。このとき，まずシーンを同図（b）に示すようなツリー構造で表現する。そして，「側面が壁，窓，ドアから構成され，側面が屋根と隣接している」といった構造的関係から，情景の中に「家」が存在していると判断する。構造的パターン認識は，パターン構造を記述するための手間がかかり，雑音を含むパターンに対しては処理が難しいという欠点があるため，現在はおもに統計的パターン認識や深層学習が使われるようになっている。

なお，1.4節でも述べたように，エキスパートシステムもルールベースによる手法の一つといえる。エキスパートシステムは一般に，知識ベースおよび知識ベースに蓄積された知識に基づいて新たな仮説や結論などの知識を推論する推論機構，そしてユーザインターフェースから

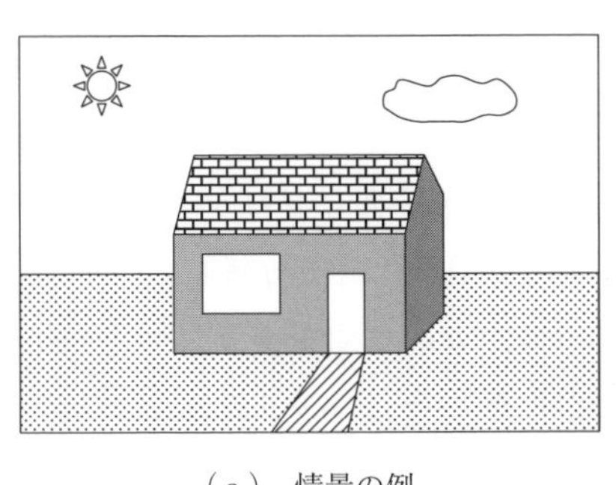

（a） 情景の例

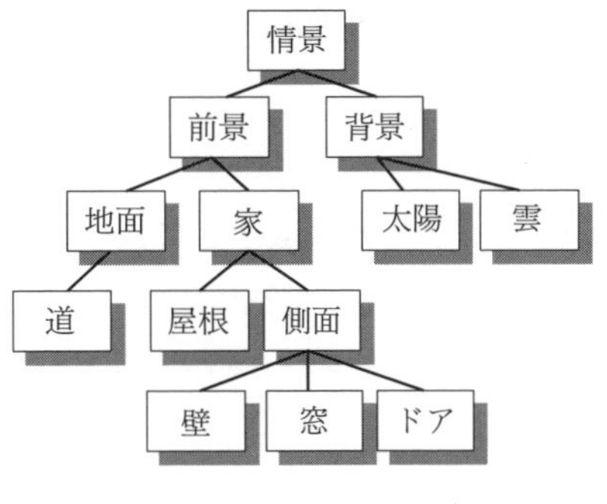

（b） ツリー構造による表現

図 10.2 構造的パターン認識

構成される。専門家の経験則は,「もし～の場合は～となる」という「if ～ then～」形式のルールにより表される（ルールベース）。画像処理エキスパートシステムにおいては，コンピュータが画像処理の目的，入力画像や中間処理結果の状態，処理結果の満足度等をユーザに問いかけながら，自動的に最適な画像処理手順を生成したり画像の認識を行う手法が考えられている。しかし，専門家が持つ知識には専門家でも具体的に言語化できない暗黙知が少なくなく，知識として体系化しづらい例外が存在し，知識を教えると矛盾が発生することや，知識を言語化し明示的に表現して知識ベース化する作業が必要であるなどの問題点もある。一方で，知識として体系化が可能である分野であればエキスパートシステムの方が適している場合もある。

10.3 統計的パターン認識

パターン認識では，**図 10.3** に示すような画像に対して，画像上の図形パターンあるいは画素をメロンやバナナといった意味づけられた**カテゴリ**（もしくは**クラス**）に対応付けるような処理を行う。本節では，パターンの特徴量に基づいて，統計的手法によりパターン認識を行う**統計的パターン認識**（statistical pattern recognition）の概略について述べる。

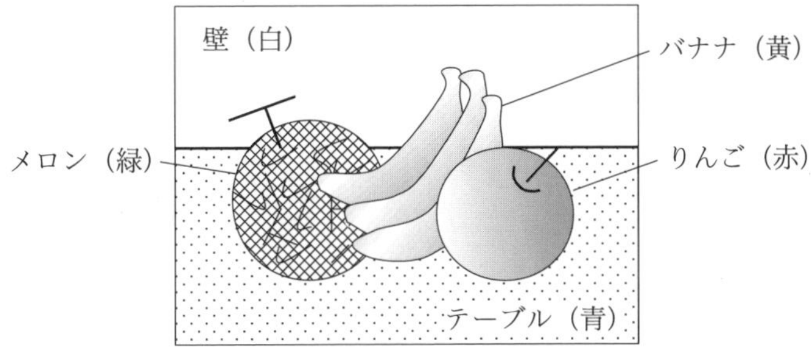

図 10.3 パターン認識の対象

10.3.1 特 徴 空 間

統計的パターン認識においては，入力パターンを的確に表現できるような特徴を選択することが重要となる。例えば，図10.3において，特徴を各画素についてのR，G，B（赤，緑，青）の各濃度値f_R，f_G，f_Bを特徴として選び，画素ごとに3次元空間にプロットすると**図10.4**のように表される。図より，それぞれのカテゴリが異なる集団として分離していることがわかる。このように特徴空間において塊となっているサンプルの集団を**クラスタ**（cluster）という。また，カテゴリを特徴付ける座標空間を**特徴空間**（feature space）と呼ぶ。特徴は画素の色に限らず，認識対象の大きさや幾何学的形状および9.2節で述べた局所特徴など，認識対象に応じて適当に選ばれる。これを**特徴選択**（feature selection）という。また，この例では特徴の数は三つであったが，それ以上（またはそれ以下）の数の特徴を選んでもよい。特徴量がN個あればN次元空間となる。一般に次元数を多くするほどさまざまなクラスを識別できるようになるが，あまり次元数を多くしすぎると用意すべきサンプルパターンが極端に増え，計算時間の増大や認識精度の劣化が生じる（これを**次元の呪い**という）。このような場合は統計的に相関が少ない少数の特徴量を求める**主成分分析**（principal component analysis：PCA）（4.4.2項）などを使って**次元削減**（dimensionality reduction）を行う。いずれにせよ良い認識のためには，認識対象の特徴をよく調べて適切な特徴量を選ぶ必要がある。なお，この例では，それぞれのクラスタがきれいに分離されたが，一般的な認識処理ではクラスタ同士が重なり合ったり混じり合ったりすることが多い。このような場合には，特徴の数や内容を再検討することが必要となる。

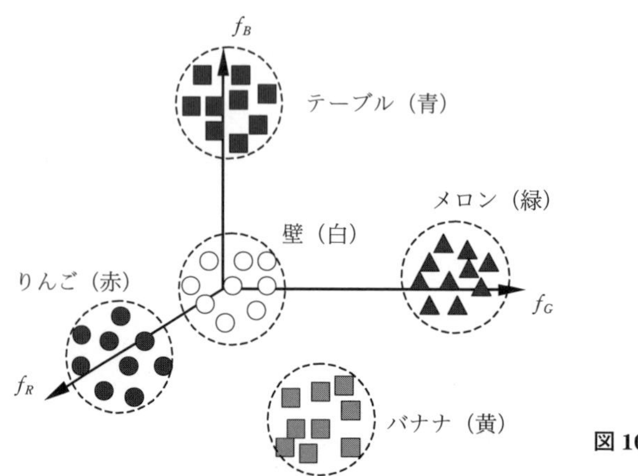

図10.4　特 徴 空 間

10.3.2 パターンの識別

未知のパターンが入力されたとき，それがどのクラスタに属するのかを決定する処理を**パターンの識別**という。**図10.5**に2次元の特徴空間の例を示す。この図における直線のように，クラスを分ける境界を**決定境界**（decision boundary）という。決定境界が求まれば未知の

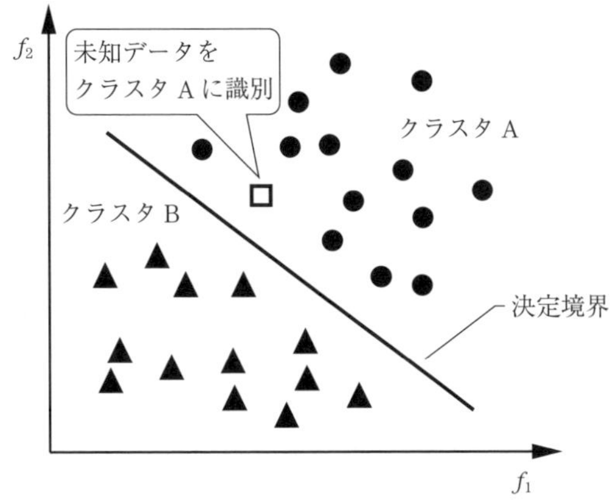

図 10.5 決定境界による識別

パターン（例えば図中の□）がどのクラスタに属するのかを識別することができる。

このように，未知の新たなデータに対しても識別できる能力を**汎化能力**（generalization ability）という。なお，決定境界は必ずしも直線である必要はなく曲線でもよい。また，上記の例では特徴空間が 2 次元平面の例を示したため，決定境界は 1 次元の線分で表されたが，3 次元の特徴空間では決定境界は 2 次元平面（もしくは曲面）となる。特徴空間が N 次元以上の場合，決定境界は N−1 次元の超平面となる。

以下では代表的な識別手法について述べる。なお，11 章で述べるニューラルネットワークや深層学習も有効な識別の手法といえる。これらの識別手法のどれを用いるのが最適なのかは対象となるデータにより異なり，人間による判断が必要となる。

［1］ 距離による方法

10.3.1 項で例にあげた図 10.4 の特徴空間を用いて，別の画像に含まれる物体がなんであるのかを識別する場合を例として考える。別の画像内のある画素に対する特徴量（**特徴ベクトル**と呼ばれる）が例えば，$(f_R, f_G, f_B) = (1, 20, 3)$ であったとき，これが**図 10.6** のようにプロットされ，それがメロンのクラスタに近ければ，対応するカテゴリに属することが識別できる。以下では距離を用いて識別する代表的な方法について述べる。

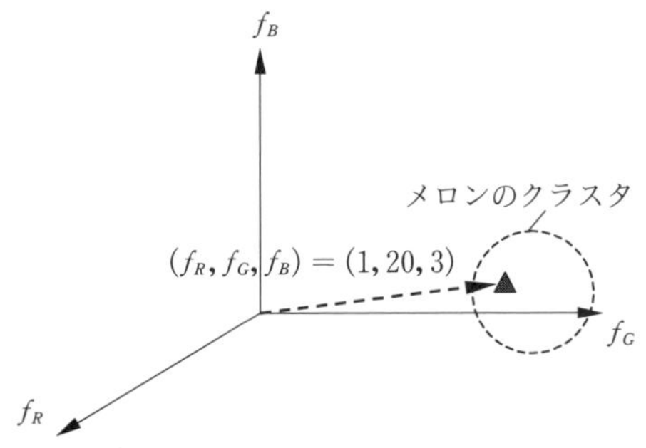

図 10.6 特徴ベクトル

（a）プロトタイプ法　プロトタイプ法では，例えば図 10.4 におけるそれぞれのクラス内のデータの平均や中央値などにより**プロトタイプ**と呼ばれる代表的なパターンを選んでおく。そして，入力された未知データの特徴ベクトルとプロトタイプとの距離を計算し，最も距離の近いプロトタイプが属するクラスを出力することで識別が行われる。

（b）NN 法と K-NN 法　**NN 法**（nearest neighbor algorithm）は入力された未知データの特徴ベクトルに対して，すべての訓練データとの距離を求め，最も距離が短い訓練データが属するクラスを出力する方法である。ただし，NN 法はすべての訓練データとの距離を計算する必要があるため，計算に時間がかかる。そこで，未知データに対して最近傍の訓練データを K 個だけを選び，それらが最も多く所属するクラスに識別する方法を **K-NN 法**（もしくは **K 近傍法**）という。例として**図 10.7** に $K=5$ の場合を示す。未知データ□の近傍の 5 個のデータを見るとクラスタ A に属するものが 3 個，クラスタ B に属するものが 2 個となる。そこで，多数決により未知データはクラスタ A に属するものとする。なお K を決定するには訓練データとテストデータに分けて性能を検証して決める。

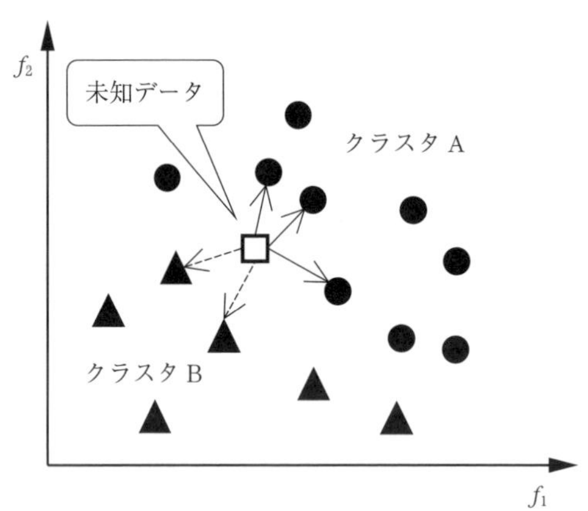

図 10.7　K-NN 法（$K=5$ の場合）

上記における，距離の計算にはユークリッド距離（2 点間の直線距離）や，データのばらつき（分散）を統計的に考慮した**マハラノビス距離**（Mahalanobis' distance）がよく用いられる。また，訓練データを用いて同じクラスのデータは近く，異なるクラスのデータは遠くなるようにマハラノビス距離などを適切に学習させる**距離計量学習**（distance metric learnig）（単に**距離学習**（metric learning）ともいう）により分類性能を向上させる手法もある。

［2］ 識別関数による方法

識別関数による方法は，特徴空間上での各クラスタの分布を規定する**識別関数**（discriminant function）を求めておき，これを用いて未知データの特徴ベクトルが属するクラスタを決定するものである。識別関数には，図 10.5 のように直線でクラスの識別を行う**線形識別関数**（linear discriminant function）やシグモイド関数（11.1 節）を用いて識別を行う**ロジスティック回帰**，ニューラルネットワーク（11.1 節）の単純な形式である**パーセプトロン**などがある。また，つぎに述べる**サポートベクターマシン**（support vector machine：SVM）もよく使われる。

SVMでは**図 10.8**(a)のように，決定境界とそれぞれの特徴量とのマージンを設け，それを最大化することにより，決定境界近くにある訓練データによる誤判別を避けることができる。なお，決定境界に最も近い距離にあるデータをサポートベクター（ベクトル）という。SVMでは決定境界の近傍の訓練データのみを用いて分類を行えるという特長があるが，実際にはすべてを正しく分類できるとは限らず，同図(b)のように，マージンの中側や決定境界の反対側に訓練データがきてしまう場合もあり得る。そのようなデータに対して無理に分類するように決定境界を引くと，かえって識別の精度が下がってしまう。つまり，訓練データに対しては高い正解率が得られるが訓練していない未知のデータに対しては逆に正解率が下がってしまう。これを**過学習**（overtraining）という。そこで，このような例外的な特徴量は，あえて誤分類を許すようにする。これを**ソフトマージン SVM** という。

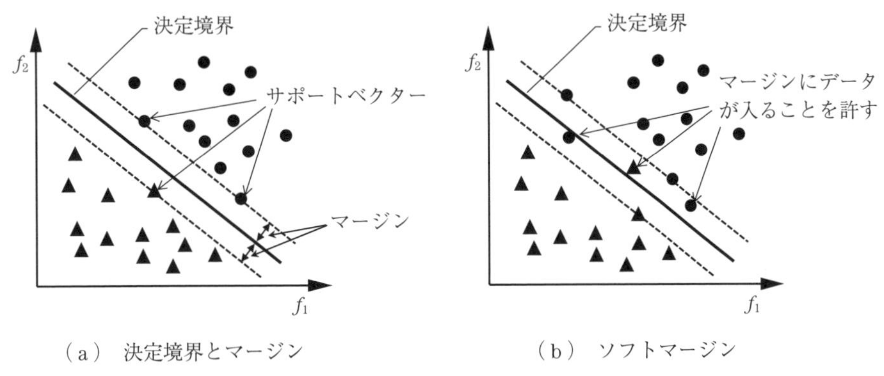

(a) 決定境界とマージン　　(b) ソフトマージン

図 10.8 サポートベクターマシン

なお，**図 10.9**(a)のように線形な決定境界でデータの分離ができないような場合がある。このとき，同図(b)のように2次元の特徴空間を3次元に拡張すれば，分離できるようになる場合が多い。このように，そのデータが持っている特徴量の次元よりも高い次元へ特徴空間

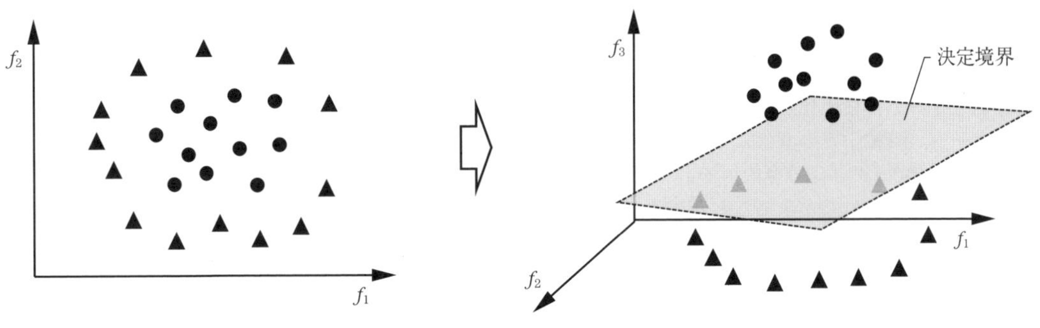

(a) 線形な決定境界で分離できない場合　　(b) 3次元に拡張すれば分離ができる

図 10.9 カーネル法

を拡張することで線形分離できるようにする手法を**カーネル法**（もしくは**カーネルトリック**）という。

［3］ ベイズの識別規則による方法

ベイズの識別規則（Bayes' decision rule）は与えられた学習サンプルがどのクラスに分類されるのかを，**ベイズの定理**で識別する方法である。本手法では，事象 x（観測データ）が与えられたときに原因（クラス）が C である確率 $P(C|x)$（これを**事後確率**という）が最大となるクラスに観測したデータを分類する。アルゴリズムが比較的単純で学習サンプルが少なくてもある程度の性能が得られるという特長がある。

［4］ 決定木による方法

決定木（decision tree）は 9.2.2 項で述べたように，条件分岐によってグループを分割して分類する手法である。識別規則の真偽に応じてつぎの識別規則を順次適用し，決定木の形でクラスを決める。本手法は学習結果の解釈がしやすいという特長がある。決定木の構成は訓練データから自動的に作成する手法が提案されている。ただし，学習をさせすぎると訓練データに対しては高い正解率が得られるが訓練していない未知のデータに対しては逆に正解率が下がってしまう過学習が生じることがある。

［5］ 部分空間法

部分空間法（subspace method）は，まず特徴空間において部分空間を構成する正規直交基底（コラム 1 参照）をクラスごとに訓練データから求めておく。そして，識別の際には未知データの特徴ベクトルを各クラスの部分空間の基底へ射影し，最も近い部分空間の（つまり基底への射影長の最も大きい）クラスに分類する手法である。特徴数が多い場合でも低次元の部

コラム 11：訓練データの前処理

深層学習を含む機械学習全般にいえることであるが，学習効率を高めるためには訓練データに前処理を行うことが重要となる。例えば，データを定数倍あるいは平行移動して，値が 0～1（もしくは－1～1）の範囲に収まるようにする**正規化**や，平均が 0，分散が 1 となるようにする**標準化**がある。これらは画像のコントラスト調整に相当する。また，データの成分間に相関がある場合，主成分分析における直交変換（4.4.2 項）を用いた**無相関化**を行うことで，機械学習による特徴の把握が容易になる。なお，無相関化後，成分ごとに値の大きさが異なる場合は成分間で分散をそろえる**白色化**と呼ばれる変換を行うことが多い。

一方，機械学習の評価においては，データを「訓練用データ」と学習結果をテストするための「テストデータ」に分割し，それぞれのデータを別々に利用する。このとき，データの分割方法によって性能に差が出ることがある。このような場合は，データの分割方法を変えて複数回学習と評価を行い，その平均値を全体評価とする**交差検証**（cross validation）などを行うことが望ましい。また，**ハイパーパラメータ**（機械学習で人間が任意に設定するパラメータ）の有効性を調べる場合には，学習・テスト用とは別にハイパーパラメータを検証するための「評価データ」を用意して交差検証を行う必要がある。

分空間へ射影するため，計算量が少なく高速な識別が可能であるという特長があり広く利用されている。

［6］ 識別器の組み合わせによる方法

ここまで，いくつかの識別手法について見てきたが，あらゆる問題に対してつねに高い性能を持つ万能な識別器は存在しないという，いわゆる**ノーフリーランチ定理**が知られている。そこで，性能が弱い複数の識別器（**弱識別器**）を組み合わせて性能の良い識別器（**強識別器**）を構成する方法が考えられている。これを**アンサンブル学習**（ensemble learning）という。アンサンブル学習には弱識別器を並列的に用いる**バギング**（bagging）や，直列的に用いる**ブースティング**（boosting）などの手法がある。

バギングでは全データの一部をランダムに抽出した訓練データを（データの重複を許して）複数組作成しておく。このようにデータの一部を使うことで過学習を防ぎ，推定値のばらつき（バリアンス）を抑える効果がある。そして，それぞれの訓練データごとに別々の識別器により予測値を求め，それらの結果の多数決から最終的な予測値を得る。

バギングを応用した手法に**ランダムフォレスト**（random forest）がある。ランダムフォレストは先に述べた決定木を複数並列に並べて識別させ，その結果の多数決をとる手法である。ツリー（木）が集まったものなので，フォレスト（森）と呼ばれる。ランダムフォレストでは，決定木の各ノードで用いる特徴量をランダムに選択することで性能を改善している。決定木と同様にシンプルで分析結果を説明しやすく，各決定木は並列処理できるので計算が高速で精度もよい。

一方，ブースティングの代表的手法に**アダブースト**（AdaBoost）がある。これは，複数の弱学習器を直列につないで順番に学習させ，それらを組み合わせて強識別器を構成するものである。学習の際には，一つ前の弱学習器が誤分類したデータの重みを大きくしてつぎの弱識別器の学習をしていく。これにより，一つ前の弱学習器が誤分類したものをつぎの弱識別器では正しく学習できる。そして推論時にはそれぞれの弱学習器の精度に応じた重み付き平均を計算して識別を行う。

10.3.3 クラスタリング

図 10.4 のような特徴空間上のクラスタ分布を求める際に，あらかじめクラスタの個数やそれらがどのカテゴリに属するのかがわかっていれば，人間が画像上の適当な領域を選択して，それがどのカテゴリに属するのかを教えることにより，特徴量を求めることができる。1.4 節でも述べたように，これを**教師あり学習**といい，学習に使用するデータは**訓練データ**（あるいは**学習データ**）と呼ばれる。しかし，認識対象の数が未知であったり，どのようなクラスタが存在するかが不明であるような場合，上記の方法は利用できない。このような場合，クラスタを自動的に見つける**クラスタリング**（clustering）と呼ばれる**教師なし学習**による処理が用いられる。

クラスタリングにおいては，クラスタの総数を決定し，クラスタを生成することが求められる。クラスタリングのアルゴリズムには，多くの手法が提案されているが，以下ではそのうちの三つの例について述べる。

〔1〕 階層的クラスタリング

階層的クラスタリング（hierarchical clustering）では，あらかじめ与えられたN個のサンプルに対して，要素数がN個のクラスタが存在すると仮定する。そして，パターン（あるいはクラスタ）間の距離を計算し，最短の距離にある二つのクラスタを併合して新たなクラスタとする。このとき，クラスタの数は一つ減り$N-1$個となる。この操作を繰り返し，最も近いクラスタ間の距離があるしきい値よりも大きくなった時点でクラスタの併合を停止する。このとき用いられる距離の定義やしきい値の大きさによって，クラスタリングの結果は異なる。

〔2〕 K-means 法

K-means 法では，あらかじめサンプルを適当なK個のクラスタに分割しておく。そして，より適切な分割になるように修正していくことでクラスタリングを行う。例えば，**図 10.10**（a）に示す 2 次元の特徴空間において，3 個のクラスタの仮の重心（**種子点**（seed point）という）を決め，各サンプルをそれぞれのサンプルから最短距離にある重心を持つクラスタに帰属させる。つぎに，求まったクラスタに属するサンプルの重心を計算しなおし，再び各サンプルを最短距離にある重心を持つクラスタに配分する（同図（b））。ただし，重心はクラスタに属するサンプルの特徴ベクトルを平均することにより求められる。この処理を繰り返し，重心の位置が変わらなくなったときに処理を終了する。

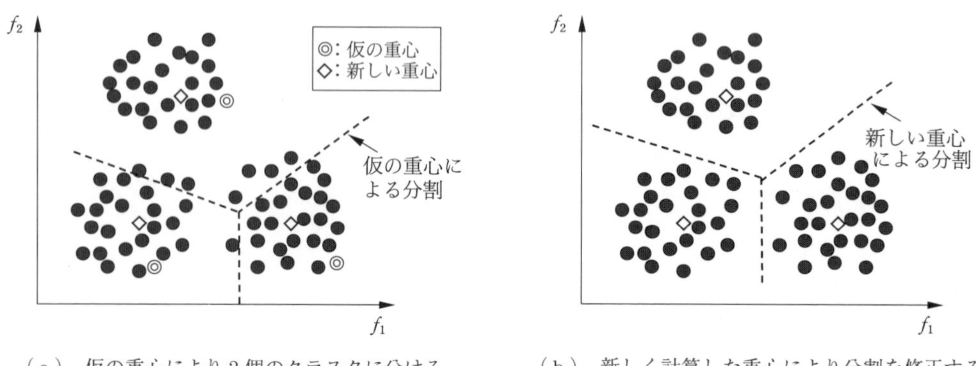

（a） 仮の重心により 3 個のクラスタに分ける　（b） 新しく計算した重心により分割を修正する

図 10.10　K-means 法

本手法は，階層的クラスタリングと比較して，少ないメモリで実行可能であるという特長がある。ただし，種子点の与え方によって結果が異なることがあるため，いくつかの異なる種子点のセットから得られた複数のクラスタリング結果を比較して最適と思われる結果を採用するなどの方法が用いられる。

［3］ ミーンシフト法

K-means 法では，あらかじめクラスタ数を K 個に指定したが，**ミーンシフト法**（mean shift method）では，あるサンプルを初期点とし，それを中心点とする半径 h の円を考える。そして，その円内にあるサンプル点の平均値（重心）を求め，それを新たな円の中心点とする。この操作を繰り返し，中心点の移動量があらかじめ設定したしきい値以下となれば操作を停止し，その中心点を持つグループを一つのクラスタとする。これはサンプル点の密度が極大となるような円の中心を見つけることに相当する。この操作をすべてサンプル点について行うとサンプル点の密度が極大となる点が複数個見つかり，その極大点の数だけクラスタが求まることになる。なお，上記の半径 h をカーネル幅といい，その大きさによりクラスタの数が変化する。

コラム 12：遺伝的アルゴリズム

遺伝的アルゴリズム（genetic algorithm：**GA**）は，生物の進化のアナロジーを用いたコンピュータプログラミングの一手法である。遺伝子を持つ仮想的な生物をコンピュータ内に複数個設定し，進化の過程を模倣して淘汰，増殖，突然変異などのシミュレーションを行い，生物を進化させることによって工学的な問題の解を得ようとするものである。GA は種々の拘束条件の下に，最適となる解を求める**探索問題**の解法として有力な手法である。画像の認識処理におけるアルゴリズムの多くは，このような探索問題に帰着させることができるため，GA の画像処理への応用が活発に研究されている。

GA の画像処理への応用例としては，画像のパターンマッチングにおける探索を GA により行わせることや，画像の中から抽出すべき特徴をパラメータで表現し，パラメータ空間での探索問題を GA によって解かせることなどがあげられる。また，画像処理における試行錯誤の手順を GA により自動的に行い，最適な手法を探索するなどの応用も考えられる。

演　習　問　題

【1】 画像認識のタスクとプロセスについてまとめよ。
【2】 ルールベースに基づく画像認識の欠点を述べよ。
【3】 図 10.3 を統計的パターン認識を用いて識別する場合，色以外の特徴量として，どういった特徴量が考えられるか。
【4】 パターンの識別にはどのような方法があるか説明せよ。
【5】 NN 法と K-NN 法の違いを説明せよ。
【6】 サポートベクターマシンおよびカーネル法の概要を説明せよ。
【7】 学習効率を高めるための訓練データの前処理にはどのような方法があるか説明せよ。
【8】 クラスタリングにおける K-means 法とミーンシフト法の違いについて説明せよ。

11. ニューラルネットワークと深層学習

画像認識は深層学習の登場により著しい性能向上を果たした。深層学習はニューラルネットワークの一種であり，画像認識だけでなく，音声認識，自動翻訳をはじめとするさまざまな分野で広く使われている。本章では，まずはニューラルネットワークについて説明し，その後深層学習について説明する。

11.1 ニューラルネットワーク

人間の脳は，多数の**ニューロン**（神経細胞）がたがいに結合して，ネットワークを構成しており，並列的に情報処理を行っている。このような脳の情報処理の機構については，いまだに十分な解明はなされていないが，脳の構造を参考にして，高度な情報処理機能を実現しようとする**ニューラルネットワーク**（neural network）の研究が盛んに行われている。ニューラルネットワークには多くのモデルが提案されているが，大きく分けると**図 11.1**(a)に示すようにニューロンが層状に配置された**階層型ネットワーク**と同図(b)に示すように層が存在せず，任意のニューロンが相互に結合された**相互結合型ネットワーク**に分けられる。前者の例として，教師信号との誤差エネルギーを最小にしようとする**バックプロパゲーション**（back propagation：BP），後者の例としてはネットワークのエネルギーを最小化しようとする**ホップフィールドネットワーク**（hopfield network）やそれを発展させた**ボルツマンマシン**（Boltz-

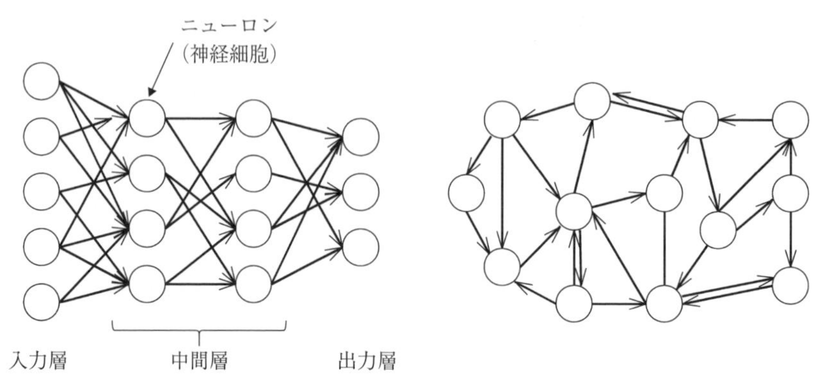

（a） 階層型ネットワーク　　（b） 相互結合型ネットワーク

図 11.1 ニューラルネットワークの結合形式

mann machine）等がある。

以下では，バックプロパゲーションを用いて文字認識を行う場合を例として述べる。**図 11.2** にニューロンの工学的モデルを示す。

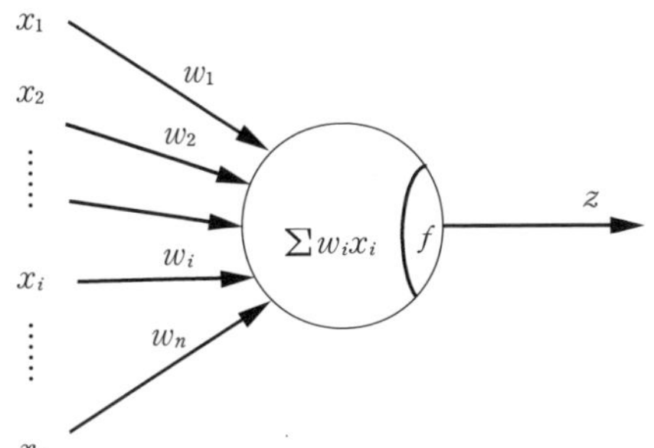

図 11.2　ニューロンの工学的モデル

ニューロンへは，他のニューロンからの出力値 x_i に**結合係数** w_i をかけた値の総和 $y=\sum w_i x_i$ が入力される。そして，入出力関数に基づき $z=f(y)$ が出力される。入出力関数（**活性化関数**ともいう）としては，**図 11.3**(a)に示す単純しきい値関数のように y が h を超えると z が 0 から 1 にステップ的に変化するようなものでもよい。しかし，バックプロパゲーションで学習の計算を行う場合は計算の都合上，次式のような**シグモイド関数**がよく用いられる。

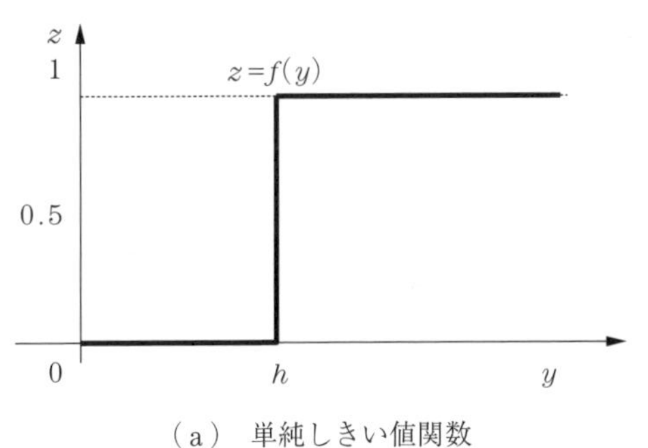

（a）　単純しきい値関数

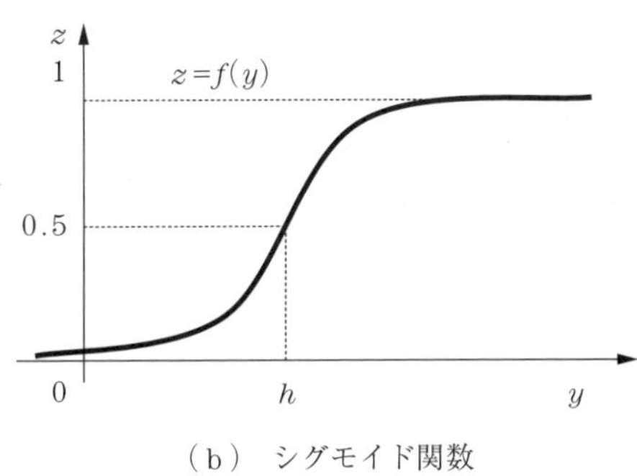

（b）　シグモイド関数

図 11.3　活性化関数の例

$$f(y)=\frac{1}{1+\exp(-y/a)} \tag{11.1}$$

ただし，a は関数の傾きを決める係数である。シグモイド関数は，同図(b)のような滑らかな関数であり，微分可能な性質を持つ。このように脳のニューロンを単純化したモデルを**形式ニューロン**（あるいは，**ユニット**もしくは**ノード**）という。

いま，ア，イ，ウ，エ，オの 5 文字を識別させることを例として，**図 11.4** のような構成を考える。図では，入力層のセルの数を 64 個として構成し，各セルを画素に対応付けている。また，左側の層を**入力層**，右側の層を**出力層**，その中間にある層を**中間層**（あるいは**隠れ層**）という。入力層には，8×8 画素の文字画像の各画素における濃度値が 0〜1 の範囲となるように正規化して入力する。ここでは，中間層のニューロンの数は 30 個，出力層のニューロンの

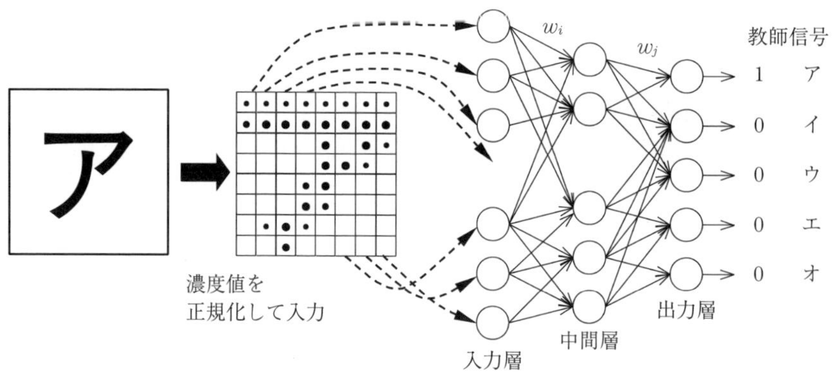

図 11.4　ニューラルネットワークによる文字認識の例

数を5個とする（この場合の中間層の層数やニューロンの数の最適な決定方法はないため，通常は試行錯誤的に決定する）。出力層からの出力値はそれぞれア〜オの5文字に対応付ける（出力値が最も大きいものを正解とする）。つぎに，ア〜オの各文字について手書きで与えられた数種類のサンプルを用意し，それを用いてニューラルネットワークの学習を行う。学習においては文字「ア」が入力された場合，「ア」に対応付けられたニューロンからの出力が「1」それ以外のニューロンからの出力は「0」となるように**教師信号**を与える。そして，入力されたパターンに対する出力の応答が教師信号と比較され，正解の場合はそこに至る結合係数 w_i, w_j が強められ，それ以外の出力に至る結合係数 w_i, w_j は逆に弱められることによって学習が行われる。ここでは，結合係数の修正手法の詳細については省略するが，バックプロパゲーションでは，出力と教師信号との2乗誤差が小さくなる方向に徐々に結合係数 w_i, w_j の修正を繰り返すことにより，最終的に最適な学習結果を得る。学習が十分行われれば，サンプルパターンに対しての認識が可能となる。また，未知パターンに対しても，ある程度の認識率を持つ**汎化能力**が期待される。

以上からもわかるように，ニューラルネットワークにおける学習とは，訓練データから結合係数を決めることを意味し，結合係数に学習結果が記憶されると見なすことができる。

上記の例では，画像の濃度値を正規化して，そのままニューラルネットワークへの入力値としたが，対象とする画像から抽出されたさまざまな特徴量を入力として用いても認識を行うことができる。

11.2　深　層　学　習

深層学習は1.4節でも述べたようにニューラルネットワークの一種である。深層学習では，**図 11.5** のように中間層の数が多く，階層が深くなっている。これを**ディープニューラルネットワーク**（deep neural network：**DNN**）という。このように中間層の階層を深くすることで，従来のニューラルネットワークよりも複雑で多様な概念が学習できるようになる。

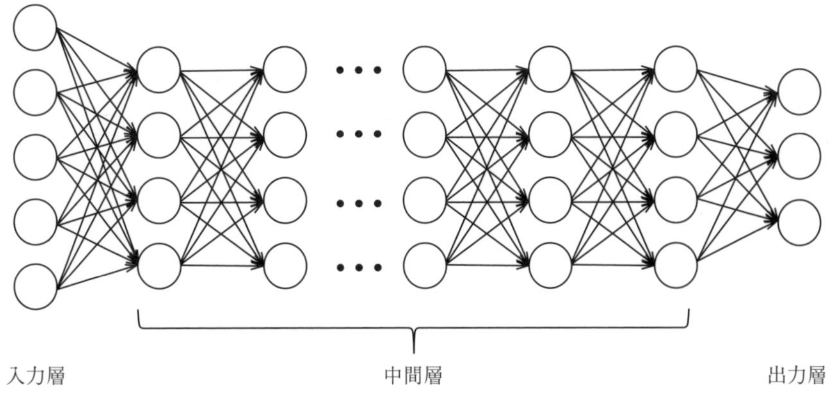

図 11.5　深層学習のネットワーク

中間層の階層を増やすと，それに応じて学習に必要な計算処理が増える。さらに，各層における結合係数を適切に学習させるための大量な訓練データが必要になる。しかし，最近のコンピュータの計算能力向上とインターネット上の膨大なデータから訓練データを作り出すことで，深層学習が実用的に使えるようになった。また，深層学習では従来のニューラルネットワークに対しさまざまな改良がされている。以下では，深層学習でよく使われる代表的な手法について説明する。なお，これらの手法は必ずしもすべてを同時に使う必要はなく必要に応じて使い分けることになる。

11.2.1　活性化関数の改良

ニューラルネットワークの活性化関数では，シグモイド関数（図 11.3(b)）が使われていた。しかし，深層学習のようにニューラルネットワークの層が深くなると，バックプロパゲーションによる結合係数の修正がうまくいかなくなる。この問題を解決するため，**ReLU**（rectified linear unit）関数という活性化関数を使う。**図 11.6** に ReLU 関数をシグモイド関数と比較したグラフを示す（ここでは，しきい値 $h=0$ とする）。

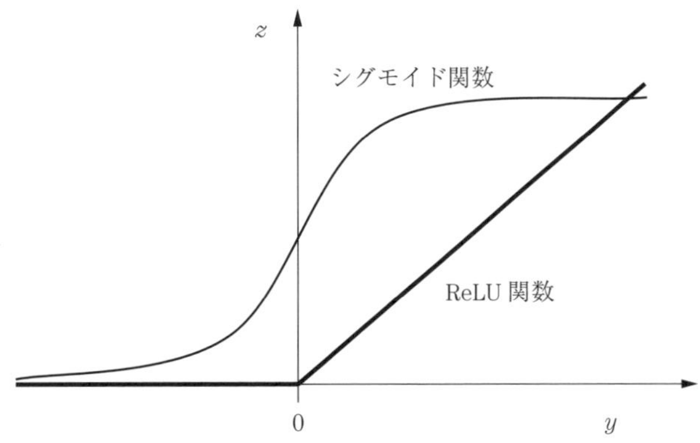

図 11.6　ReLU 関数とシグモイド関数との比較

図のように，シグモイド関数ではyが大きくなると関数の傾き（勾配）が小さくなり，一定の値に近づいていく。この場合，ニューラルネットワークの層が深くなると，結合係数を修正する力が弱まり学習がうまくできない（これを**勾配消失問題**という）。ReLU関数ではyの値に比例して出力zが大きくなるので，ニューラルネットワークの層が深い場合でも学習がうまくいく。

11.2.2　ドロップアウト

機械学習では10.3.2項で述べたように，学習をさせすぎると未知のデータに対して正解率が下がるという過学習の問題がある。深層学習でもこの問題が生じるが，ネットワークの一部をランダムに無視して学習させる**ドロップアウト**という手法を使うことで過学習を防ぐことができる。

具体的には，**図11.7**のように同図(a)のネットワークのうち入力層および中間層の一部のユニットの出力を同図(b)の破線部のように一定の割合で0にし，残ったネットワークだけで学習するようにする。ただし，学習が終了した後の認識時には，すべてのニューロンを使うようにする。ドロップアウトは，複数のニューラルネットワークを個別に学習させて，それらの学習結果の平均値をとることに相当する。つまり，ドロップアウトを行うことで，10.3.2項［6］で述べたアンサンブル学習と同様の効果が期待できる。また，すべてのニューロンを結合させたディープニューラルネットワークで学習をさせると，結合係数を修正させるための誤差の計算が分散してしまい，うまく学習できない場合がある。ドロップアウトにより一部のニューロンの結合を切ることで，誤差の計算を一部のニューロンに集中させ，学習効率が高まるという効果もある。なお，ドロップアウトと似た手法に，一部の結合係数を一定の割合で0にする**ドロップコネクト**という手法もある。

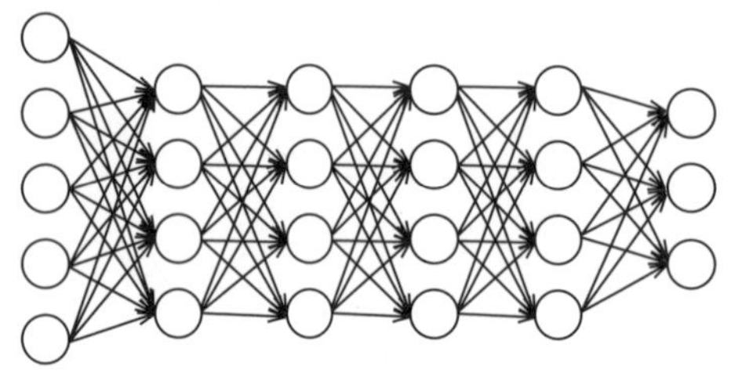

(a)　通常のネットワーク

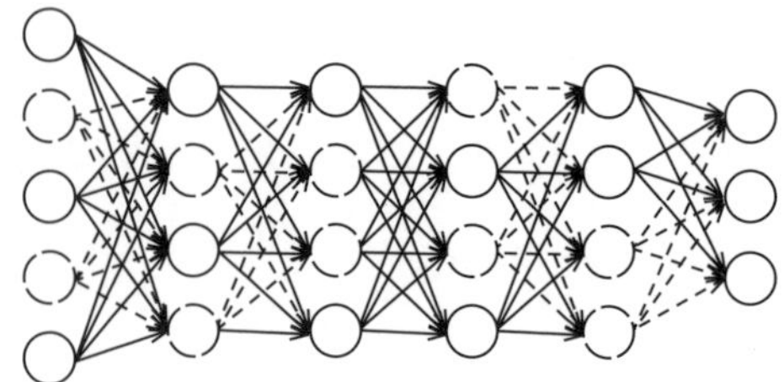

(b)　ドロップアウトを行った例

図11.7　ドロップアウト

11.2.3　訓練データと学習手順

先に述べたように，バックプロパゲーションでは，誤差を計算してニューロンの結合係数を更新する操作を繰り返し行う。このような機械学習において代表的な訓練データの与え方に，**オンライン学習**（online learning），**バッチ学習**（batch learning），**ミニバッチ学習**（minibatch）がある。オンライン学習では訓練データ1件ごとに結合係数を逐次更新する。この場合，訓練データごとの性質のばらつきにより学習が収束しづらくなる場合がある。これに対して，バッチ学習では，1回の学習ですべての訓練データを用いる。一度にデータを与えるので，訓練データの変動の影響を抑えることができるが，計算に必要なメモリ量が大きくなるという問題がある。そこで，これらの中間的手法としてよく使われるのがミニバッチ学習である。ミニバッチ学習では，訓練データを少数の集合（サブセット）に分割し，サブセットごとに学習を行う。このサブセットのデータ数を**バッチサイズ**（batch size）という。十分な学習結果を得るには同じ訓練データを何回も繰り返し学習させる必要がある。一つの訓練データを何回繰り返して学習させるかを**エポック**（epoch）数という。なお，これらの学習方法は深層学習に限らず一般的な機械学習でも適用されるものである。

コラム 13：訓練データの作成

画像データに対してデータに意味を持たせるタグを付与することを**アノテーション**という。例えば，物体検出では写っているものを指定して関連する言葉のタグ（犬，猫など）を付けて訓練データを作成する。また，領域検出では画像の中の特定の範囲を指定してタグ付けを行う必要がある。

深層学習では大量の訓練データを作成する負荷が大きい。そのために，訓練データを増やす**データ拡張**をする場合もある。例えば，画像に平行移動，反転，回転など微小な変形を加えたり，コントラストを変えたり，平滑化などのフィルタをかけたりするなどして同じ画像から少し異なった画像を作り出すことができる。これにより，データを水増しすることで大量の訓練データを用意したのと同様な効果が得られる。

また，さまざまな団体や企業から物体検出に対応した大規模なデータセットが公開されており，それを利用する方法がある。さらに，CG（7章）を使って訓練データを生成する方法も検討されている。

なお，完全な訓練データを用意する手間を削減するために，あえて不完全な訓練データ（例えば領域検出において領域を指定せず，カテゴリのみを指定するなど）を使用する方法もある。これを，**弱教師あり学習**という。これと似た方法で，教師ありデータを用いた推論により教師なしデータに正解ラベルを付け，それを使って再学習させる手法（これを**半教師あり学習**という）が使われることもある。

11.2.4 転移学習とファインチューニング

転移学習（transfer learning）は，別のタスク向けに学習した結果を類似したタスクの学習に適用させる方法である。転移学習を使うことで，限られたデータから短時間で高精度な学習が可能となる。しかし，転移元と転移先の関連性が低い場合は，学習精度が劣化する場合もある。転移学習に似た手法に**ファインチューニング**（fine tuning）がある。これは学習済みネットワークの結合係数を初期値としてモデル全体の結合係数を再学習する方法である。

11.3 畳み込みニューラルネットワーク

画像のパターン認識で高い性能を実現する代表的な深層学習に**畳み込みニューラルネットワーク**（convolutional neural network：**CNN**）がある。CNN は，1980 年前後に日本の福島邦彦が発表した**ネオコグニトロン**から発展した手法であり，視覚情報を処理する脳の構造をヒントにして作られている。CNN では，**図 11.8** のように入力層の後に**畳み込み層**（convolution layer）および**プーリング層**（pooling layer）と呼ばれる 2 種類の層を何回か交互に繰り返すことで構成される。その後に，**全結合層**（fully connected layer）を経て**出力層**（output layer）につながっている。以下では CNN の構成と概要について述べる。

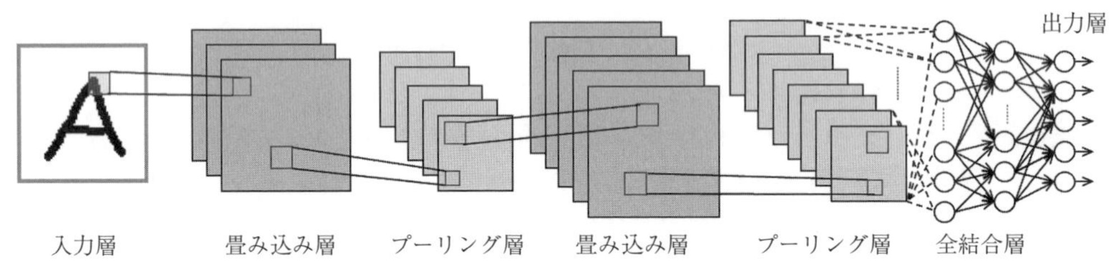

図 11.8　畳み込みニューラルネットワーク（CNN）

11.3.1 畳 み 込 み 層

畳み込み層では前の層からの出力に対して畳み込みを行う。畳み込みは 4.3.4 項で述べたようにフィルタ処理に相当し，画像のエッジなどのさまざまな局所的な特徴を取り出すことができる。CNN では畳み込みに用いる**カーネル**（**重みフィルタ**とも呼ばれる）の値がバックプロパゲーションによる学習で適切な値に調整される。畳み込みにより計算されたデータは活性化関数を通してプーリング層に渡される。活性化関数には，通常図 11.6 の ReLU 関数が使われる。このように計算されたデータは**特徴マップ**（feature map）と呼ばれる。畳み込みの重みフィルタは通常，複数種類使うため，その数だけ特徴マップができる。このように複数の重みフィルタを使うことでさまざまな方向のエッジなどの特徴をとらえることができる。図 11.4 の従来のニューラルネットワークはすべてのユニットと結合係数は異なる値を持つ全結合層となっていた。これに対して畳み込みを用いる CNN では，フィルタ係数をスライドさせながら計算を行っていくことで局所的な特徴を抽出することができる。

11.3.2 プ ー リ ン グ 層

プーリング層では，特徴マップの特徴をできるだけ残すようにデータを間引きして減らす。例えば，特徴マップのうち 2×2 の 4 個のデータがあるとすると，そのうち最大値となるデータのみを出力データにする**マックスプーリング**（max pooling）やデータの平均値をとる**平均値プーリング**（average pooling）などがある。4個のデータの平均をとるとデータサイズが4分の1になる。このような処理により，畳み込み層で得られた局所的な特徴を適切にまとめる処理をする。プーリングは畳み込み後の画像の解像度を落とす処理に相当する。これは画像ピラミッド（9.1節）を用いてさまざまなサイズの特徴をとらえるのと同様の働きを持つ。また，画像の中で認識したい対象物の位置がずれても適切な認識ができるようになる。そして，上記の畳み込み層およびプーリング層における処理を何回か交互に繰り返すことで，最初はエッジや線などの単純なパーツが抽出され，徐々に特徴同士がまとめ上げられ，最終的に顔や物などの複雑で抽象的な画像全体の特徴をとらえることができるようになる。つまり，従来の機械学習における特徴量が中間層で自動的に獲得できるといえる。

11.3.3 出　力　層

CNNの出力層の手前には図11.8のように全結合層がおかれている。畳み込み層とプーリング層ではニューロン間の結合を局所に限定する形になっているが，全結合層では通常のニューラルネットワークと同じように各層のユニットはつぎの層のユニットとすべてつながっている。そして出力層では最終的に識別したいクラスの数と同数のユニットにまとめられる。例えば10種類の文字を識別したければ，最終的に出力層のユニットは10個にする。なお出力層では通常，**ソフトマックス関数**（softmax function）と呼ばれる活性化関数によりニューラルネットワークの出力結果が確率の値になるように変換する。

なお，最初の層ではエッジなどの一般的な特徴をとらえ，最後の層ではタスクによって異なった特徴をとらえている。そこで，タスクに合わせて出力層を適切に設計することで，画像分類や物体検出，セグメンテーションなどを実現できる。また，最後の層をニューラルネットワークではなくSVMなどの従来の機械学習識別機をつなげても分類が可能である。

11.3.4 CNNの応用

CNNによる画像認識タスクには，物体検出，セグメンテーション（領域分割），物体追跡，姿勢推定などがあり，以下にそれらの概要を述べる。なお，深層学習では一つのタスクを実行するために，前処理や位置検出，識別などの複数のサブタスクを組み合わせて構成する手法がある。この方法は直感的で所望の性能が得られやすいが，処理速度や学習精度の面で問題がある場合がある。そこで，入力と出力の関係を直接単一のニューラルネットワークで学習する**End-to-End学習**が行われるようになっている。適切に設計されたEnd-to-End学習による深層学習であれば，優れた処理速度と精度が得られる。

［1］ 物体検出

CNNを使えば物体がどのカテゴリに属するのかを求める画像分類は比較的容易に実現できる。物体検出では，**図11.9**のように物体が存在すると考えられる領域を長方形の枠線（これ

図 11.9　物体検出の例（YOLO を使用）

を**バウンディングボックス**という）で表示する。代表的な手法に，FastR-CNN，YOLO，SSD などがある。以下ではそれらの概要を述べる。

・**Fast R-CNN**

Fast R-CNN では，CNN で求まった特徴マップに対して，適当なサイズの検出ウインドウをスキャンして物体を検出する。そして検出した領域ごとに CNN でクラス認識を行う。最初に領域（region）を提案（propose）する手法であるため，**リージョンプロポーザル**（region proposal）手法と呼ばれる。Fast R-CNN は，そのアルゴリズムの元となった R-CNN で別々に行われていた CNN の処理を共通化し，各種処理を統合することで高速化を実現している。また，それをさらに高速化させた Faster R-CNN もある。

・**YOLO**

先の方法では，特徴マップに対して検出ウインドウをスキャンして物体を検出した後，クラスの認識をしていたが，この方法では処理に時間がかかるという問題があった。これに対して，**YOLO**（you only look once）は，あらかじめ画像全体を局所的な領域に分割しておき，領域ごとに物体のクラスとバウンディングボックスを求める。こうすることで処理アルゴリズムが単純化され，検出速度が向上している。このように，1 枚の画像のすべての範囲を学習時に利用する方法を，**シングルショット**（single shot）手法という。シングルショット手法を用いたほかの手法に YOLO よりも速度と精度を高めた **SSD**（single shot multibox detector）や，YOLO の検出精度を高めた改良版（YOLO v2, v3）などがある。これらは End-to-End 学習の一種といえる。

［2］ セグメンテーション

セグメンテーションは，8.6 節で述べたように，図 11.9 のようなバウンディングボックスではなく図 8.6 のように画像中に含まれる同じクラスの物体を画素単位でそれぞれ別の領域に分割するものである。CNN によりセグメンテーションを実現するさまざまな手法が提案されており，例えば，エンコーダ・デコーダ構造と呼ばれる前段と後段で対称構造を持つネットワークを用いた **SegNet** や，複数の解像度で特徴を捉えるピラミッドプーリングモジュールを用いた **PSPNet** などが提案されている。

［3］ 複数物体の追跡

画像中の複数の物体に ID を割り振り，追跡する手法に multiple object tracking（**MOT**）がある。MOT では，同じ対象物には可能な限り同じ ID を与え続けることを目標とする。障害物の後ろに一度隠れた物体に対して，再度同じ ID を割り振る必要があるため，物体の特徴量や移動量の予測などが必要となり，単なる物体検出よりも難しいタスクであるといえる。MOT の代表的なアルゴリズムに **FairMOT** などがある。

［4］ 姿 勢 推 定

人物の姿勢推定では，人の頭部の検出だけでなく，肩，肘，手，腰，膝，足を検出し，人がどのような姿勢をとっているかを推定できる。人の骨格位置を高精度・高速に検出できる姿勢推定の手法に **Convolutional Pose Machine** や，同時に複数の人の姿勢を検出できる **OpenPose** などがある。OpenPose では，画像の入力に対して画像内の複数人物のポーズをほぼリアルタイムで推定できる。OpenPose は画像からまず各関節の位置と骨格間の位置関係をそれぞれ CNN で並列に推定し，関節ごとに信頼度マップを求める。そして，この処理を繰り返し，対応する関節をつなぎ合わせることで人の姿勢情報を得る。

コラム 14：CNN のネットワークモデル

CNN のネットワークモデル（**学習モデル**ともいう）にはさまざまなものが提案されている。代表的なものは 2012 年に発表された **AlexNet** で，ディープラーニングが注目されるきっかけとなった。AlexNet は五つの畳み込み層と三つの全結合層を持つ 8 層構造であったが，2014 年に発表された **VGGNet** は 13〜19 層，**GoogLeNet** は 22 層と深い構造になっている。VGGNet はシンプルなネットワーク構造を持ち，Faster-RCNN や SSD などでも使われている。2015 年に発表された **ResNet** は，152 層という非常に深い構造を持つが，バイパスを通して逆伝搬させるルートを作る Residual モジュールによって勾配消失問題を解決している。これら以外にも上記のアルゴリズムから派生した多くの学習モデルが提案されている。

11.4 オートエンコーダ

オートエンコーダ（autoencoder）は，入力と出力が同じになるよう学習をさせるニューラルネットワークである。入力と出力に同じデータを与えて学習させるため，正解のデータを用意しなくても学習ができる教師なし学習の一種といえる。**図 11.10** にその構成例を示す。

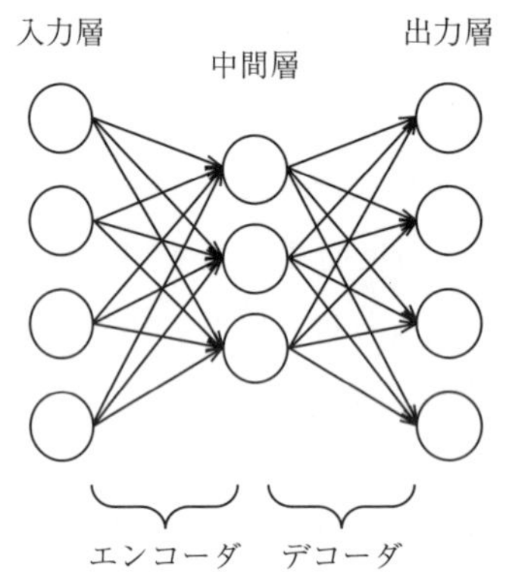

図 11.10　オートエンコーダ

入力層から中間層までをエンコーダ（encoder），中間層から出力層までをデコーダ（decoder）という。基本的なオートエンコーダでは中間層のユニット数が入力層，出力層よりも少なくなっており，入力データをエンコーダで圧縮し，圧縮したデータをデコーダで元に戻す構成となっている。中間層のユニット数を減らすことで，特徴的なデータを保持しながら特徴量を次元削減（10.3.1 項参照）する効果が得られ，認識対象の本質を学習できる。

オートエンコーダの派生技術としてオートエンコーダにノイズを加えた画像を入力し，ノイズのないデータを正解データとして学習をさせておき，ノイズが除去された綺麗なデータを出力する DAE（denoising autoencoder），入力データとは異なる画像を生成する VAE（variational auto-encoder）などがある。また，オートエンコーダは異常データの検知にも応用されている（14 章参照）。

11.5 敵対的生成ネットワーク

深層学習は認識だけではなく画像生成などにも利用できる。その一つに**敵対的生成ネットワーク**（generative adversarial networks：**GAN**）がある。GAN では**図 11.11** のように**生成器**（generator）と**識別器**（discriminator）の二つのネットワークをたがいに競い合わせることで精度を高めていく。ランダムなノイズベクトルが入力として与えられた生成器が識別器を騙すように学習し，実画像に類似した疑似画像を生成する。一方，識別器は実画像と疑似画像をよ

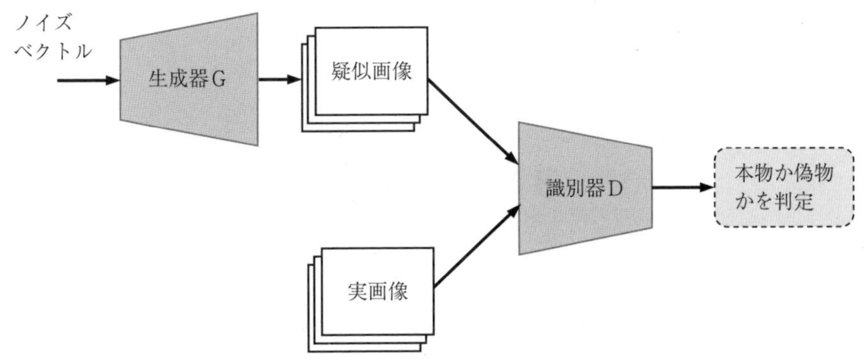

図 11.11　敵対的生成ネットワーク

り正しく識別できるように学習させる。これにより最終的に生成された疑似画像は本物に近いものとなる。GANは，訓練データを使わず，二つのニューラルネットワークと，収集されたラベル付けしていないデータを大量に用意することで自動的に効率の良い教師なし学習が行われるところに特徴がある。

このように，GANではノイズベクトルからデータの生成過程を学習することで，実在しない画像を作り出すことが可能である。また，モノクロ画像のカラー化や品質の低い画像から高品質な画像への変換，線画像から写真を生成するなど，さまざまな処理が可能となる。ただし，学習が進んでバランスが崩れることで，画像生成がうまくいかなくなってしまうモード崩壊の問題もあり，生成器と識別器のバランスをどのように保つかがGANの課題である。

演　習　問　題

【1】 ニューラルネットワークにおいて，学習された情報はどのように記憶されるか説明せよ。
【2】 中間層の階層を深くするとどのような問題が生じるか。また，それを解決するための方法を述べよ。
【3】 オンライン学習，バッチ学習，ミニバッチ学習の違いを説明せよ。
【4】 畳み込みニューラルネットワークはどのような構成となっているか説明せよ。
【5】 畳み込みニューラルネットワークの応用例を述べよ。
【6】 オートエンコーダはなぜ教師なし学習の一種であるといえるのか説明せよ。
【7】 敵対的生成ネットワークの応用例を述べよ。

12. 3次元画像処理

視覚センサを用いて，3次元空間の計測・認識を行う技術は，生産設備の自動化，自律走行ロボット（autonomous mobile robot：AMR）の制御，交通システムの自動化，自動運転等をはじめとするビジョンシステムにおいて重要な技術となっている。本章では，1枚あるいは複数の画像から3次元情報を復元したり，3次元環境の計測や認識を行う方法について述べる。

12.1 3次元空間の計測と認識

人間は，視覚を通じて奥行き情報を得ることができる。例えば，左右の二つの目から得られる視差情報から立体感を得，物体までの距離を把握することができる。これは，**三角測量**と基本的に同じ原理である。すなわち，**図12.1**に示すように，2台のカメラA，B間の距離bと，それぞれのカメラが対象物Cを見込む角θ_A，θ_Bがわかれば，点Cの位置が一意に決まり，点Cまでの距離を特定することができる。しかし，人間は1枚の画像（あるいは単眼）からでも立体感を得る能力も持っている。例えば，**図12.2**のような1枚の画像において，物体がA, C, Bの順で近い距離にあることを認識できる。3次元のシーンを2次元平面に投影した1枚の画像からは，本来奥行き方向のデータは失われているが，人間は物体の形状や透視変換などに関する豊富な経験や知識を用いて頭の中で3次元データを再現することができる。また，動いている物体をとらえたり，人間が移動することにより得られる動画像からも立体認識を行うことができる。このような人間が持つ3次元認識の能力を視覚センサとコンピュータを用いて実現

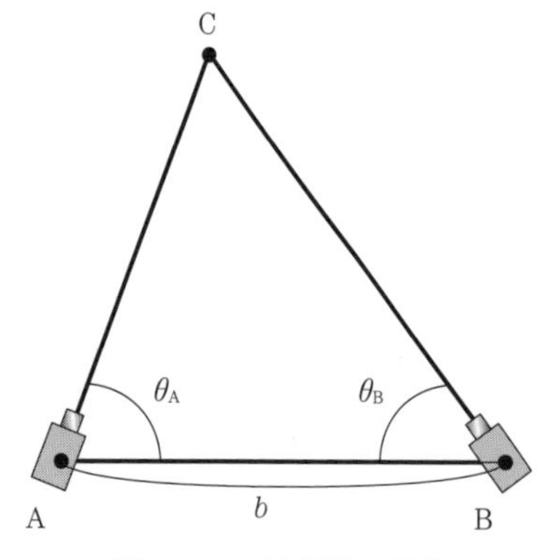

図12.1 三角測量の原理

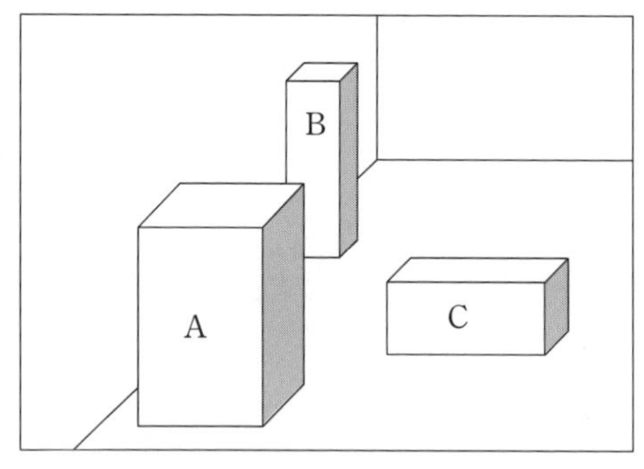

図12.2 1枚の画像から奥行きが推察できる例

しようとする試みが行われている。また，計測装置から対象物に光や電波，音波等を照射してその反応から対象物の3次元形状を計測する手法（**能動的計測法**）も多く用いられている。

12.2　1枚の画像を用いた3次元認識

1枚の画像には，奥行きに関する情報が含まれていないため，画像に写っている物体までの距離を直接知ることはできない。しかし，画像に関してあらかじめわかっている情報を利用したり，画像中の陰影やテクスチャの歪み等の情報を用いたりして3次元認識を行う方法が提案されている。

12.2.1　テクスチャによる方法

物体の表面にテクスチャが存在する場合は，そのテクスチャ要素の歪みからテクスチャ面の傾きを求めることができる。例えば，ある物体の表面が**図12.3**(a)に示すようなテクスチャに覆われているとき，この平面をある角度から撮影した画像が同図(b)のように得られた場合，テクスチャの密度が画像上部ほど高く，小さくなっていることから，テクスチャの密度を計算することにより，その面の向きを計算することができる。

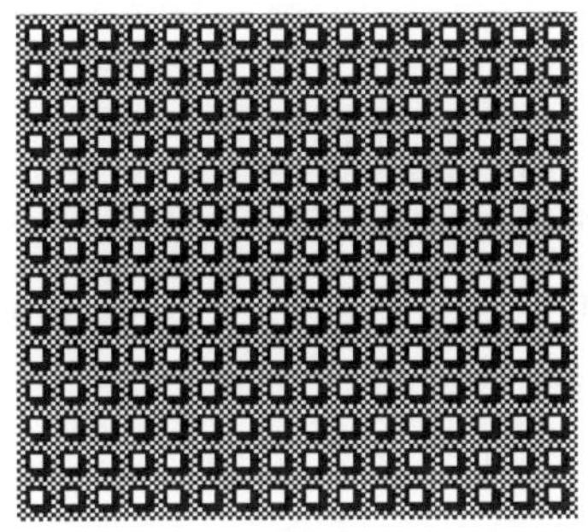

(a)　正面から見たテクスチャ

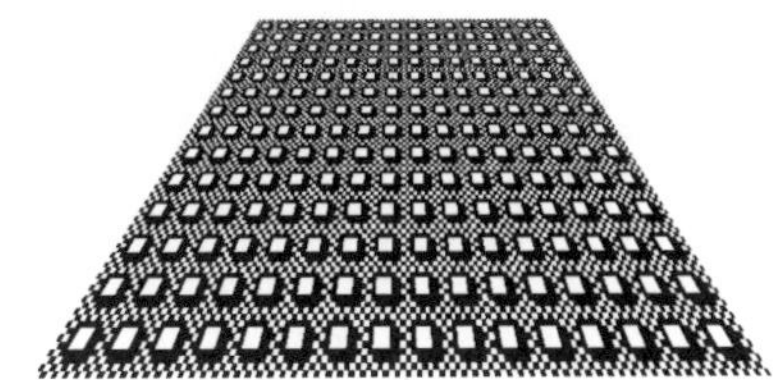

(b)　斜めから見たテクスチャ

図12.3　テクスチャ面の傾きによる3次元認識

12.2.2　陰影による方法

卵の殻や石膏の像のように，模様のない滑らかな表面（このような面を**完全拡散反射面**という）では，面に照射された光がほぼ全方向に等分に反射されるため，対象物を撮影したときの光源の位置や向き，照度などが一定であれば，面の明るさは，どの方向から見ても同じとなる。面に対して光が低い角度であたっている場合は面の明るさは暗くなり，垂直に近い方向（法線方向）から光があたるほど明るくなる。したがって，面の法線方向を面上の濃度値から計算により求めることができる。また，多面体のような物体では，各面の法線方向を求めることで3次元形状を決定できる。しかし，この方法は物体の形状が複雑であったり，表面の反射率が低く，場所によって異なるような場合には適用が難しいなどの欠点がある。

なお，類似の方法として，照明条件を変えて撮影した複数の画像から3次元形状を計測する**照度差ステレオ**（photometric stereo）**法**がある。

12.2.3 その他の方法

1枚の画像を用いた3次元計測の手法として，上記以外にも，道路標識やナンバープレートのように，あらかじめ大きさがわかっている物体に対して，その見かけの大きさから物体までの距離を求める方法や，手前にある物体が後方にある物体を隠すといった物体の配置構造から距離を求める方法がある。

12.3 複数の画像を用いた3次元認識

複数の画像を用いれば，三角測量の原理により比較的容易に3次元空間の計測ができる。このとき，3次元空間と2次元平面とを対応付けるカメラのキャリブレーションが重要となる。本節では，カメラキャリブレーションの考え方およびステレオ画像による3次元計測について述べる。

12.3.1 カメラモデルとキャリブレーション

CCDカメラ等で，ある物体を撮影したときの様子を**図12.4**(a)に示す。ただし，通常のカメラでは画像の歪み（**収差**）を避けるため，複数のレンズを組み合わせるが，ここでは簡単のため1枚のレンズを用いた場合を示す。物体から出た光線はレンズにより屈折され，CCD面（撮像素子面）上に結像する。図中で光軸に平行な光線がレンズに入射したときに，光が集まる点を**焦点**（focus）といい，レンズ中心から焦点までの距離を**焦点距離**（focal distance）という。一般にCCDなどの撮像素子面（結像面）の位置は固定されているため，対象物の同じ場所から出た光線が結像面において同じ場所に像を結ぶように，対象物までの距離に応じてレンズの位置を変化させる必要がある。同図(b)に示すピンホールカメラは，レンズの代わりに非常に小さな穴のあいた薄い板をおいたものである。この場合，穴の位置が光が集まる焦点であり，穴の位置からCCD面までの距離が焦点距離となる。ピンホールカメラでは，対象物までの距離が変化しても，一定の焦点距離でCCD面に正しく結像される。しかし，穴が小さいため，十分な光量を確保できず画像が暗くなるため，通常は同図(a)のようにレンズを用いて光を集める必要がある。同図(a)においても，レンズから物体までの距離が十分大きければ，対象物の像は焦点の位置に結ばれ，レンズの働きは近似的にピンホールカメラと等価となる。そこで，通常のカメラを同図(b)のピンホールカメラモデルで近似的に表現することが多い。さて，ピンホールカメラモデルでは像が上下左右反転して結像するため，同図(c)のようにピンホールの前方fの位置に仮想的なCCD面（投影面）をおき，そこに投影するものと

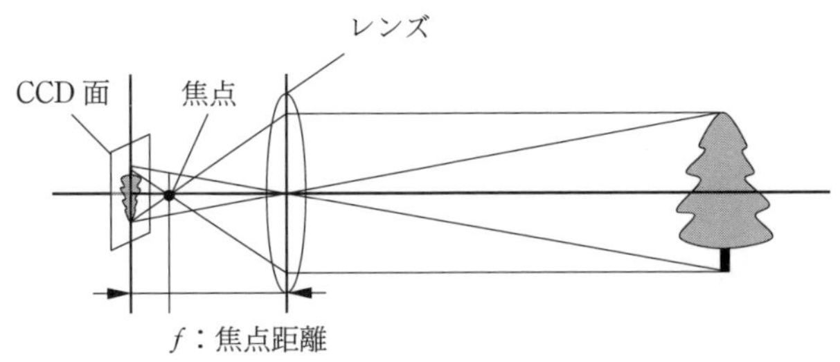

（a） CCDカメラによる結像

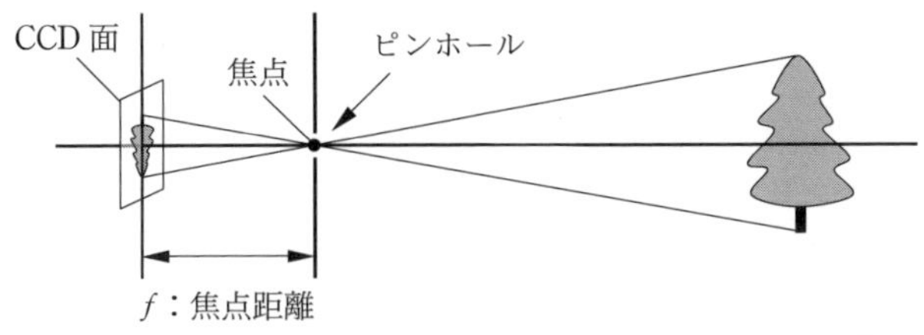

（b） ピンホールカメラによる結像

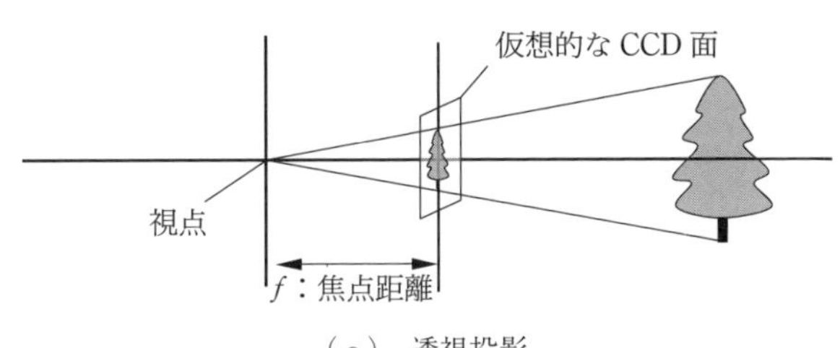

（c） 透視投影

図 12.4 カメラモデル

考えれば像が反転せず，取扱いが簡単になる。この投影法を**透視投影**（perspective projection）という。この場合，ピンホールの位置を**視点**，視点から投影面までの距離を**焦点距離**，視点と対象物とを結ぶ線を**視線**という。

図 12.5 に，CCDカメラによる撮影風景を示す。透視投影による投影面上に固定した座標 (x, y, z)（**カメラ座標系**という）を用いれば，7.2.1項で述べた投影変換の式（7.4）により，対象物の3次元座標と投影面における2次元座標を対応付けることができる。この対応付けに際して必要となるパラメータは，焦点距離等のカメラ内部の特性に関連するため，**内部パラメータ**（intrinsic parameters）と呼ばれる。

さて，カメラ座標系を用いて3次元空間内の物体の位置を表すと，カメラを移動するたびに座標が変化するため取扱いが面倒となる。そこでカメラ座標系とは別に，図中の座標 (X, Y, Z) のように，3次元空間内に固定された**物体座標系**を用いることが多い。この場合，物体座標系からカメラ座標系への変換を行う必要性が生じる。すなわち，原点位置のずれ量および座標軸の回転量に関するパラメータを求める必要がある。これらのパラメータは，カメラの**外部パラメータ**（extrinsic parameters）と呼ばれる。内部パラメータおよび外部パラメータを求めるこ

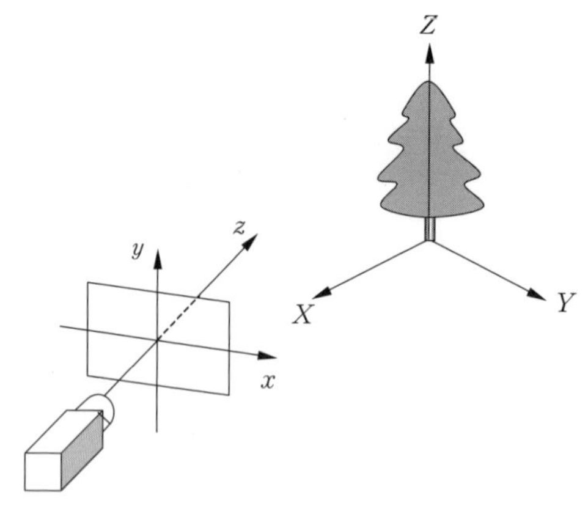

図 12.5　カメラ座標系 (x, y, z) と物体座標系 (X, Y, Z)

とを**カメラキャリブレーション**という。

12.3.2　ステレオ画像処理

ステレオ画像処理は，**図 12.6**(a)に示すように，2台のカメラを用いて三角測量の原理により対象物までの距離を求める方法である。図において2台のカメラは，光軸が平行になるようにおかれている。また，f は**焦点距離**，b は**基線長**と呼ばれる。いま，右画像について，同図(b)の相似則より $f : x_r = z : (x-b)$ となる。よって

$$x_r \cdot z = f \cdot (x-b) \tag{12.1}$$

同様に

$$y_r \cdot z = f \cdot y \tag{12.2}$$

左画像についても

$$x_l \cdot z = f \cdot x \tag{12.3}$$

$$y_l \cdot z = f \cdot y \tag{12.4}$$

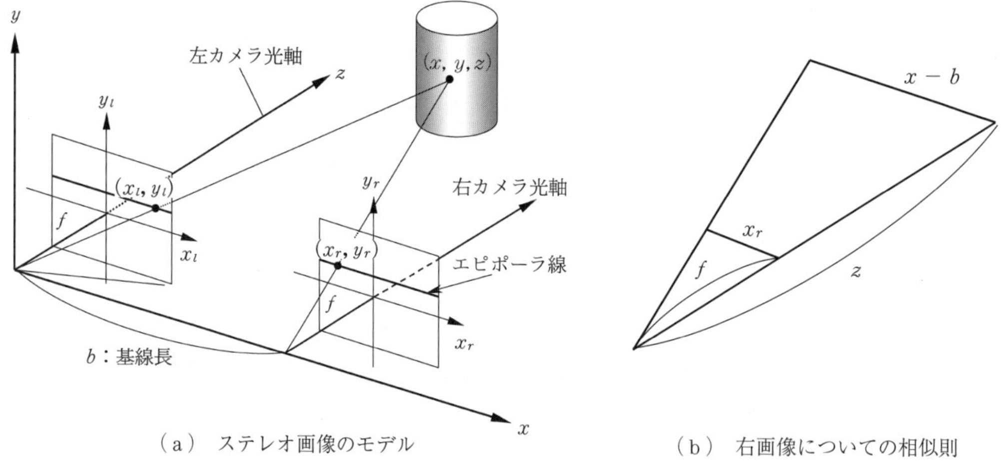

(a)　ステレオ画像のモデル　　(b)　右画像についての相似則

図 12.6　ステレオ画像による距離計測の原理

上式を x，y，z について解けば，次式を得る。

$$\begin{pmatrix} x \\ y \\ z \end{pmatrix} = \frac{b}{x_l - x_r} \begin{pmatrix} x_l \\ y_l \\ f \end{pmatrix} \tag{12.5}$$

式（12.5）より，左右の画像面上の座標（x_r, y_r），（x_l, y_l）から対象物体の座標（x, y, z）を求めることができる。ただし，左右の画像面上の座標（x_r, y_r），（x_l, y_l）を求めるためには，一方の画像における物体上の点が，もう一方の画像のどの点に対応するかを求める対応点探索が必要となる。物体上の点は，一方の画像上の投影点と視点とを結ぶ視線上にあることから，この直線（視線）をもう一方の画像上へ投影した線（**エピポーラ線**（epipolar line）という）上に対応点が存在する。したがって，SIFT などでキーポイント（9.2 節参照）を求めておき，パターンマッチングなどの手法を組み合わせて，このエピポーラ線上を探索することにより，対応点を見つけだすことができる。

上記の手法は比較的構成が簡単であり，近距離の物体計測に対して精度が良いという特長を持つが，視差が大きい場合に対応点探索が難しくなるなどの欠点がある。なお，3 台以上のカメラを用いて，上記と同様の手法により 3 次元計測を行う方法も提案されている。この方法は，死角を減らしたり，計測精度を向上させることができるという長所を持つが，対応点探索の処理が複雑になる等の欠点もある。

12.4 レンジファインダ

上記までに述べた方法は，対象物から普通に得られる光の情報を基に距離計測を行う**受動的計測法**であったが，本節では計測装置から対象物に光や電波，音波などを照射し，その反応から位置や形状を計測する**能動的計測法**について述べる。能動的計測を用いて 3 次元空間内の対象物の位置を検出する装置を**レンジファインダ**（range finder）という。レンジファインダの代表的な方法に**アクティブステレオ法**がある。この方法は，**図 12.7** に示すように，図 12.6 におけるステレオカメラの一方をレーザ光源で置き換えたものであり，三角測量の原理で距離を計測できる。すなわち，カメラでとらえられた結像面中のスポット光の位置がわかれば，カメラからスポット光を見込む角がわかるので，基線長とスポット光の投影方向から対象物の位置を計測できる。この方法では，ステレオ画像処理のように対応点探索の必要はないが，画像面上の各画素位置に対応するすべての場所にスポット光を投影する必要があるため計測に時間がかかる。そこで，スポット光の代わりに線状のスリットパターンを介してスリット光を投影する**光切断法**や，特定の光パターンを投影する方法なども考えられている。

レンジファインダによる上記以外の 3 次元計測法として，格子パターンを物体に照射し，同じピッチの格子パターンを通して観察するとモアレ縞による等高線が発生することを利用して，3 次元形状の計測を行う**等高線計測法**などがある。また，光を対象物に照射し，反射して

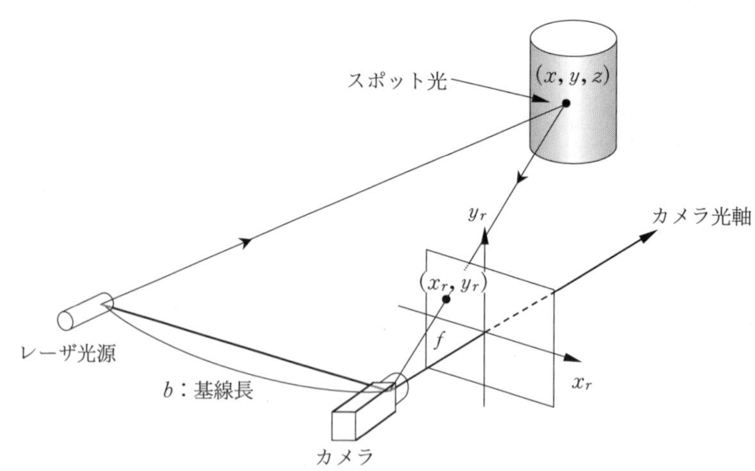

図 12.7　レンジファインダによる距離計測の原理

帰ってくるまでの時間により対象物までの距離を計測する **ToF**（time of flight）（**光レーダ法**ともいう）がある。

ToF には，光パルスを利用する方法と，光の位相差を利用する方法がある。ToF を利用した代表的なレンジファインダに **LiDAR**（light detection and ranging）がある。LiDAR は，レーザレーダとも呼ばれ，電波を使うレーダよりも検出精度が高い。また，レンジファインダにより得られた 3 次元の位置情報と同時に RGB のカラー画像を取得できる **RGB-D カメラ**の普及も進んでいる。

これらの 3 次元計測によって求まった距離データは，**図 12.8** のように物体までの距離を濃淡画像で表示する**距離画像**（もしくは**深度画像**）や**点群**（7.2.2 項［7］），**メッシュ**（7.2.2 項［2］）などで表現できる。

コラム 15：3 次元データ処理を行うソフトウェア

3 次元データ処理を行う際に，得られた点群の処理が容易にできる点群処理ライブラリや可視化ツールなどがオープンソース（コラム 18 参照）で公開されている。点群の基本的な処理には，ノイズ処理フィルタリング，法線推定，近傍点探索などがある。代表的な点群処理ライブラリには Point Cloud Library（**PCL**）や **Open3D** が，可視化ツールでは，**MeshLab** や **Cloud Compare** などがある。PCL はリアルタイム処理が可能で，多くの OS に対応している。Open3D は PCL と比較して容易に導入ができるなどの特長がある。Cloud Compare は，多機能な点群ビューワで，フィルタリング処理，複数点群の位置合わせなど，さまざまな機能が実装されている。

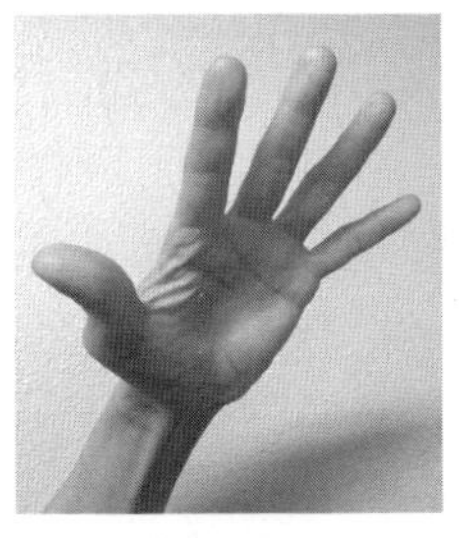

（a）撮影画像

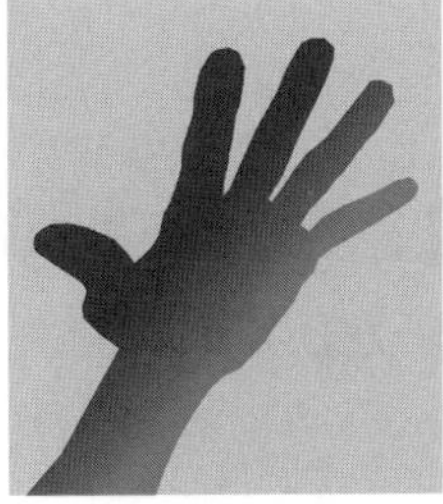

（b）距離画像

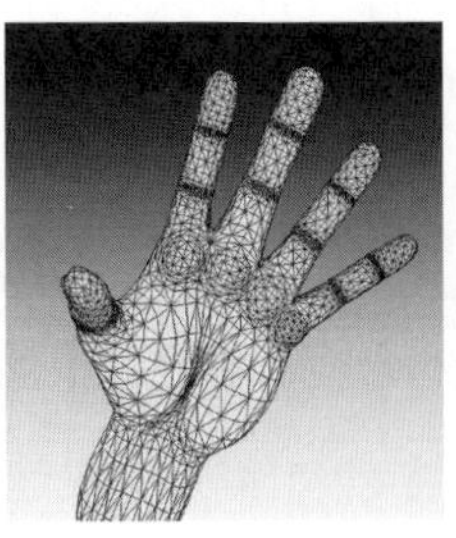

（c）メッシュ

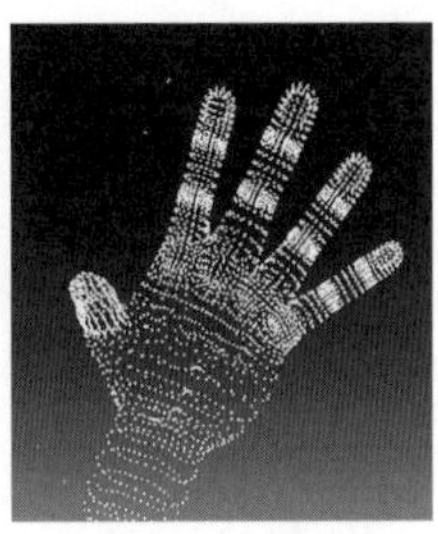

（d）点　群

図 12.8　距離データの画像表現

12.5　3次元形状の復元

画像センサからの情報を用いて物体の3次元の形状を復元する多くの手法が提案されている。初期に提案された手法に，撮影された積み木のシーンから個々の積み木の位置関係等を理解させる**積み木の世界**（blocks world）と呼ばれる研究がある。これは積み木のような多面体の各辺の位置関係に基づく手法であるが，ノイズに弱く一般的なシーンへの適用が難しいなどの問題がある。そこで，さまざまな手がかりから3次元の形状を復元する **Shape from X** を利用する手法が提案されている。ここで，Xには，テクスチャ，陰影，輪郭，自動焦点，動きなどがある。例えば，12.2.1項で述べた面に描かれたテクスチャの傾き情報を用いて面の向きを求める **Shape from Texture** や，12.2.2項で述べた陰影などの面の明るさの情報を利用する **Shape from Shading**，複数の視点で撮影した画像中の物体のシルエットから3次元形状を復元する **Shape from Silhouette**，カメラの自動焦点機能を利用した **Shape from Defocus**（もしくは **Depth from Defocus** 法ともいう）などがある。また，異なる視点の複数画像を入力として対象物の3次元形状を復元する **Shape from Motion** もある。これは **Structure from Motion**（**SfM**）とも呼ばれる（13.4節参照）。

なお，3次元形状を用いた物体認識の方法として，計測された3次元データから3次元特徴量を求め，あらかじめ用意した立体形状パターンとのマッチングを行う方法がある。これは2次元画像における SIFT のようなキーポイントと同様の考え方であり，3次元のキーポイントを求め，想定される3次元モデルのパターンとの対応付けを行う方法である（14.1.1項［2］）。

演　習　問　題

【1】 カメラキャリブレーションの目的と方法について説明せよ。
【2】 3次元計測の手法を，三角測量の原理を用いるものと用いないものに分類せよ。
【3】 ステレオ画像処理においてエピポーラ線はどのような役割を持つのか説明せよ。
【4】 Shape from X の代表的手法を説明せよ。

13. 動画像処理

動画像を用いて3次元環境の認識や移動物体の抽出・追跡・運動の解析等を行う処理を動画像処理という。動画像には，時間軸方向の情報量が含まれているため，静止画像だけからは得られない情報を得ることができる。例えば，物体が重なって写っている静止画像から個々の物体を分離することは一般に難しいが，この物体が時間とともに別々の方向に移動していれば，その情報を用いて物体同士を分離することが容易となる。本章では，動画像処理の代表的な手法について述べる。

13.1 オプティカルフローの抽出

図 13.1 のように，連続して与えられる画像の系列をフレームという。動画像処理では，画像上で観測されたある点がつぎの画像上でどこに移動したかを調べることが重要となる。**図 13.2** に示すように，二つのフレーム間における物体上の各点の移動方向と移動距離を表す量を**移動ベクトル**（displacement vector）という。また，単位時間当りの移動ベクトルを**速度ベクトル**といい，その分布を**オプティカルフロー**（optical flow）という。

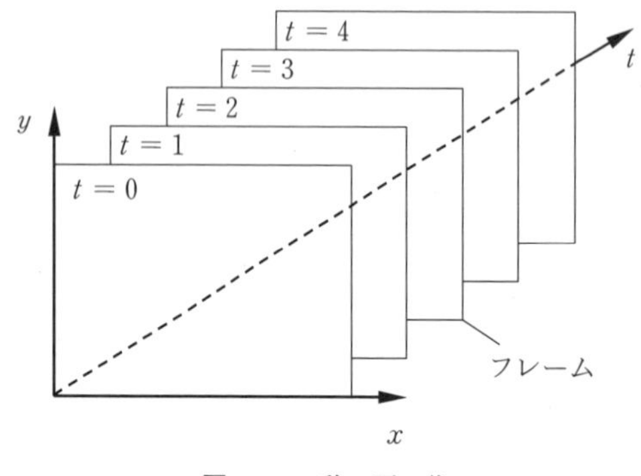

図 13.1　動　画　像

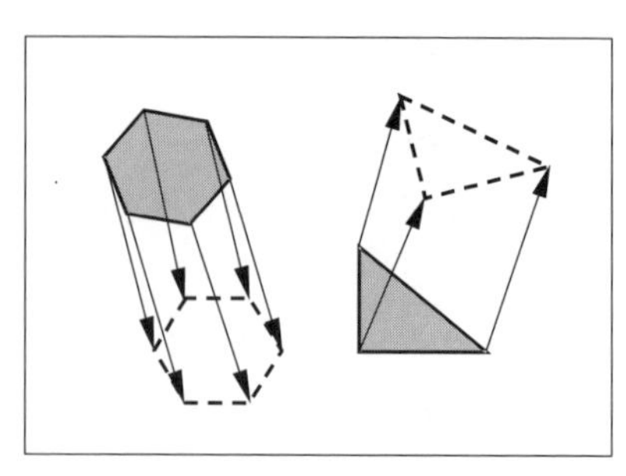

図 13.2　移動ベクトル

移動ベクトルやオプティカルフローは，移動物体の3次元的な運動の認識や動画像圧縮におけるフレーム間予測符号化法（4.4.3 項参照）等に用いられる。動画像中の各点の移動ベクトルを求める方法は，大きく分けるとフレーム間で対応点を探索して求める**照合法**と各点の明るさの空間的および時間的な勾配の関係を用いる**時空間勾配法**がある。以下では，それぞれの手法について述べる。

13.1.1 照　　合　　法

照合法（matching method）（**ブロックマッチング法**とも呼ばれる）は，画像内に設定したウィンドウ内の画像を参照画像とし，これと類似の領域をつぎの時刻における画像から探し出して対応付けを行うことにより，移動ベクトルを求める方法である。画像の対応付けには，9.1節で述べたテンプレートマッチングの手法が用いられる。

対象物体が3次元運動をしている場合，物体像の拡大・縮小，あるいは回転が生じる。このような場合，対象画像のエッジやコーナのような特徴点により記述されたモデルを用いて，モデルの属性（エッジや特徴点の座標値等）を類似度の評価関数に組み込むことにより照合が行われる。

照合法は，移動ベクトルが比較的大きい場合や対象物が平行移動している場合によく利用される。移動ベクトルが比較的小さく連続的に変化するような場合においては，つぎで述べる時空間勾配法が用いられることが多い。

13.1.2 時 空 間 勾 配 法

時刻tにおける画像上の点(x, y)の濃度値を$f(x, y, t)$とし，この点の移動軌跡を$(x(t), y(t))$とする。このとき，移動軌跡上で濃度値がF_0で一定であるとすれば，次式が成り立つ。

$$f(x(t),\ y(t),\ t) = F_0 \tag{13.1}$$

上式を時間tで微分すると次式となる。ただし，以下では濃度値の関数を単にfと記述するものとする。

$$\frac{df}{dt} = \frac{\partial f}{\partial x}\frac{\partial x}{\partial t} + \frac{\partial f}{\partial y}\frac{\partial y}{\partial t} + \frac{\partial f}{\partial t} = 0 \tag{13.2}$$

ここで，$\partial f/\partial x = f_x$，$\partial f/\partial y = f_y$，$\partial x/\partial t = u$，$\partial y/\partial t = v$，$\partial f/\partial t = f_t$とおいて上式を書き直せば，次式となる。

$$f_x u + f_y v + f_t = 0 \tag{13.3}$$

上式は移動ベクトルの**勾配条件**と呼ばれる。この勾配条件を用いて点(x, y)における移動ベクトルのx，y方向の成分である速度ベクトル(u, v)を求める方法を**時空間勾配法**という。上式において，f_x，f_yは点(x, y)における濃度値のx，y方向の勾配を表し，差分オペレータ（5.4節参照）等を用いることにより求めることができる。また，f_tは濃度値の時間的な勾配であり，点(x, y)における2枚の画像の濃度値の差として簡単に計算できる。しかし，オプティカルフローを決定するには，u，v二つの未知数が存在するため，さらに一つ以上の拘束条件が必要となる。拘束条件を設ける方法として，いくつかの方法が提案されているが，ここでは「速度ベクトルが滑らかに変化している」と仮定してオプティカルフローを求める**空間的大域最適化法**（spatial global optimization）について述べる。速度ベクトルが滑らかであるということは，速度ベクトルのx方向，y方向の微分値$\partial/\partial x(u, v) = (\partial u/\partial x, \partial v/\partial x)$，$\partial/\partial y(u, v) = (\partial u/\partial y, \partial v/\partial y)$の大きさが最も小さい場合に相当する。したがって，拘束条件として次式が与えられる。

$$\varepsilon^2 = \left(\frac{\partial u}{\partial x}\right)^2 + \left(\frac{\partial v}{\partial x}\right)^2 + \left(\frac{\partial u}{\partial y}\right)^2 + \left(\frac{\partial v}{\partial y}\right)^2 \to \min \tag{13.4}$$

上式の条件と式（13.3）における誤差を最小にするという条件を組み合わせて，次式の誤差 E を画像全体で最小となるようにすれば，オプティカルフローを決定できる。

$$E = \iint \{(f_x u + f_y v + f_t)^2 + \alpha^2 \varepsilon^2\} \, dxdy \tag{13.5}$$

ここで α は，式（13.3）と（13.4）との相対的なバランスをとる重みである。上式が最小となる解はコンピュータによる数値解法を用いて，繰り返し演算により求めることができる。

なお，上記の空間的大域最適化法以外にも，注目画素の近傍の画素が同じ動きをすることを拘束条件として，画像ピラミッド（9.1 節）を併用してオプティカルフローを求める **Lucas-Kanade 法**（LK 法）などがある。

13.2 差分画像を利用する方法

動画像を用いて，対象物の位置的あるいは形状的な変化を求める方法の一つに，時間的に隣り合う 2 枚の画像の**差分画像**を用いる方法がある。例えば**図 13.3**（a），（b）は，それぞれ時間的に隣り合うフレームであるが，これらの差分画像を求めると，同図（c）のように静止している背景部分の濃度値は 0 となり，移動している部分のみに濃度値が生じるため移動物体を検出することができる。しかし，2 枚のフレームを用いる方法では移動物体の輪郭が不明瞭になることがあるため，**図 13.4** に示すように 3 枚のフレームを用いる方法も考えられている。まず，フレーム 1，2 および 2，3 の差分画像を同図（d），（e）のようにそれぞれ求め，つぎにそれを 2 値化して同図（f），（g）のように差分画像の濃度値が 0 でない部分を黒画素，それ以外を白画素となるようにする。そして，それらの AND をとれば，同図（h）のようにフレーム 2 に対応する移動物体の領域が抽出される。最後に，この黒画素の部分をフレーム 2 から切り出せば，同図（i）のように移動物体を抽出できる。この方法を**フレーム間差分法**という。な

（a） フレーム 1　（b） フレーム 2　（c） 差分画像

図 13.3　2 枚のフレーム間の差分画像

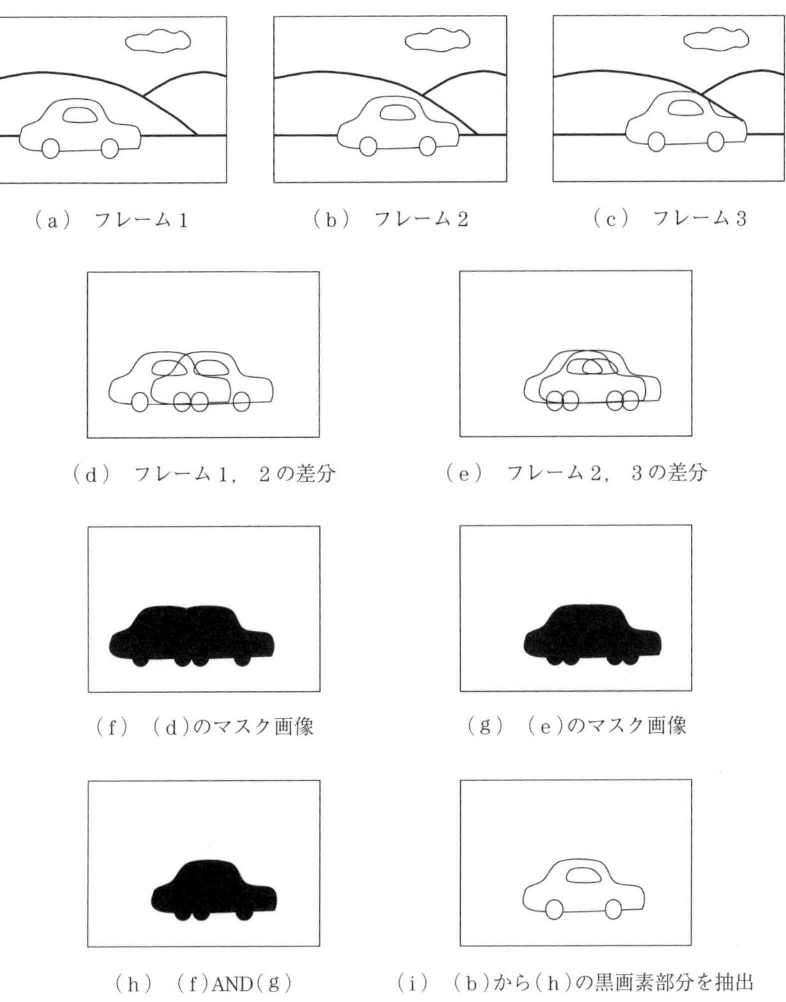

図 13.4 3 枚のフレームを用いた移動物体の抽出

お，移動物体がない状態の背景画像を事前に撮影しておき，移動物体が入った画像との差分画像を求め，移動物体のみを検出する**背景差分法**もよく用いられる。

差分画像を用いる方法は，移動物体の抽出が容易に行え，アルゴリズムも単純であるためハードウェア化が容易である等の特長がある。しかし，移動物体の濃度値が一定であるような場合は移動した部分であっても差分は 0 となってしまうため，物体全体の抽出が難しいことや，カメラが移動すると背景画像も移動してしまうため，適用が難しい等の欠点がある。背景自体が小さく動いているような場合も（例えば，風で木が揺れるなど），それがノイズ成分として抽出されてしまうため，雑音除去によりこれを取り除いたり，抽出された領域のうち，ある面積以下の領域を除去したりするなどの処理が必要となる。また，背景の定常的な変動を統計的に考慮して背景に分類する**統計的背景差分法**を用いる場合もある。

13.3　動画像を用いた行動認識

行動認識は，動画から人などの動く物体を認識するもので，人物の見守りや監視などへの応用が期待される。以下では，動画像を用いた行動認識の概要について述べる。

13.3.1　従来の機械学習を用いた方法

動画像中から人物の行動を認識する手法に，オプティカルフローを時系列方向に連結していくことで特徴点の軌跡を得る**Dense Trajectories**(DT) がある。DT では画像ピラミッド (9.1 節) の各解像度の画像系列ごとにオプティカルフローを計算し，特徴点の軌跡を生成し，得られた軌跡ごとに特徴量を抽出する。そして，BoVW (9.2.6 項) などにより特徴量ベクトルを生成し, SVM (10.3.2 項[2]) などを用いて人物の行動を認識する。本手法に適切な訓練データを与えて学習させることで，歩き，走り，サイクリング，握手などの行動を認識できるようになる。

13.3.2　深層学習を用いた方法

2 次元画像における CNN(11.3 節) を時間方向に拡張した **3D CNN** や，オプティカルフローの情報も用いる **I3D** (two-stream inflated 3D ConvNet) などが提案されている。3D CNN では，画像の 2 次元平面 (xy) に時間方向 (t) も含めた 3 次元 (xyt) のデータに対して CNN を適用する。一方，I3D は静止画像中の物体や背景などの特徴を抽出する空間方向の CNN とオプティカルフローに基づく動きに関する特徴を抽出する CNN の二つの処理を統合し，高精度な行動認識を実現するものである。また，先に述べた DT の改良版である IDT (improved dense trajectories) と CNN を組み合わせた TDD (trajectory-pooled deep-convolutional descriptors) という手法も開発されている。

13.3.3　RNN と LSTM

動画像のように時系列で変化するデータが扱えるニューラルネットワークに**再帰型ニューラルネットワーク** (recurrent neural network：**RNN**) がある。時系列で変化するデータを扱うため，中間層の値を中間層に入力するというネットワーク構造になっている。**図 13.5** に RNN のネットワークの一部を拡大したものを示す。実線の矢印は通常の階層型ネットワークのセルの結合と同じように左から右方向に信号が伝わっていく。これに対し，RNN では破線の矢印が追加される。この矢印は，あるセルから出た矢印が同じセルもしくは同じ階層の他のセルにも結合している。これにより，過去の情報を引き継ぎながら新しい出力を作ることができる。RNN を時間方向に展開すると，見かけ上複数の中間層からなるディープニューラルネットワークと同様の形となり，深層学習の枠組みで学習を行うことができる。

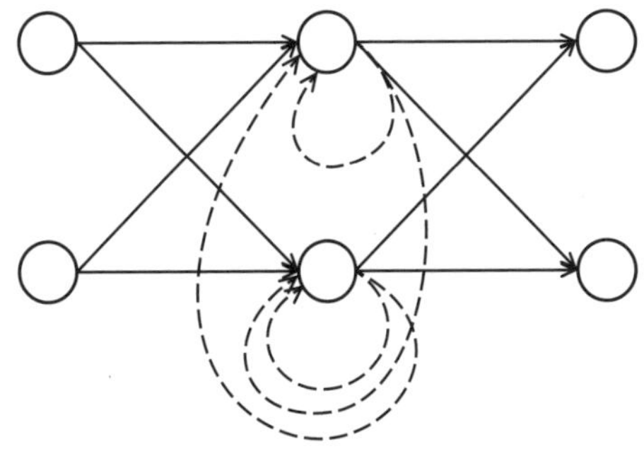

図 13.5　RNN の一部を拡大したもの

なお，長時間のデータの場合，学習がうまくいかなかったり計算に時間がかかりすぎたりするなどの問題が生じる。そこで長期の時系列データを学習できるように改良した手法に**LSTM**（long short-term memory）がある。LSTM では，過去の情報の重要な部分を引継ぎながら必要性の低い情報を忘れていくようになっている。LSTM を用いることで人物の移動軌跡の予測などが可能となる。また，LSTM と先に述べた 3D CNN を組み合わせて行動認識を行う手法も提案されている。

13.4　動画像を用いた３次元復元

レンジファインダなどを用いてロボットの自己位置推定と環境地図を同時に推定する技術を**SLAM**（simultaneous localization and mapping）という。SLAM は，自動車，自律走行ロボット（AMR），ドローンなどの自動運転や自律制御に重要な技術である。また，実在する風景に仮想世界の視覚情報を重ねて表示する**拡張現実**（augmented reality：**AR**）を実現するためにも使われる。レンジファインダを使わずに動画像を用いて逐次的にカメラ姿勢の推定と地図構築を行う技術を **Visual SLAM** といい，安価な単眼カメラが使え，壁の模様などの情報も自己位置推定に使用できる。Visual SLAM は n 点の 3 次元座標とそれらの点が観測された画像座標からカメラの位置姿勢を推定する **PnP 問題**（perspective-n-point problem）などを解くもので，SfM（12.5 節）と同様の技術といえる。ただし，SfM では多くの画像を一括処理して 3 次元復元を行うため時間的な制約はないが，SLAM ではビデオ画像から高速にカメラ位置を求める必要がある。

Visual SLAM では，連続するフレーム間で SIFT（9.2.4 項）などにより求められた複数の 2 次元キーポイントから対応点を見つけ（その際，12.3.2 項で述べたエピポーラ線を利用する），3 次元地図上にその特徴点を登録し，新しいフレームごとに 3 次元地図上の特徴点を更新していく（特徴点ではなく画像上のすべての画素を利用する手法もある）。そして，3 次元地図との比較によりカメラ位置姿勢を推定するとともに，新しいフレームごとに 3 次元地図の更新を行う。

演 習 問 題

【1】 オプティカルフローを抽出する方法にはどのようなものがあるか述べよ。

【2】 移動物体の抽出に差分画像を用いることが難しい場合の例をあげよ。

【3】 RNN と LSTM が時系列データを扱える理由を説明せよ。

14.
画像処理の応用

画像処理技術は，1 章で述べたように各種産業をはじめとする広い分野で応用されている。本章では画像処理の応用事例について触れ，これまでに述べた画像処理技術が実際にどのように利用されているかについて述べる。

14.1 産 業 応 用

画像処理の産業応用の目的は，省力化による生産性の向上，悪環境下での安全性の確保，品質の均一化，目視では困難な作業の支援，クリーンな作業環境の確保などである。以下では，組立工程および検査工程における画像処理の応用例について述べる。

14.1.1 組 立 工 程

産業用の組立ロボットにおいて，視覚センサは，おもに部品の認識や位置の検出を行うために用いられる。組立工程で供給される部品は，画像処理を容易かつ高速にするために，パーツフィーダ等で一つずつ分離されて供給されることが多いが，異なる部品が混在して供給される場合や，部品が積み上げられた状態で与えられる場合もある。

3 次元物体である部品を認識する手法には，単眼カメラを用いた 2 次元的アプローチとレンジファインダ（12.4 節参照）等の 3 次元計測装置を用いた3次元的アプローチがある。特に，RGB-D カメラ等のレンジファインダは低価格化・高性能化が進んでおり，組立工程で活用されている。

組立工程では，複数の部品の位置や種類を画像処理により認識し，部品を一つずつピッキングしてシャーシに組み付けるシステムが用いられることが多い。例えば，**図 14.1** のように，数種の部品が部品搬送用コンベアの上に分離されて流れてくるシステムでは，画像処理により部品の種類，位置や姿勢を認識してピッキングを行う。以下では，単眼カメラを用いた場合と 3 次元計測を用いた場合の例について述べる。

［1］ 単眼カメラを用いた組立

以下に，通常の単眼カメラを用いた場合における部品の認識アルゴリズムの一例を述べる。まず取り込んだ画像を部品が白，背景が黒となるように 2 値化し，つぎにラベリングにより白の領域を抽出する。そして，各領域ごとの面積，周囲長，穴の有無等の特徴量を計算すること

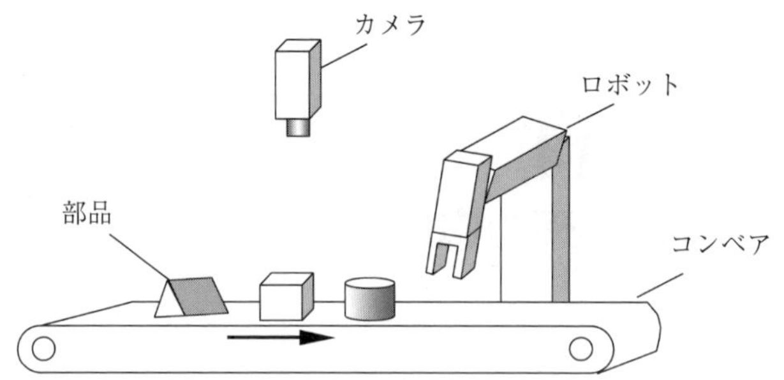

図 14.1　組立工程の例

により，部品の種類の判別が可能となる。ロボットハンドによる把持については，あらかじめ部品ごとに部品のどの位置を把持するかを決めておけば，部品の形状を抽出することにより把持すべき位置を見つけることができる。また，カメラ画像から SIFT（9.2.4 項）などを用いてキーポイントを検出し，事前に作成しておいた部品画像の特徴量に基づき機械学習によりマッチングを行う方法もある。

上記のように，部品が分離されて供給される場合は比較的処理が容易であるが，**図 14.2** のように部品が積み上げられた状態から，部品のピックアップを行う**ビンピッキング**（bin picking）と呼ばれる作業の場合は，先のような方法では各部品の位置関係を検出することが難しい。このため，対象に応じて適切なアルゴリズムを採用する必要がある。例えば，図のように山積みになっている平坦な面を持つ部品の平坦部を，空気圧による吸着パッドを用いて吸着把持する場合，適当な照明を与えて画像を入力すると，上を向いている平面は明るく，広い面積の画像領域となる。そこで，この領域を抽出すれば，最上部にある部品を抽出できる。すなわち，得られた濃淡画像を 2 値化して平面の候補を抽出し，6.3 節で述べた収縮処理を繰り返せば，小さい面積を持つ領域が消滅し，最大面積を持つ最上部の部品のみが抽出できる。ただし，この方法では奥行き方向の情報は得られないため，ハンド部に接触スイッチを取り付けておき，xy 方向にハンドを位置決めした後，奥行き方向にハンドを移動させていき，スイッチが反応した時点で部品を把持すれば，上記の方法でも把持を行うことができる。

以上の例は，比較的単純な形状の部品に適用できる手法であるが，複雑な形状を持つ部品の

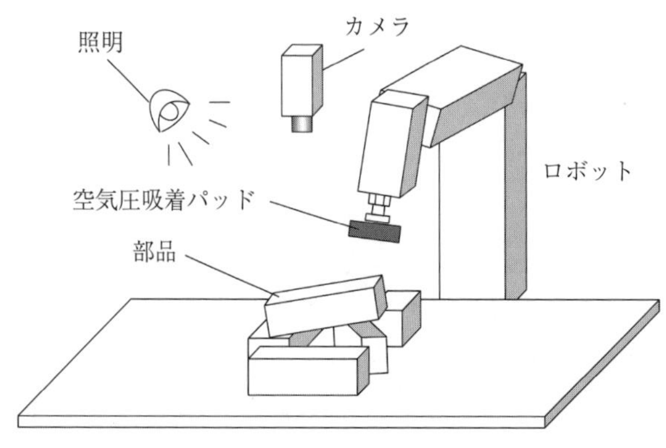

図 14.2　ビンピッキングの例

ビンピッキングなどでは，組立工程の種類に応じてさまざまな画像処理の応用手法が提案されている。なお，ロボットに単眼カメラを取り付けて対象物を多方向から撮影する場合（これを**ハンドアイシステム**という），つぎに述べるレンジファインダを用いる場合よりもシステム構成が容易になる場合もある。

［2］ 3次元計測を用いた組立

3次元計測を用いた組立では，レンジファインダ等を用いて計測される3次元データと，CADデータなどから得られる部品の形状データとを照合することで撮影された部品の位置姿勢がわかり，それに基づきロボットで適切な位置を把持できる。3次元データの照合では，2次元画像におけるテンプレートマッチングと同様な手法を使う方法や，部品表面の3次元形状が不連続となる点や凸部分をキーポイントとして検出し，それを部品のデータベースから求めたキーポイントと照合して部品の位置姿勢の推定を行う方法がある。後者の方法は2次元画像におけるSIFTなどを用いたマッチングに類似した考え方といえる。上記の方法で十分な位置推定精度が得られない場合は，得られた位置姿勢を初期値とし，3次元形状データ間の位置合わせを繰り返し計算によって行う**ICP**（iterative closest point）と呼ばれる手法により推定誤差を修正する場合もある。部品の位置が求まった後は，ロボットハンドによる部品の把持方法，衝突回避，ロボットアームの経路探索，制御方法を適切に設計することでロボットによるピッキングが可能になる。

なお，3次元センサでは，鏡面反射が強い金属物や，透明や黒色の物体の計測が難しい場合がある。また，精密で小型な部品に対しては計測精度が不足する場合も少なくない。このように3次元的アプローチでの実現が困難な場合は，2次元的アプローチを併用するなどの実用的な実装方法の検討が必要となる。

14.1.2 検　査　工　程

検査工程における画像処理は，歩留まりの向上を目的として，材料，半製品，完成品等の各段階で製品の表面にある異物や傷，汚れ，欠陥などの検査に用いられる。例えば，半導体ICマスクの検査，ウェハパターンの検査，プリント基板の検査，農産物や魚の選別，鋼板用表面検査，空きビンの欠陥検査などの外観検査がある。また，製品の内部欠陥の検査をX線や産業用X線CTを用いて可視化して非破壊検査を行う場合もある。以下では，ルールベースおよび機械学習によるアプローチに基づく応用例について述べる。

［1］ ルールベースに基づく検査

ルールベースでは，人間が明示的にルールを与えて予測・識別を行う。ルールベースに基づく自動検査の例として，プリント基板・ICマスクパターンの検査を取り上げて説明する。

プリント基板やICマスクパターン上の回路パターンは，年々，微細化・高密度化が行われており，人手による外観検査は困難となっている。プリント基板の製造工程では，異物混入や工程の不具合等に起因してパターンに欠陥が生じる可能性がある。**図14.3**に，プリント基板

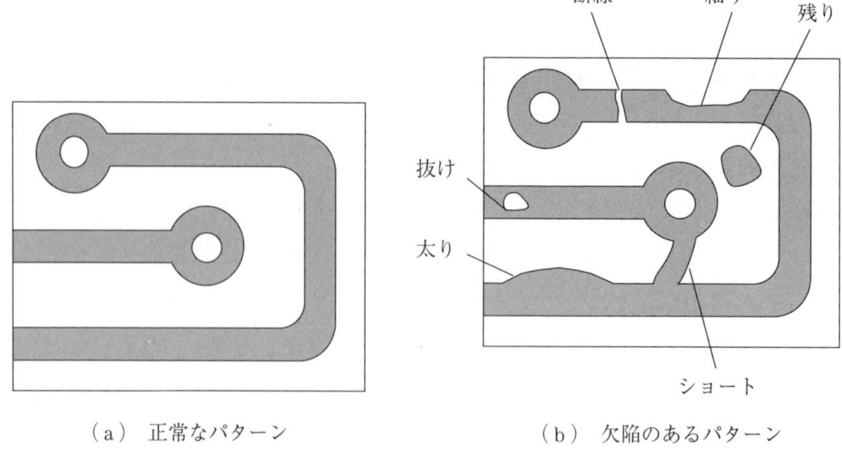

（a）正常なパターン　（b）欠陥のあるパターン

図 14.3　プリント基板のパターン欠陥の例

におけるパターン欠陥の例を示す。自動検査装置では画像処理により，このようなパターンの欠陥を検出する。

検査方法としては，2 枚の同じ種類のプリント基板の画像の差分をとって比較することにより，その相違部から欠陥を検査する方法が代表的である。ただし，この方法では 2 枚とも同じ場所に欠陥を持つ場合には欠陥の検出ができないため，3 枚の画像を用いて，多数決により欠陥の検出を行うシステムも開発されている。

その他の検査方法として，2 値化されたプリント基盤の画像に対して，6.3.2 項で述べた膨張・収縮処理を行い，傷のあるパターンから傷のない正常パターンを生成して，これと原画像を差分により比較することで傷を検出する方法がある。この方法では，正常パターンが入力画像自身から作成できるため，差分画像を求める際に位置合わせが不要であるという長所がある。なお，基盤の配線パターンの焼き付けに用いられるフォトマスクの欠陥を調べる場合も，上記と同様な手法が用いられる。

コラム 16：従来の機械学習と深層学習

機械学習では人間が任意に設定するパラメータである**ハイパーパラメータ**が重要となる。例えば深層学習では，畳み込み層の数，活性化関数の選択，CNN のチャンネル数などにより性能が大きく変化する。この設定は人手による試行錯誤により行われることが多く，ハイパーパラメータの数が増えるほどチューニングが難しくなる。これに対して従来の機械学習である SVM やランダムフォレストなどは比較的ハイパーパラメータが少なく，チューニングが容易である。深層学習では従来の機械学習よりも大量のデータとそれを処理する計算機の能力が必要になるだけでなく，難しい問題を解決するような識別器の実現には対象に関する深い知識が必要となる。従来のルールベースや，特徴量と識別器を組み合わせるアプローチは，コスト面での優位性があり問題の程度や必要な性能によっては従来の手法の方が合理的な場合もある。

ルールベースでは，予測・識別のためのルールや判断基準が確立していれば効果的な検査ができるが，人間がルールを把握しておらず明確な判断基準が定義できない場合は実装が難しい。不良品の特徴を適切に判別できる画像処理アルゴリズムを見つけるのが難しい場合は，定義しづらい特徴を学習によりとらえられる機械学習（特に深層学習）が有用である。

［2］ 機械学習を利用した検査

機械学習を利用した検査では，教師あり学習を用いる方法と教師なし学習を用いる方法がある。教師あり学習を用いる方法では，良品と不良品に対応する正解を訓練データとして与えて学習させる。欠陥のある場所を検出したい場合は，不良品画像中にある欠陥部分をバウンディングボックスで囲う物体検出の手法を用いる場合もある。ただし，実際の製品では不良品画像の枚数は欠陥のない良品（正常品）画像に比べて非常に少ないため，不良品の訓練データを十分に用意することが難しい。また，訓練データにないような欠陥は検知できないという問題もある。このような場合は，良品の特徴から外れた箇所を不良として検出する教師なし学習が使われる。すなわち，まず良品がどのようなものかを学習しておき，それと異なるものを異常（不良品）とするアプローチがとられる。正常データから外れたものを異常とするアプローチ自体は従来の機械学習を用いても可能であるが，以下ではニューラルネットワークを用いた例について述べる。

オートエンコーダ（11.4 節）により，良品画像だけで学習させると復元後は良品に近い再構成画像が出力される。その後，不良品画像を入力すると正しく復元できず，元の入力画像との誤差が大きくなる。そこで，出力画像と入力画像を比較し差分をとることで不良箇所の検知が可能になる。ただし，場合によっては誤検知や不良の見逃しが生じる可能性もある。例えば，入力画像の背景にノイズが含まれていると，そのノイズを不良として誤検知してしまう可能性がある。

同様のアプローチによって不良品検知を行う方法に GAN（11.5 節）を用いる方法がある。GAN もオートエンコーダと同様に良品画像のみを用いて良品画像がどのようなものかを学習させておき，それと異なる画像を不良として検知できる。なお，これらの手法では入力画像が不良か否かを決定する際にしきい値を設定する必要があり，しきい値設定のためにはいくつかの不良品画像を用意する必要がある。つまりオートエンコーダや GAN の学習自体には不良品画像は不要であるが，不良品か否かを決定する工程を構築する上では不良品画像が必要になる。

14.2 医療用画像処理

画像処理の医療応用の目的には，目に見えないものの可視化，見にくいものをよく見えるようにするための強調処理，そして，多くありすぎて人手では見ることが困難なものの選別（スクリーニング）レントゲンやエコー，CT などの画像に基づきコンピュータで診断を支援する画像診断支援などがある。以下では，**CT**（computed tomography）と画像診断支援の例の例について述べる。

14.2.1　CT

X 線 CT は，X 線を用いた測定とディジタル処理による再構成により人体内部の断面図を可視化するもので，X 線以外にも，γ 線，超音波，核磁気共鳴（nuclear magnetic resonance：NMR）等を用いた CT がある。また，ディジタル画像を再構成することにより，斜めに切断した像なども作ることができる。

CT の原理には多くの方法が提案されているが，以下では最も基本的なフーリエ変換法について述べる。**図 14.4** に示すように，直線的に並べられた X 線源から対象物（人体）に照射された X 線を X 線検出器で受ける。そして，X 線源と検出器の組を少しずつ回転させ撮影を繰り返す。いま，画像 $f(x, y)$ の x 軸への投影は

$$P_y(x) = \int_{-\infty}^{\infty} f(x, y)\,dy$$

であるから，これをフーリエ変換すると

$$\begin{aligned} P_v(u) &= \int_{-\infty}^{\infty} P_y(x)\,e^{-2\pi jxu}\,dx \\ &= \int_{-\infty}^{\infty}\int_{-\infty}^{\infty} f(x, y)\,e^{-2\pi jxu}\,dxdy \end{aligned}$$

一方，画像 $f(x, y)$ のフーリエ変換は

$$F(u, v) = \int_{-\infty}^{\infty}\int_{-\infty}^{\infty} f(x, y)\,e^{-2\pi j(xu+yv)}\,dxdy$$

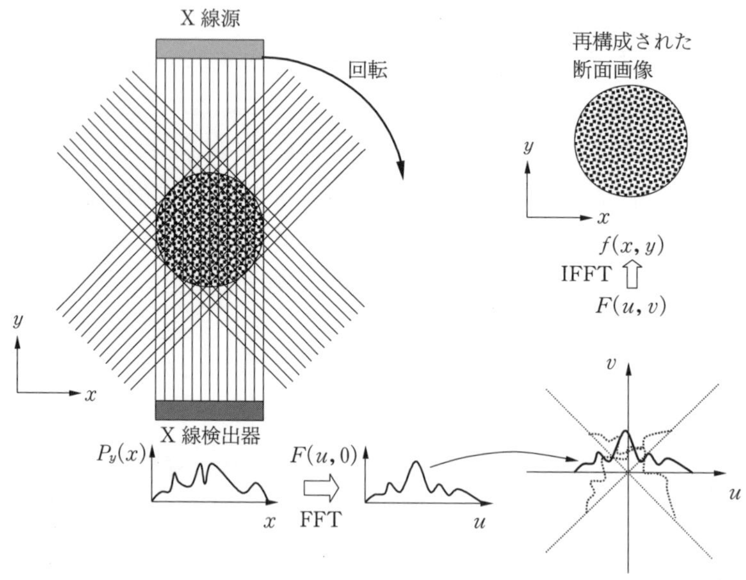

図 14.4　CT の基本原理

であることから

$$P_v(u) = F(u, 0)$$

が成立する。すなわち，$f(x, y)$ の x 軸への投影のフーリエ変換を求めることは，$f(x, y)$ をフーリエ変換して $v=0$ に沿った値を求めることに相当する。同様に，任意の方向への投影データのフーリエ変換は，同じ方向に沿った $F(u, v)$ の値となる。したがって，いろいろな方向から求まった投影画像のフーリエ変換により $F(u, v)$ の全体が得られる。そこで，$F(u, v)$ を逆フーリエ変換すれば，断面画像 $f(x, y)$ を求めることができる。

最近では複数の断面を短時間に高解像度で撮影できる**マルチスライス CT** が普及している。複数の断面画像からボクセル（7.2.2 項［5］）によって表現された 3 次元の映像を作り出し，臓器の表面だけでなく，内部の様子も詳細に表現できるようになっている。例えば血管や肺などの臓器を透かして見た様子を 3 次元 CG で表現し診断に役立てることができる。また，気管支や消化器の内部を内視鏡で見たときと同様な様子を CG で再現する**バーチャル内視鏡**も実現されている。3 次元のデータがあれば，それを任意の方向から切った断面画像を作り出すこともでき，手術の方法を事前に CG を使って検討するのにも役立っている。

14.2.2　細胞診の自動化

人体から採取された細胞の顕微鏡画像から，細胞の異常の有無を診断する検査を**細胞診**という。集団検診における細胞診において，人手による検査では熟練者による膨大な手間を必要とするため，画像処理を用いた自動診断が取り入れられている。

図 14.5 に正常な細胞と異常な細胞の例を示す。この例における細胞の特徴量としては，細胞質や核の面積・形状，染色したときの核の色の濃さ，クロマチン構造（核の中の黒い斑点）などがある。これらの特徴量を取り出すためには，まず画像を背景・細胞質・核の三つの領域に分割を行う必要がある。理想的な画像における，濃度ヒストグラムには，それぞれの領域に対応する三つの山が現れるはずであるが，一般的にはノイズや撮影条件等の要因で，きれいな濃度分布とならない。そこで，まず適当なしきい値を決めて領域分割をしておき，おのおのの領域の面積や形などが細胞としての条件を満たすかどうかについて調べ，もし満たしていない場合は他の候補しきい値に修正して領域分割をやり直すなどの方法がとられる。

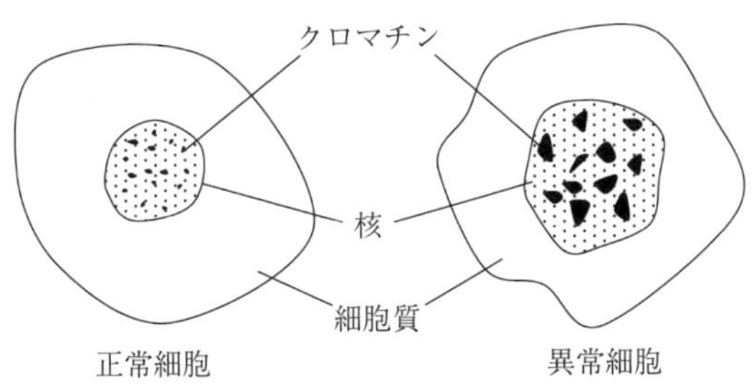

図 14.5　正常細胞と異常細胞の例

上記のようなルールベースに基づく診断方法のほかに，領域分割後，細胞質と核を抽出し，それぞれの特徴量を計算し，10.3節で述べた統計的パターン認識を用いて細胞の診断を行う方法もある。また，つぎに述べるように深層学習を用いる手法も開発されている。

14.2.3 深層学習による画像診断支援

患者から採取した組織から病気の診断を行う病理検査や，胸部X線画像，マンモグラフィ（乳房X線）画像，CTやMRIで撮影した画像などから異常を検出する**画像診断支援**（computer-aided diagnosis：**CAD**）では，おもに機械学習が用いられている。CADを利用することで画像診断医の負担軽減や見落としの防止などが期待される。統計的パターン認識によるCADでは，人手により特徴量を設計する必要があったが，CNNなどの深層学習ではその必要がない。ただし，深層学習を使うCADでは，良質で大量の訓練データの確保が重要であり，疾患ごとに大量の画像を事前に準備する必要がある。訓練データの作成には病変部の種類や対象領域を指定するアノテーションが必要で，それができる専門医のマンパワーも必要となる。また，分類する病変の学習画像数に偏りがあると，学習数の多い病変に間違って分類される可能性がある。このような場合，稀な画像に関しては，画像の位置をずらすなどのデータ拡張や，GANにより既存データから新たな画像データを生成するなどの方法で，学習データ数を増やすこともある。また，他種の画像により学習させた結果を医療画像に適用させる転移学習（11.2.4項）を用いて，限られたデータから少ない学習量で高精度なモデルを構築する取り組みも行われている。なお，検査工程（14.1.2項）と同様にオートエンコーダやGANを用いて正常データから外れたものを異常とするアプローチを使う方法もある。

深層学習を利用したCADの場合，判断を下した根拠を提示することが難しいため，判断根

コラム17：説明可能なAIとネットワークの可視化

深層学習を含む機械学習では，どのように学習して結果を導き出したのかを明確に説明することが難しい。AIを実用的に使う際に推論の根拠を目に見える形で確認することができれば，結果に対する理解と信頼が得られ，推定精度を改善するための有用な情報も得られる。このため，**説明可能なAI**（explainable AI：XAI）と呼ばれる研究が行われている。

一方，CNNでは，ある層のユニットに注目し，そのユニットが強く反応した領域を可視化することでCNNの表現能力を解析する**ネットワークの可視化**の研究がされている。これによれば，CNNの最初の層ではエッジなどの単純な画像に強く反応するユニットが多く，後の層になるほど物体やその一部をとらえるような，より具体的な画像に反応するユニットが多くなることが可視化される。逆に，人間が見ても明らかに違うと思われる画像に対して強く反応するユニットもあり，そのような画像をCNNに与えると特定の物体であると誤認識させることもできる。また，人の目ではわからないレベルで画像を変え，画像認識を誤らせることも可能である（このようなデータを**敵対的サンプル**（adversarial example）という）。このため，AIの普及に伴い脆弱性やセキュリティなどの問題への対応がさらに重要になると考えられる。

拠の説明が可能なCADの開発も進められている（コラム17参照）。ただし，診断・治療に関する最終的な判断の責任は医師が負う必要がある。

14.3 文 字 認 識

文字認識は，パターン認識の分野として古くから研究されており，現在では，**光学式文字読み取り装置**（optical character reader：**OCR**）等の実用化もかなり進んでいる。文字認識を大別すると**印刷文字認識**と**手書き文字認識**がある。印刷文字認識では，文字に汚れがなく，書体や大きさが既知なら，ほぼ100％の認識が可能であるが，書体や大きさが不明な印刷文字や，手書き文字に対しての完全な認識は難しい。

14.3.1 印刷文字認識

印刷文字認識では，まず前処理として，認識対象文字を1文字ずつ切り出す必要がある。例えば，横書き文字の場合，**図14.6**(a)のように横方向に黒い画素の数をカウントしたヒストグラムを作成し，その周期性に基づいて行の位置を検出できる。つぎに，同図(b)のように，縦方向の黒画素の数をカウントしたヒストグラムにより，1文字ずつの切り出しを行う。このように切り出された文字を認識する方法としては，統計的パターン認識の手法がよく用いられる。すなわち，文字の輪郭線の形状，文字線分の位置や方向，文字のループ，交点，端点等の幾何学的特徴を抽出して特徴ベクトルを求め，これを特徴空間上における標準文字パターンのクラスタと比較して認識を行う。また，9.2.5項で述べたHOGと同様な方法で濃度勾配のヒストグラムを求め，これを特徴量として用いる場合も多い。上記以外にも，文字の構造を表す特徴を用いてルールベースによる認識手法を用いる方法や，テンプレートマッチング（9.1節）あるいはニューラルネットワーク（11章）を用いる方法もある。ただし，これらのパターン認識の手法だけでは完全な認識結果を得ることが難しいため，言語的知識を用いて正しい文章構成となっているかどうかの検証を行いながら，認識率の向上をはかることも多い。

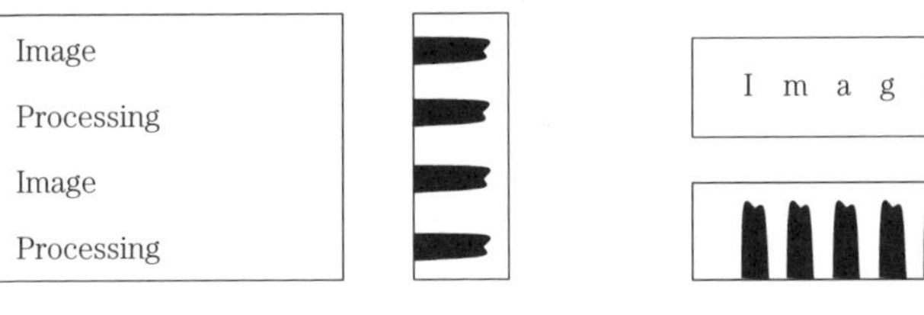

（a） 行の切り出し　（b） 文字の切り出し

図14.6 文字の切り出し

14.3.2　手書き文字認識

手書き文字認識には，すでに手書きされた文字を認識する**オフライン文字認識**と，筆記過程をオンラインで計算機に入力する**オンライン文字認識**がある。手書き文字のオフライン認識の代表例として，郵便番号の自動読み取り装置があるが，文字の記入位置が固定されているため文字の切り出しが容易であり，文字種も限られているため比較的高い認識率を実現できる。文字認識のアルゴリズムは，基本的には先に述べた印刷文字の認識における手法とほぼ同様であるが，文字を多角形で近似して対応付けする方法や，探索問題を解くための一手法である動的計画法に基づきデータの類似度を比較する **DP マッチング**と呼ばれる手法を用いる方法などもある。従来は，漢字を含むような一般的な手書き文章は，構造が複雑で文字数も多いため，オフラインで完全な認識を行うことは難しかったが，次項で述べるように深層学習を使うことで認識が可能になっている。

オンライン文字認識は，文字が書かれる過程の筆点の運動情報を入力し，ペンの動きの方向や，ペンアップ，ペンダウンなどの情報を用いて実時間で文字を認識するものであり，携帯型のペンコンピュータ等でよく利用されている。文字が書かれる時間的情報が逐次的に利用できるため，画数や筆順が正しく書かれるならば，比較的簡単な方法で高い読み取り率を達成できる。

14.3.3　深層学習を用いた文字認識

深層学習などの AI を用いた文字認識は **AI−OCR** とも呼ばれ，オフラインによる手書き文字や，かすれた文字，網掛け文字，縦書き・横書きの混在文書など，従来の手法では認識が難しかったタイプの書類などから文字の抽出・認識が可能となっている。またスキャナだけでなくスマートフォンなどのカメラで撮影された低解像度でノイズや歪みのある文書に対する文字認識も実用化されている。

深層学習を用いることで，画像データから直接的に OCR の結果を得ることができる。例えば，Fast R-CNN を用いたリージョンプロポーザル（11.3.4 項）により文字の領域を抽出し認識することができる。手書き文字列の場合は，文字同士の接触や続け字が多いため分割することが難しいが，文字列画像を系列データとして扱い，RNN（13.3.3 項）などの時系列データの認識に使われるニューラルネットワークを用いて認識する方法がある。また，複数の文字列をひとまとめにして学習することで，よく現れる続け字パターンの認識もできる。

深層学習を使う場合は，大量の学習データが必要になるため，GAN を用いて元データから特徴を学習し，実在しない手書きデータの生成や特徴に沿った類似した文字パターン・文字列の学習データを自動生成・学習を行い，学習データ不足の解消が行われている。ただし手書き文字の場合，完全な認識は必ずしも可能ではない。そのため最終的なチェックや調整・修正などは人の目で行う必要がある。

14.4 顔 の 認 証

撮影された画像から本人であることを照合する顔認証は離れた位置からでも認識できるため対象者に意識させず，歩きながらでも認証が可能というメリットがあり，実用化が進んでいる。顔認証システムは人間の顔を検出する顔検出部分と検出した顔画像から顔を認証する顔照合部分に分けられる。以下では，それらの概要について説明する。

［1］ 顔検出の手法

顔の検出は，撮影された画像から目や鼻などの特徴を探し出し，その位置関係などから判定する方法などがあるが，ここでは**Haar-Like 特徴**と，**アダブースト**（10.3.2 項［6］）を組み合わせた方法について述べる。Haar-Like 特徴は，**図 14.7**(a)のように縦や横の単純な縞模様からなる特徴である。顔画像の一部分にはこのような局所的な明暗差が現れやすいことから，その組み合わせにより顔画像かどうかを判別することができる。

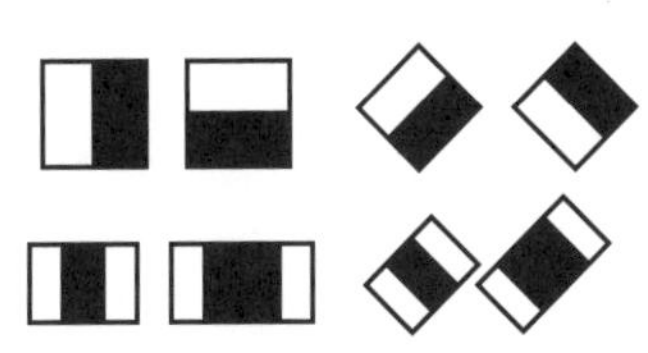

(a) Haar-Like 特徴の例

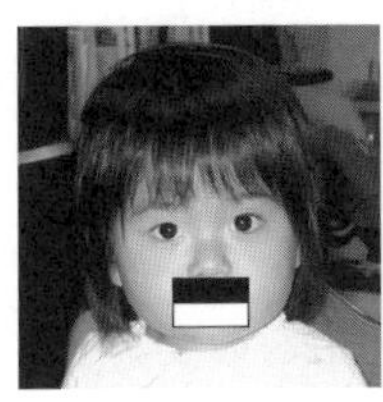
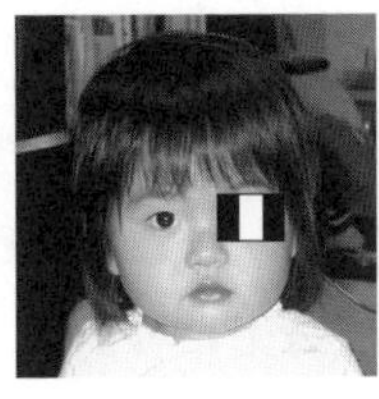
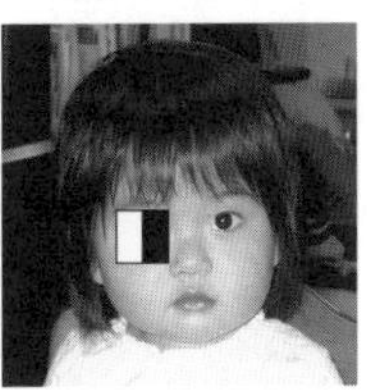

(b) 顔の特徴量をとらえる

図 14.7 Haar-Like 特徴による顔検出

同図(b)のように写真の部分的なブロックごとにスキャンしながら，Haar-Like 特徴量を求め，特徴空間を使った識別により顔かどうかを検出することができる。ただし，Haar-Like 特徴には検出がうまくいくものや検出に向いていないものなど，さまざまなものがある。そこで，事前にたくさんの顔画像のサンプルを使って検出がうまくいく Haar-Like 特徴をいくつか求めておき，それらを組み合わせて多数決により判別する強識別器をアダブースト（10.3.2 項［6］）により作成する。つぎに，アダブーストで作成された複数の強識別器を組み合わせ，**図 14.8**に示す**カスケード型識別器**（cascade detector）を使って顔かどうかの判定を行う。

カスケード型識別器は，検出精度の異なる複数の強識別器を連結した識別器であり，図のように入力画像が顔画像であるかどうかを順番に判別する。すべての強識別器で顔であると判別された場合のみ最終的に顔画像であると判別するが，途中で顔でないと判別されると，そこで処理を終える。背景画像のように，顔を含まない入力を手前の強識別器で早い段階で排除できるため全体の処理を高速化できる。また，手前にある強識別器ほど，そこに含まれる弱識別器の数を少なくして計算時間を短縮する工夫がされている。

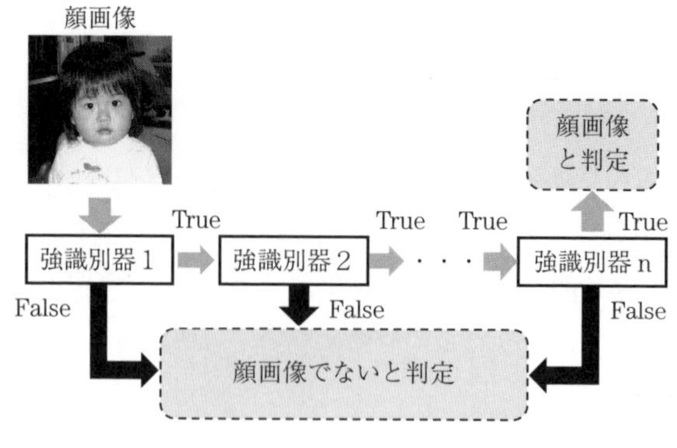

図 14.8　カスケード型識別器

［2］ 顔照合の手法

顔照合では，検出された顔画像とあらかじめ登録されている顔画像を照合して個人を特定する。顔画像は髪型や眼鏡の有無，化粧などによって変化するため，それらの影響が少ない顔の特徴的な部分を計測して行われる。例えば，目・鼻・口の位置関係を検出してマッチングを行う方法などがある。また，撮影する顔の角度や姿勢の変化にも対応できるように，登録された正面の顔から，その顔が横を向いたときや照明による影のあたり具合を予測したいくつかの画像をコンピュータ内部に作っておき，それらに対して入力画像とのマッチングをとる方法もある。サングラスやマスクをした場合は，それらの要素を除いた顔のパーツから認証を行う。従来は，統計的パターン認識を用いて顔のマッチングを行う方法がよく使われていたが，現在は深層学習を用いて顔の特徴量を抽出するためのネットワークを作成しておき，それを利用して顔画像に対応した特徴量を取り出してマッチングさせる方法が開発されている。

なお，顔認証だけでなく，指紋，瞳の虹彩，手の静脈など，個人が持っている身体的特徴を

コラム 18：オープンソースの活用

画像処理を行うためのソフトウェアや環境が**オープンソースソフトウェア**（open source software：**OSS**）により無償で提供されている。OSS は，ソースコードの利用や改変，再配布が自由に許可されているソフトウェアであり，これを用いることで研究・開発を始めるハードルが低くなり成果も公開しやすいため，多くの研究者が参加し研究の発展に寄与している。OSS による画像処理・コンピュータビジョンに関するライブラリでは **OpenCV**（open source computer vision library）がよく使われている。OpenCV では，フィルタ処理から機械学習まで，画像や動画を処理するのに必要なさまざま機能が実装されている。また，Bundler や OpenMVG などの 3 次元形状を復元するコンピュータビジョンに関する OSS も数多く存在する。一方，深層学習の分野では **TensorFlow** や **PyTorch** などの多くのフレームワーク（機械学習を行うための汎用的なアプリケーションの枠組み）があり，手軽に深層学習を試す場合は，このようなフレームワークを活用するのが便利である。

利用して本人を認証する方法を**バイオメトリクス**（biometrics）という。バイオメトリクス認証では画像処理が重要な技術として使われている。

演習問題

【1】 産業分野に画像処理を利用する場合に重要となるポイントはなにか考えよ。

【2】 組立工程において単眼カメラを用いた2次元的アプローチと3次元計測装置を用いた3次元的アプローチを比較し，それぞれのメリット・デメリットを述べよ。

【3】 機械学習を用いた検査工程において，教師あり学習を用いる方法と教師なし学習を用いる方法の長所・欠点を整理してまとめよ。

【4】 バーチャル内視鏡の原理を説明せよ。

【5】 深層学習による画像診断支援において現状で課題となっていることを述べよ。

【6】 文字認識の手法には，どのようなものがあるか述べよ。

【7】 顔の検出と照合の概要をまとめよ。

【8】 カスケード型識別器では，なぜ高速な処理が可能なのかを説明せよ。

□□□　引用・参考文献　□□□

1)　南　敏，中村　納：画像工学，コロナ社（1989）
2)　土屋　裕，深田陽司：画像処理，コロナ社（1990）
3)　Richard Szeliski 著，玉木　徹 ほか訳：コンピュータビジョン－アルゴリズムと応用－，共立出版（2013）
4)　Adrian Kaehler，Gary Bradski 著，松田晃一，小沼千絵，永田雅人，花形　理 訳：詳解 OpenCV 3：コンピュータビジョンライブラリを使った画像処理・認識，オライリー・ジャパン（2018）
5)　画像情報教育振興協会：ディジタル画像処理＝Digital image processing［改訂第 2 版］，画像情報教育振興協会（2020）
6)　原田達也：画像認識＝Image Recognition，講談社（2017）
7)　岡谷貴之：深層学習＝Deep Learning のパターン認識，森北出版（2012）
8)　平井有三：はじめてのパターン認識，森北出版（2012）
9)　山下隆義：イラストで学ぶディープラーニング＝An Illustrated Guide to Deep Learning［改訂第 2 版］，講談社（2018）
10)　米谷　竜，斎藤英雄 編著，池畑　諭 ほか著：コンピュータビジョン－広がる要素技術と応用－，共立出版（2018）
11)　Jan Erik Solem 著，相川愛三 訳：実践 コンピュータビジョン，オライリー・ジャパン（2013）
12)　高木幹雄，下田陽久 監修：新編 画像解析ハンドブック，東京大学出版会（2004）
13)　ビジュアル情報処理編集委員会：ビジュアル情報処理－CG・画像処理入門－，画像情報教育振興協会（2017）
14)　コンピュータグラフィックス編集委員会：コンピュータグラフィックス，画像情報教育振興協会（2016）
15)　梅村祥之：R による画像処理と画像認識，森北出版（2018）
16)　山田宏尚：図解でわかる はじめてのデジタル画像処理［増補改訂版］，技術評論社（2018）

□□□　演習問題の解答　□□□

1　章

【1】 1.1 節参照

【2】 表 1.2 参照

【3】 1.3 節参照

【4】 1.4 節参照

2　章

【1】 2.1 節参照

【2】 8 ビットまでの例

ビット数	1	2	3	4	5	6	7	8
階調数	2	4	8	16	32	64	128	256

【3】 $2^3 \times 2^3 \times 2^3 = 512$ 色

【4】 $256 \times 256 \times 8/(512 \times 512) = 2$，2 bit

【5】 式（2.4）より輝度値 $Y = 0.299 \times 12 + 0.587 \times 33 + 0.144 \times 7 = 24$

3　章

【1】 3.1.1 項参照

【2】,【3】 3.1.3 項参照

【4】 3.2 節参照

4　章

【1】 4.1.3 項および 4.1.4 項参照

【2】 コラム 1，2 参照

【3】 4.2 節参照

【4】 4.3 節参照

【5】 ヒント：オペレータを

δ	γ
β	α

として計算すれば，同じ結果が得られる。

【6】 4.4 節参照

5　章

【1】 ヒント：例えば，濃度値 f を持つ，画素の数を hist(f) という配列に記憶させる場合，画像の左上から 1 画素ずつスキャンしていき，f の値に応じて hist(f) の値を一つずつカウントアップして増やしていけばよい。

【2】 ヒント：斜め方向の差分 $f(i,j)-f(i+1,j+1)$ および，$f(i+1,j)-f(i,j+1)$ を用いて，式（5.1）〜(5.5）と同様の計算により，斜め方向のラプラシアンを求め，これを式（5.6）から差し引けば求まる。

【3】 ヒント：

（1） x 方向；$g_x(i,j) = (-1)\cdot f(i-1,j-1) + f(i+1,j-1) + (-2)\cdot f(i-1,j) + 2\cdot f(i+1,j)$

$\cdot \quad +(-1)\cdot f(i-1,j+1)+f(i+1,j+1)$

（2）　y 方向；$g_y(i,j)=(-1)\cdot f(i-1,j-1)+(-2)\cdot f(i,j-1)+(-1)\cdot f(i+1,j-1)+f(i-1,j+1)+2\cdot f(i,j+1)+f(i+1,j+1)$

より，Sobel フィルタによる微分の大きさを示すフィルタは，次式により計算される。

$$g(i,j)=\sqrt{g_x(i,j)^2+g_y(i,j)^2}$$

【4】　ヒント：式（5.20）より，$\begin{bmatrix} x' \\ y' \\ z' \end{bmatrix}=\begin{bmatrix} \cos 30 & \sin 30 & 0 \\ -\sin 30 & \cos 30 & 0 \\ 0 & 0 & 1 \end{bmatrix}\begin{bmatrix} 1 & 0 & 2 \\ 0 & 1 & 3 \\ 0 & 0 & 1 \end{bmatrix}\begin{bmatrix} x \\ y \\ z \end{bmatrix}$

を計算すればよい。

6　章

【1】　6.1 節参照

【2】　図形成分の個数をカウントしたり，それぞれの形状や面積を計算する際に必要となる。

【3】　6.3.2 項参照

【4】　5.4 節で述べた，エッジや線を検出するオペレータによる出力画像。

【5】　6.4 節参照

7　章

【1】　7.1.3 項参照

【2】　7.2 節参照

【3】　7.2.3 項参照

8　章

【1】　中間レベルに分割された画像を出発点として，以下の（1），（2）の手順を繰り返すことで，領域の分割・統合を行えばよい。

（1）　各領域内での画素の最大濃度値と最小濃度値との差を f_{d1} とする。適当に定めたしきい値 ε_1 に対して，$f_{d1}\leq\varepsilon_1$ なら，その領域の濃度値を平均値で近似し，$f_{d1}>\varepsilon$ なら，その領域を（例えば 4 等分に）分割する。

（2）　隣接領域の濃度値の最大値と最小値の差を f_{d2} とし，しきい値を ε_2 とするとき，$f_{d2}\leq\varepsilon_2$ ならそれらの領域を統合する。

【2】　8.4 節参照

【3】　インスタンスセグメンテーションは，それぞれの個体ごとに領域分割をするが，セマンティックセグメンテーションは，物体の種類ごとに領域分割する（8.6 節参照）。

9　章

【1】　9.1 節参照

【2】　9.2 節参照

【3】　9.2.3 項，9.2.4 項参照

【4】　複数の画像から SIFT などにより局所特徴量を抽出し，それをクラスタリングし各クラスタの重心の集合（コードブック）を求めておく。特定の画像を分類するときは，その画像のコードブックの出現頻度ヒストグラムを作成し，それを特徴量とした特徴空間により画像の中にある物体がなんであるかを識別する。これにより画像分類や類似画像の検索ができる（9.2.6 項参照）

10 章

【1】 10.1 節参照

【2】 10.2 節参照

【3】 例えば，輪郭形状，面積，模様(テクスチャ)，SIFT や HOG などの特徴量。

【4】 10.3.2 項参照

【5】 10.3.2 項[1](b)参照

【6】 10.3.2 項[2]参照

【7】 コラム 11 参照

【8】 K-means 法では，あらかじめクラスタ数を K 個に指定し，より適切な分割になるようにクラスタの重心を修正していくが，ミーンシフト法では，ある初期点を中心とする半径 h の円内にあるサンプル点の重心が適切な位置になるように操作を繰り返す（10.3.3 項参照）。

11 章

【1】 学習された情報は，ニューロン同士の結合部に設定された結合係数により，情報の伝達しやすさの度合いとして記憶される。

【2】 中間層の階層を増やすと，学習に必要な計算処理が増えるとともに，大量な訓練データも必要になる。また，勾配消失問題などの学習アルゴリズム上の問題が生じる。しかし，計算能力向上と膨大な訓練データが得られるようになり，ReLU 関数やドロップアウトなどのさまざまな改良により，これらの問題が解決した。

【3】 11.2.3 項参照

【4】 11.3 節参照

【5】 11.3.4 項参照

【6】 11.4 節参照

【7】 11.5 節および 14.1.2 項[2]参照

12 章

【1】 12.3.1 項参照

【2】 三角測量の原理を用いるもの…ステレオ画像処理，アクティブステレオ法，光切断法，等。
三角測量の原理を用いないもの…照度差ステレオ法，光レーダ法，等高線計測法，Shape from Texture 法，Shape from Shading 法，等。

【3】 12.3.2 項参照

【4】 12.5 節参照

13 章

【1】 13.1 節参照

【2】 例えば，移動物体の濃度値が一定である場合や，カメラを固定できない場合。また，背景につねに動いている部分があるような場合。

【3】 13.3.3 項参照

14 章

【1】 例えば，良い照明条件を与えるなどして良好な画像を入力すること，現場を熟知している技術者が開発すること，処理対象に適した画像処理アルゴリズムを用いること，適切な前処理を行うことなど。

【2】 2 次元的アプローチでは低価格な単眼カメラでシステムを構成できるが，特定方向から見た画像情報を利用するためビンピッキングなどへの対応が難しい場合がある。3 次元的アプローチ

では３次元形状を利用するため，ビンピッキングなどへの対応が容易である。しかし，対象物によっては計測が難しい場合や計測精度が不足する場合もある（14.1 節参照）。

【３】 14.1.2 項［２］参照

【４】 CT による複数の断面画像からボクセルによって表現された３次元の映像を作り出し，臓器の内部を内視鏡で見たときと同様な様子を CG で再現する（14.2.1 項参照）

【５】 良質で大量な訓練データの確保や，画像診断支援システムの判断根拠の提示が難しいことなど。

【６】 14.3 節参照

【７】 14.4 節参照

【８】 カスケード型識別器は検出精度の異なる複数の強識別器を直列に連結しており，途中で識別対象でないと判別されると，そこで処理を終了することで全体の処理を高速化できる。また，手前にある強識別器ほど，そこに含まれる弱識別器の数を少なくして計算時間を短縮する工夫がされている。

□□□ 索　　引 □□□

【S】

【T】

【V】

【X】

【Y】

【Z】

【数字】

──著者略歴──

山田　宏尚（やまだ　ひろなお）

1986 年　名古屋大学工学部機械工学科卒業
1991 年　名古屋大学大学院博士課程修了（機械工学専攻）
　　　　　工学博士（名古屋大学）
1991 年　名古屋大学助手
1994 年　岐阜大学助教授
2007 年　岐阜大学教授
　　　　　現在に至る

末松　良一（すえまつ　よしかず）

1966 年　名古屋大学工学部機械学科卒業
1971 年　名古屋大学大学院博士課程修了（機械工学専攻）
1974 年　工学博士（名古屋大学）
1977 年　名古屋大学助教授
1988 年　名古屋大学教授
2005 年　名古屋大学名誉教授
2005 年　豊田工業高等専門学校長
2011 年　愛知工業大学総合技術研究所客員教授
　　　　　現在に至る

画像処理と画像認識─AI 時代の画像処理入門─

Image Processing and Image Recognition ─Introduction to Image Processing in AI Era─

2022 年10月26日　初版第 1 刷発行　★

検印省略

著　者　山田　宏尚
　　　　末松　良一
発行者　株式会社　コロナ社
　　　　代表者　牛来真也
印刷所　壮光舎印刷株式会社
製本所　株式会社　グリーン

112–0011　東京都文京区千石 4–46–10
発行所　株式会社　**コロナ社**
CORONA PUBLISHING CO., LTD.
Tokyo Japan
振替00140–8–14844・電話(03)3941–3131(代)
ホームページ　https://www.coronasha.co.jp

ISBN 978-4-339-02931-4　C3055　Printed in Japan　（森岡）

次世代信号情報処理シリーズ

（各巻A5判）

■監　修　　田中　聡久

配本順	書名	著者	頁	本体
1.（1回）	信号・データ処理のための行列とベクトル ―複素数，線形代数，統計学の基礎―	田中聡久著	224	3300円
2.（2回）	音声音響信号処理の基礎と実践 ―フィルタ，ノイズ除去，音響エフェクトの原理―	川村新著	220	3300円
3.（3回）	線形システム同定の基礎 ―最小二乗推定と正則化の原理―	藤本悠介 永原正章 共著	256	3700円
4.（4回）	脳波処理とブレイン・コンピュータ・インタフェース ―計測・処理・実装・評価の基礎―	東・中西・田中共著	218	3300円
5.	グラフ信号処理の基礎と応用 ―ネットワーク上データのフーリエ変換，フィルタリング，学習―	田中雄一著	近刊	
	通信のための信号処理	林和則著		
	多次元信号・画像処理の基礎と展開	村松正吾著		
	Python信号処理	奥田・京地 杉本 共著		
	音源分離のための音響信号処理	小野順貴著		
	高能率映像情報符号化の信号処理 ―映像情報の特徴抽出と効率的表現―	坂東幸浩著		
	凸最適化とスパース信号処理	小野峻佑著		
	コンピュータビジョン時代の画像復元	宮田・小野 松岡 共著		
	HDR信号処理	奥田正浩著		
	生体情報の信号処理と解析 ―脳波・眼電図・筋電図・心電図―	小野弓絵著		
	適応信号処理	湯川正裕著		
	画像・音メディア処理のための深層学習 ―信号処理から見た解釈―	高道・小泉 齋藤 共著		
	テンソルデータ解析の基礎と応用 ―情報のテンソル表現と低ランク近似―	横田達也著		

定価は本体価格+税です。
定価は変更されることがありますのでご了承下さい。

図書目録進呈◆